知识论译丛

主编　陈嘉明 曹剑波

守望者
The Catcher

# 含混性

## Vagueness

[英]蒂莫西·威廉姆森（Timothy Williamson） 著

苏庆辉 译

中国人民大学出版社

·北京·

# “知识论译丛”编委会名单

## 关于作者

［英］蒂莫西·威廉姆森（Timothy Williamson），牛津大学教授，2000年被授予威克汉姆教授头衔（Wykeham Professor）、1997年被选为英国国家学术院院士（Fellow of the British Academy）、爱丁堡皇家学会院士（Fellow of the Royal Society of Edinburgh）。已经出版学术著作《知识及其限度》（2000）、《哲学的哲学》（2007）、《作为形而上学的模态逻辑》（2013）、《对与错的真相：四人对话录》（2015）、《作哲学》（2018）等，发表学术论文百余篇。

## 关于本书

蒂莫西·威廉姆森通过《含混性》一书仔细检视了现存的含混性理论，并为认知主义辩护。威廉姆森先从历史来追溯含混性问题，以批判性的眼光浏览含混性哲学的历史。他的观察是：一方面，现存的含混性理论无法很好地解释高阶含混性的问题；另一方面，认知主义的观点受到了不公平的对待。有别于当时大多数学者将含混性问题视为一个语言问题，威廉姆森将含混性问题视为一个知识问题，亦即不知道含混语词/概念的精确边界，希望能为认知主义观点提供一个趋近完备的理论。

尽管《含混性》使用的逻辑不多，但读者若有一定程度的逻辑基础，将能很好地理解书中的论证，体会到论证的精妙之处。对研究含混性问题的学者来说，就算不同意认知主义观点，也不能不读《含混性》，因为《含混性》早已成为研究含混性问题的经典之一。

本译著受到国家社会科学基金项目的资助，是国家社科一般项目“反事实条件句与模态知识论研究”（批准号：18BZX132）与国家社科重大项目“广义逻辑悖论研究重大课题项目”（批准号：18ZDA031）的中期成果。

# 总　序

知识论是哲学的一个重要分支，它与本体论、逻辑学、伦理学一起，构成哲学的四大主干。这四个分支都是古老的学科。自先秦时期以来，中国哲学发展的是一种“知其如何”（knowledge how）的知识论（我名之为“力行的知识论”），它不同于西方的“知其如是”（knowledge that）的知识论，前者重在求善，后者旨在求真。不过相比起来，中国传统哲学在知识论这一领域缺乏系统的研究，是比较滞后的，这是整个传统哲学取向以及文化背景影响的结果。现代以来，金岳霖等先贤们在这一领域精心思辨，为它的学术发展掀开了新的一页。

近二十年来，我一直致力于推动知识论的发展，通过培养博士生的途径，逐渐形成厦门大学与上海交通大学的团队，在这方面做出了一些努力。按照自己的构想，我们在出版方面要做如下四件事情：一是推出研究系列的专著，二是出版一套名著译丛，三是编选几本知识论文集，四是编写一部好的教材。第一件事情在 2011 年即已启动，在上海人民出版社推出了“知识论与方法论丛书”，迄今出版了 11 部专著。第二与第三件事情，在曹剑波的积极组织与译者们的努力下，也已有了初步成效。首批“知识论译丛”的 5 本译著已提交中国人民大学出版社，即将面世。第二批“知识论译丛”已经开始准备。主编这套译丛，是为了方便读者了解与研读国外学者的知识论研究成果，从而推进该领域之研究的发展。第三件事情，由于编选涉及诸多作者，版权的办理比较麻烦等原因，所以受到影响。不过现在也已译出了两部国外的知识论文集，正在联系出版中。文集读本的一个好处是，能够将知识论史上经典论著的精华集于一册，使读者一卷在手，即能概览知识论的主要思想，这对于学生尤其有益。至于编写教材的工作，我虽然几年前已经有了个初稿，但由于觉得尚不尽如人意，所以一时还搁置着。值得欣慰的是，郑伟平已经完成初稿，并进行了多轮教学工作。我们希望以上这些工作能够持续进行，也希望有更多的同行参与，为繁荣中国知识论的学术事业而共同努力。

陈嘉明

2018 年 4 月于上海樱园

献　　给

内森·艾萨克斯（Nathan Isaacs）

杰夫·威廉姆森（Jeff Williamson）

# 目　录

# 前　言

本书源自我试图反驳认知主义的主要论点：含混性源于我们不知道概 xi
念的精准界线，所以不需要修改经典逻辑。多年以来，跟大多数哲学家一
样，我认为这个含混性的认知主义观点是明显地为假的。1988 年，学术
期刊《心灵》（*Mind*）的编辑西蒙·布莱克本（Simon Blackburn）邀请我
评论罗伊·索伦森（Roy Sorensen）写的一本有趣的书《盲点》（*Blind-
spots*），这本书包含对认知主义观点的辩护。书中的观点并未说服我；我
看不出有什么东西会让我们无知，而索伦森也没有提供明确具体的解释。
还有一种处理含混性的方式——超赋值论——看起来比较适合。这种方式
不同于其他常见的处理方式，例如三值逻辑或模糊逻辑，这些奠基于逻辑
专技的处理方式总是看起来像是走入了死胡同。无论如何，我持续思考着
认知主义的观点，因为对认知主义观点的典型批评似乎不是致命的。我们
不清楚，这些批评是否假设了在“什么是真”与“什么是我们可检验的”
之间存在一种可疑的关联。接着，我突然想到误差区间概念可以被用来提
供一种明确具体的解释，以说明我们为什么不知道概念的明确边界，而认
知主义观点开始看起来更可信。我在自己的著作《同一与分辨》（*Identity
and Discrimination*，Oxford，Blackwell，1990）中，尝试提出认知主义观点
的一个弱版本。当批评认知主义观点的论证被更仔细地分析，这些论证的
威力似乎会更弱。下一步是聚焦于“含混语词的意义只能在一种那些语
词能被翻译的语言中被陈述出来”这个事实；把我们用来提供含混性理
论的语言视为一种精确语言，这是错误的。马克·赛恩斯伯里（Mark
Sainsbury）在伦敦国王学院的就职演说《没有边界的概念》（“Concepts
without Boundaries”），帮助我看清了这个论点的重要性，尽管我们以相当 xii
不同的方式使用这个论点。这个论点使我们可能对抗一大堆非认知主义观

点的论证，包含先前看似适合的超赋值论（super valuationism）（不过，我对超赋值论的批评不同于赛恩斯伯里在演说中提及的批评）。争论的天平似乎明确地倾向于认知主义观点这一边。用一本书的篇幅来处理这个议题，明显是需要的。本书就是成果。

本书中的部分内容在1990年底完成，当时我是位于堪培拉的澳大利亚国立大学社会科学研究院的客座研究员。许多人促成了这次访问，菲利普·佩蒂特（Philip Pettit）与艾琳·佩蒂特（Eileen Pettit）是其中最重要的两位。也感激牛津大学学院与牛津大学允许我在那个学年延长学术休假。

泰德·杭德里克（Ted Honderich）体贴地允许我在这一系列丛书中用讨论含混性的书来取代一本原先计划讨论另一个主题的书。研究含混性问题的历史，其中我特别感到高兴的一个结果是，我更好地领会了斯多亚学派逻辑的丰富性。为此，我要感谢戴维·塞德利（David Sedley），因为他允许我从他与郎格（A.A.Long）合编的《希腊哲学家》（*The Hellenistic Philosophers*, Cambridge, Cambridge University Press, 1987）的第1卷中直接引用他们的译文。

第七章与第八章的部分内容来自我先前发表在期刊上的两篇文章：《含混性与无知》[Vagueness and ignorance. *Aristotelian Society*, suppl. 66 (1992), 145 - 162] 与《不精确的知识》[Inexact knowledge. *Mind*, 101 (1992), 217 - 242]。我要感谢这两份学术期刊允许我使用这些材料。

对于针对本书的部分初稿所做的一些书面评论，我要感谢迈克尔·巴卡拉克（Michael Bacharach）、贾斯汀·布罗克斯（Justin Broackes）、迈尔斯·波恩伊特（Myles Burnyeat）、彼特·卡罗瑟斯（Peter Carruthers）、比尔·蔡尔德（Bill Child）、杰克·科普兰（Jack Copeland）、多萝西·埃丁顿（Dorothy Edgington）、蒂莫西·恩迪科特（Timothy Endicott）、格雷姆·富比士（Graeme Forbes）、布赖恩·加勒特（Brian Garrett）、比尔·哈特（Bill Hart）、多米尼克·海德（Dominic Hyde）、弗兰克·杰克逊（Frank Jackson）、罗赞娜·姬菲（Rosanna Keefe）、彼特·利普顿（Peter Lipton）、安德烈·马默（Andrei Marmor）、格雷戈里·麦卡洛克（Gregory McCulloch）、麦金托什夫妇（Karina and Angus McIntosh）、戴维·奥弗（David Over）、彼特·佩金（Peter Pagin）、菲利普·珀西瓦尔（Philip

Percival）、菲利普·佩蒂特、马克·赛恩斯伯里、戴维·塞德利、乔纳
森·萨顿（Jonathan Sutton）、查尔斯·特拉维斯（Charles Travis），以及
戴维·威金斯（David Wiggins）。在雷丁大学举办的研讨会上，马克·赛
恩斯伯里担任主持人，彼特·西蒙斯（Peter Simons）针对《含混性与无
知》做出了回应，我很享受当时的讨论。我针对认知主义观点、不精确 *xiii*
知识等相关议题在许多大学做过报告，许多我叫不出名字的人在报告后提
出了重要问题，这些大学位于世界各地，包含布拉德福、布里斯托、剑桥
（道德科学学会）、杜迪、爱丁堡、海德堡、利兹、里斯本、伦敦（大学
学院）、新英格兰（阿米代尔）、诺丁汉、奥斯陆、牛津、昆士兰、斯特
灵、斯德哥尔摩与乌普萨拉等大学。我还在澳大利亚国立大学与莫纳什大
学做过报告。另外在下列会议中，许多我叫不出名字的人也提出了重要问
题：1991 年 5 月由里斯本哲学学会举办的会议、1991 年 9 月牛津奥利尔
学院针对逻辑与语言哲学议题举办的盎格鲁-波兰专题讨论会、1992 年 6
月在卡斯蒂利翁切洛举办的第二届知识、信念与策略互动工作坊，以及
1992 年 7 月在雷丁大学举办的亚里士多德学会与心灵学会的联合会议。
很遗憾，我只能不公平地挑出乔治·比勒（George Bealer）与彼得·孟席
斯（Peter Menzies），因为他们提出的问题与本书的内容存在具体的因果
关联。本书几个章节的初稿在牛津的课堂上使用，结果有着可观的改进；
罗恩·克里斯雷（Ron Chrisley）、麦克·马丁（Michael Martin）与罗杰·
泰克曼（Roger Teichmann）是其中不断提出问题的人。通过跟下列几位
哲学家谈话，我也获益匪浅：玛丽亚·贝雷米亚（Maria Baghramian）、诺
奥·布兰基纽（João Branquinho）、约翰·坎贝尔（John Campbell）、戴
维·查尔斯（David Charles）、基特·芬恩（Kit Fine）、奥拉夫·耶尔斯维
克（Olav Gjelsvik）与彼得·斯特劳森（Peter Strawson）（更不必说先前提
过的那些人）。朱利安·克科黑克（Juliane Kerkhecker）引导我理解洛伦
佐·瓦拉（Lorenzo Valla）的拉丁文。

在我写作本书的时候，熟知伊丽莎贝塔·佩罗西诺·威廉姆森（Elisabetta Perosino Williamson）的人会猜到她是如何帮助我的，以及对我的帮助有多大。本书奉献给一位伯叔祖父与一位伯叔，我无疑地试图效仿他们的开明理性（除了其他事之外），尽管有成功也有失败。

# 导 论

逻辑学家通常被指责将语言视为像是精确的，忽略了语言的含混性 1
(vagueness)。逻辑学家的有效与无效推理的标准，被认为足以处理精确的人工语言，但是当被运用于含混的自然语言（亦即我们实际用来讨论我们经验到的世界的语言）时就失败了。对于这样的推理，一种完全精确的语言是从未被实现的理想。我们虽然可以让我们的语言不那么含混，但不可能让语言完全精确。若我们试图通过规定我们语词的意义来使我们的语言完全精确，则我们的规定本身就会使用到没那么精确的语词，而改造后的语言将承继某些含混性。

问题不限于逻辑。试图以形式语词来描述自然语言的语义论，这也经常意味着忽略了含混性，所以错误地描述了日常语词的意义。当然，一个理论可以忽略含混性，并基于某些目的而仍是一种有用的描述，但是我们可以合理地问：为了把含混性考虑进来，需要什么样的理论改变？

经典（亦即，标准）逻辑与语义学的核心是二值原则（the principle of bivalence)。根据二值原则，每个陈述句不是真的就是假的。这个原则明显受到来自含混性的最大威胁。例如，什么时候伦布兰特开始变老？就他一生中的每一秒来说，我们都可以在每一秒时考虑“他在那一秒之后就老了”这个陈述句。在那些陈述句中，有些是假的，而其他是真的。若所有陈述句不是真的就是假的，则存在最后的一秒会使“他在那一秒之后就老了”为假，然后紧接着的第一秒会使“他在那一秒之后就老了”
为真。那会是哪一秒？我们没办法得知。确实，大多数人会认为，假设存 2
在那样的一秒简直就是愚蠢的。我们对“老”这个语词的使用，被认为太过含混而不可能挑出那一秒。基于这样的理由，二值原则被含混语言所拒绝。拒绝二值原则就是拒绝经典逻辑或经典语义论。

有时"伦布兰特是老的"是不明确的。他既不是明确地老，也不是明确地不老。不明确性（unclarity）产生于"伦布兰特是老的"这个陈述句的含混性。我们甚至可以用这样的例子来定义含混性概念。一个语词或概念是含混的，当且仅当，它能够导致刚才例示的那种不明确性。这样的一个定义不会自称展现了该现象背后的本质。特别是，这样的定义没有详细说明不明确性是否产生于陈述句缺少真假值，或只是产生于我们没办法判断陈述句的真假值。该定义在这样的理论论点上是中立的。就像为了避免在争论光或诗的本质时各说各话，我们可能会同意通过实例去定义光或诗，所以我们可以同意通过实例来定义含混性，以免在争论含混性的本质时各说各话。

含混性现象是很广泛的。大多数对经典逻辑或经典语义学的质疑都是基于主题的特征，例如下列主题：未来、无穷、量子力学。所有这样的质疑都蕴涵着，经典逻辑与语义学尽管不适用于上述主题，但仍适用于其他主题的陈述句。相较之下，含混性带来的是全面性的质疑。很难做出一个完全精确的陈述句，无论陈述句是关于什么的。若经典逻辑与语义学仅适用于完全精确的语言，则它们不适于我们能说的语言。

含混性现象不仅广泛，而且很深奥。若含混性可以通过精确语词被适当地描述，则它就会是肤浅的。一般而言，通过精确语词来适当地描述含混性是不可能的。不仅可以通过"什么时候伦布兰特开始变老?"这个问题来呈现这个困难，而且可以通过"什么时候伦布兰特开始明确变老?"这个问题来呈现这个困难。在某些时候，"不清楚伦布兰特是不是老的"这件事也是不明确的。含混性的范围本身也是含混的。同样的困难还可以通过"什么时候伦布兰特开始明确地明确变老?"这个问题来呈现，这个问题会无穷地反复出现。这就是高阶含混性（higher-order vagueness）现
3 象。高阶含混性意指我们用来描述含混语言之含混性的元语言本身也是含混的。

对于含混语言，有学者曾提出使用非经典逻辑系统或非经典语义学来处理。新颖且越来越复杂的系统被不断创造出来。目前尚未被提供的是一个对高阶含混性的令人满意的说明。隐隐约约的是，元语言被视为精确

的。例如，经典逻辑被认为对含混语言无效，但是却在元语言中被使用。这样的提议低估了含混性问题的深度。

含混性问题不会被“无论是经典还是非经典，没有逻辑系统或语义学是适合含混语言的”这个悲观的想法所解决。这个想法仍容许一个人，在特定的个例中，要求对含混性做出明白易懂的描述。没有人能在不使用经典逻辑的情况下，提供一个对高阶含混性的令人满意且明白易懂的描述。当然，含混性的本质可能抗拒明白易懂的描述，但是，仅当存在好的证据来支持该提议没有高估含混性问题的深度，那个绝望的提议才会很普遍。

本书的论点是，含混性是一个认知现象。该论点本身不反对经典逻辑或经典语义学。在不明确性例子中，陈述句仍然是真的或者假的，但是该语言的说话者没办法知道陈述句的真假值是哪一个。高阶含混性是关于无知的无知。

乍一看，含混性的认知主义观点是难以置信的。我们可能会认为，我们无法想象，在一个不明确的例子中，一个含混陈述句如何可以为真或为假。因为当我们设想某事是如此时，我们往往会想象我们会发现某事是如此。我们对下列事实感到不安：我们不可能达到这样的第一人称视角。亦即，我们不知道我们如何能够在一个不明确的例子中发现含混陈述句是真的，或者发现它是假的。因此，我们不能想象我们会发现它为真，或者发现它为假。我们错误地做出结论：它为真是不可想象的，而且它为假也是不可想象的。在认知主义观点可以被适当地评断之前，这样的错误认知必须被搁置在一旁。

针对含混性问题的大多数研究都假设认知主义观点是假的，但却没有严肃地论证该论点。若认知主义观点为真，则那些研究在根本上就是有问题的。即使认知主义观点为假，在发现有反对认知主义观点的有力论证之 4
前，那些研究仍缺乏稳固的基础。因此，对含混性研究来说，对认知主义观点进行鉴定会是主要任务之一。本书将为这个任务做出贡献。

对认知主义观点的评估不仅对含混性研究有帮助，更有着超越含混性研究的结果。如同已经注意到的，经典逻辑与语义学处于险境。更一般地说，认知主义观点蕴涵着一种形式的实在论：即使是关于我们概念边界的真理，也可能超出我们知道这些真理的能力。因此，拒绝含混性的认知主义观点就是给实在论强加限制，维护认知主义观点就是以一种彻底的形式支持实在论。

本书的第一部分是历史性的。这个部分追溯含混性研究的历史，从早期缓慢且间歇的研究——开始将含混性视为一个明显且有问题的现象，到过去二十年中含混性理论的流行。这个部分也是批判性的。这个部分论证，现存的非认知主义含混性理论没有一个是合格的。基于不可靠的替代做法，那些理论抛弃了经典逻辑或语义学；而且，这些牺牲并没有换得任何揭露含混性之本质的有用洞察。本书的第二部分是建设性的。这个部分发展且运用含混性的认知主义观点，发觉对认知主义观点的一般批评是有问题的，并且做出结论：认知主义观点为含混性现象提供了最佳解释。①

古希腊人凭借最初的连锁悖论（sorites paradox），将含混性问题引进了哲学：若从一堆沙中移走一粒沙，剩下的总是一堆沙，则连续移走每粒沙仍会留下一堆沙。第一章简述这个悖论的历史，以及这个悖论从有变体出现直到 19 世纪的各种变体。针对连锁悖论，斯多亚学派的逻辑学家被解读为采取了一个认知主义观点。

使一个连锁悖论是悖论的原因是其中出现的核心语词——例如“堆”——的含混性。不过，在历史上，这样的悖论是通过其论证形式来辨识的。在 20 世纪的开端，随着当时现代逻辑的发展，伴随一个逻辑上完美的语言的理想（含混性为这个理想带来了一个障碍），含混性才成为哲学讨论的一个主题。唯一的困难是，将不明确边界的现象跟“含混性”
5 这个语词在日常用法中也适用的现象（例如，具体性的缺乏）区分开。第二章根据弗雷格（Frege）、皮尔斯（Peirce）与罗素（Russell）的著作，讨论含混性哲学概念出现的三个阶段。

由于哲学家的注意力转向了日常语言，所以含混性得到了一个更为正面的形象。含混性不再被视为对一个理想典范的背离，其本身也被视为一

① 尽管目录中未区分第一部分与第二部分，但就内容来看，第一章至第六章考察当时所有的含混性理论，可被视为第一部分（历史性的部分），第七章至第九章则是发展认知主义，可被视为第二部分（建设性的部分）。——译者注

个真实典范。布雷克（Black）、维特根斯坦（Wittgenstein）与魏斯曼（Waismann）就是这样描述含混性的。我会在第三章讨论他们的著作。

只有在最近的几十年里，使用形式技术来处理含混性问题才变得比较常见。一个主要途径依赖于多值逻辑（many-valued logic），而多值逻辑通过多值来取代真假二值。第四章顺着在含混性问题中多值逻辑的运用的发展而展开，从三值逻辑（three-valued logic）的使用到“模糊逻辑”（fuzzy logic）的兴起，以及其他以无穷多值为基础的逻辑系统，然后到更精致的、诉诸真值度（degrees of truth）之质性概念的理论。这些观点基于几个理由而被批判。在处理高阶含混性问题上，没有一个是合格的；真值度不必然会跟含混性相关；从二值逻辑到多值逻辑的推广，当运用到自然语言时，会有非常反直观的结果。

针对含混性，一种技术上更巧妙的研究途径是超赋值论，第五章是关于该理论的。超赋值论几乎保留了经典逻辑的全部，但牺牲了经典语义论，因为超赋值论提供了非经典真理理论。超赋值论也以一种可信的方式处理了高阶含混性。不过，本书将论证，超赋值论处理高阶含混性的方式会破坏自身的非经典真理理论，整体来说，这会使超赋值论完全失去根基。

根据一个比较悲观的观点，含混性是一种形式的不融贯。若这个观点被全面接受，则第六章将显示，所有理性的论述都会被颠覆，因为含混性随处可见。尽管如此，对局部议题采取虚无主义可能是融贯的。它们可以在一些概念被用来描述知觉表象（perceptual appearances）的具体例子中获得辩护，因为这样的概念不能区分知觉上不可区辨的表象，尽管知觉上可区辨的表象可以通过一个连锁系列关联起来，在这一连锁系列中，相邻的知觉表象在知觉上是不可区辨的。不过，在仔细关注相关概念的结构后，我们可知悖论论证是不健全的。特别是，它们错误地假设表象就是事 6
物看起来的样子。

第七章为含混性的认知主义观点辩护。首先，该章论证，对不明确的例子中的含混陈述句，拒绝二值原则是不融贯的。接着，该章怀疑我们能够融贯地全面考虑含混性的非认知主义观点的后果。该章针对认知主义观点的显著批评进行分析，并证明那些批评是有问题的。我们将概述一个语言学式的理解图像，根据此图像，我们可以知道一个语词有一个给定的意义，但不需要知道那个意义在概念空间中的界线在哪里。

第八章发展认知主义观点的知识论基础。关于知识的原则，该章为其提供独立的理据，而根据那些原则，认知主义观点假定的无知只被视为一个更广泛现象——不精确知识（inexact knowledge）——的特例。无论如何，无知是独特的，因为不精确性的根源在概念上是与众不同的。高阶含混性在这个理论中占有一个重要位置，因为不精确知识的一个重要特征是，一个人可以在不知道自己知道某事的情况下知道某事；当不精确性以含混性的形式呈现时，这就变成关于不明确性的不明确性。于是，不精确知识的知识论被用来进一步分析不可区辨性现象，而该现象是虚无主义所诉诸的。

在任何意义下，这个世界本身是否可能是含混的（有别于我们对这个世界的表征），这仍是有争议的。第九章检视这个议题。该章论证，认知主义观点允许，事物在一种适当的意义下是含混的，因为知道那些事物的边界的可能性与它们被表征的方式是不相关的。

附录部分呈现，基于含混性的认知主义观点，唯一适合明确性与不明确性逻辑（the logic of clarity and unclarity）的形式系统。

本书的绝大部分将逻辑专技的部分减到最低。这么做是希望增加本书的可理解性，而牺牲了逻辑的严格性。将逻辑专技的部分最小化也有哲学理由。对形式系统的强调已经助长了“含混性可以在精确的元语言中被研究”这个假象。因此，导致高阶含混性的重要性被低估。实际上，使
7 用一种所谓精确的元语言来研究含混语词，就是使用一种，根据假设，含混语词在其中不可能被翻译的语言。因为含混语词是有意义的，所以这是一种对元语言的表达限制。这不是一种单纯的限制。第七章中的论证（论证在不明确的个例中，“拒绝二值原则是不融贯的”），只能用一种可以翻译相关含混语词的语言来陈述。最终的后果是，拒绝二值原则就是将含混言谈视为没有谈论任何事。含混性只能在内部中被理解。

# 第一章　连锁悖论的早期历史

## 1.1　第一个连锁[1]

亚里士多德同时代的逻辑学家，米利都（Miletus）的欧布里德（Eubulides），因为七个难题而著名。其中一个是“说谎者难题”（the Liar）：若一个人说自己正在说谎，他说的是实话吗？另一个是“蒙面男难题”（the Hooded Man）：你如何能认识你的弟弟，若你不认识那个实际上是你弟弟的蒙面男？“伊莱克特拉难题”（the Electra）：俄瑞斯忒斯（Orestes）陷入疯狂的幻觉中，而俄瑞斯忒斯为他的姊姊伊莱克特拉承担复仇女神的诅咒。① “难以捉摸的人难题”（the Elusive Man）会在之后出现。还有“角男难题”（the Horned Man）：因为你还拥有尚未失去的部分，而且你并没有失去角，所以你仍拥有角（所以这是两难困境）。剩下的难题是“秃头男难题”（the Bald Man）与“堆垛难题”（the Heap）。② 在古代，这些难题通常被表达为一个系列问题。[2] 8

1 颗谷粒会构成一堆吗？2 颗谷粒会构成一堆吗？3 颗谷粒会构成一堆吗？……10 000 颗谷粒会构成一堆吗？我们会把这些谷粒理解为被适当地堆置，而且一堆谷粒必须包含相当多的谷粒。若你承认 1 颗谷粒不构成

---

① “伊莱克特拉难题”是指伊莱克特拉没有认出俄瑞斯忒斯是自己的弟弟，而使之为自己承担复仇的后果，尽管她认为自己认识自己的弟弟（https：//en.wikipedia.org/wiki/Eubulides）。——译者注

② 除了以女性为主题的“伊莱克特拉难题”以及“堆垛难题”之外，其他五个难题都以男性为主题。——译者注

一堆，而且不愿意计较增加任何单一谷粒会造成任何改变，则你最后会被迫承认 10 000 颗谷粒不构成一堆。

1 根头发在头上的人算是秃的吗？2 根头发在头上的人算是秃的吗？3 根头发在头上的人算是秃的吗？……10 000 根头发在头上的人算是秃的吗？我们会将这些头发理解为适当地分布在头上，并且一个有少量头发的
9 人才算是秃的。若你承认有 1 根头发在头上的人是秃的，而且不愿意计较增加任何单一头发会造成任何改变，则你最后会被迫承认 10 000 根头发在头上的人是秃的。

用来称呼“堆垛难题”与“秃头男难题”的标准古希腊语分别是“sōritēs”与“phalakros”。希腊文的形容词“sorites”来自“sōros”这个名词，字面意思是指堆物者，就像在“堆物者悖论”中的意思一样。或许欧布里德自创了那个语词。就堆垛论证的形式来说，虽然有许多二手文献提及了堆垛问题，但主要参考文献仍是欧布里德七难题的内容。该语词被延伸到相似的难题上，例如“秃头男难题”。这些难题也被称为积少成多论证（little-by-little argument）。[3]

目前据我们所知，欧布里德自创了“堆垛难题”与“秃头男难题”。“堆垛难题”可能是受到另一个难题的启发，亦即“小米种子难题”（the Millet Seed），这个难题是 1 世纪前由埃利亚的芝诺（Zeno of Elea）提出的。若一颗种子掉在地面是完全无声的，则一大堆种子掉在地面也会是无声的，但并非如此；因此，每一颗种子在掉在地面时一定有声音。这个难题当然可以被改写成连锁论证的形式。一颗种子掉在地面是否会有声音？那 2 颗呢？3 颗？……不过，芝诺似乎把自己的难题奠基在更具体的基础上，亦即奠基在“谷粒掉在地面发出的声音会跟其重量成比例”这个具体原则上。[4]欧布里德可能是第一个关注到连锁悖论呈现出的一般性困难的人；他不太可能忽略“堆垛难题”与“秃头男难题”之间的共同形式，不过它们在内容上的差异使得两者被列举为不同的难题。

不知道欧布里德拿连锁难题做何用途——为了有趣，为了捣乱，或者为了某个更重要的目的。许多哲学教条被提出来，作为他意图摧毁的目标：经验概念（例如“秃的”与“堆”）的融贯性、非矛盾律（“不会既是 $P$ 又不是 $P$”）、排中律（“$P$ 或不是 $P$”）、多元论（存在一个以上的事

物）、亚里士多德的无穷理论（作为潜能的而不是实际的）、亚里士多德的中庸论（美德是在两个极端之间）。证据几乎不支持这些教条中的任何一个。欧布里德实际上被说成在攻击亚里士多德，但却是在诽谤的意义下被如此认为的；此说法的来源并未将争议跟任何一个难题联系起来。亚里士多德现存的著作显露出，他没有清楚地察觉到连锁推理。后来有些评论家确实考虑使用连锁推理来反驳亚里士多德的中庸理论，但是没有提及欧 10
布里德或亚里士多德曾如此做过。欧布里德的兴趣被描述成是纯粹逻辑的；若他心中有特定的目标，则可能会是一个逻辑的目标。[5]但是，若他心中没有特定的目标，则这不代表他对连锁难题的兴趣在知性上是无价值的，因为我们可以把任何被已接受的论证标准所明显许可的荒谬性视为对那些标准的严重质疑。一个难题威胁到整个思想系统，而难题是在其中被形构的，而且基于这个理由，在提供确实的诊断来处理问题的根源之前，难题不会反驳思想系统中的任何一个特定元素。没有证据显示欧布里德有提供这样的诊断。

根据推测，经由师徒之间的传承，连锁难题应是从公元前 4 世纪中叶的欧布里德往后传承。欧布里德的一个学生是阿波罗尼奥斯 · 克洛纳斯（Apollonius Cronus），而阿波罗尼奥斯 · 克洛纳斯的一个学生是狄奥多罗斯 · 克洛纳斯（Diodorus Cronus）。戴维 · 塞德利论证，正是狄奥多罗斯将欧布里德难题广泛传播，并且给予其知性上的地位。根据塞德利之见，狄奥多罗斯从欧布里德那里继承了“偏好论辩、火焰般的热情，以及对演说表演的热爱”；他呈现一个难题的方式使他不仅可以抓住人们的注意力，还暴露出对哲学理论的严重质疑。[6]狄奥多罗斯教导辩证法，辩证法被认为是“正确论述讨论中的论证与回答方式的科学”，是哲学论证的标准媒介，而且连锁难题在其中被形构出来。

对于狄奥多罗斯是否确实提及连锁难题，没有相关资料遗留下来。不过，我们几乎可以确定他确实讨论了连锁难题；他的追随者确实都讨论了，而且那正是他喜欢的难题。此外，他提出一个关于运动的论证，非常类似于“堆垛难题”。现存文献显示，该论证的细节是如此不可信，以至于任何人一定会希望那些资料已经被窜改。该论证从可信的一般性原则出发，该原则说：一个适用于“绝对的”的谓词，也适用于“大多数的”；

例如，一个人是灰头白发的，可以是因为他所有的头发都是灰的，也可以是因为他大多数的头发都是灰的（“秃头男难题”涉及另一种形式的老化）。这里的想法是，假设由 3 颗粒子构成的物体因为大多数粒子在移动而移动（譬如其中 2 颗粒子在移动），然后持续增加一颗静止粒子到该物
11 体中，直到该物体由 10 000 颗粒子所构成也因为大多数粒子在移动而移动，但实际上其中只有两颗粒子在移动。连锁难题在论述这个论证的时候被提及了。[7] 虽然一个连锁难题可以用这样的内容来构造，但这不是一个连锁难题；在“大多数”的定义中，“多数”这个语词需要被与“绝大多数”类似的语词所取代。该难题取决于“绝大多数”，而不是“移动”。很容易把连锁论证跟狄奥多罗斯其他感兴趣的难题联系在一起。例如，他曾论证，一个过去时态的陈述句（像“It has moved”或“Helen had three husbands”等）在现在为真，这不需要一个现在时态的陈述句（像“It is moving”或“Helen has three husbands”等）① 在过去为真。[8] 在询问一堆沙或谷粒在何时产生或消失时，这样的问题会不会基于相似的理由而不适当？此外，狄奥多罗斯曾考虑过可感知性的最低限度；后来的一些连锁悖论依赖于“不可感知的差异可以累积成一个可感知的差异”这个事实。不幸的是，没有证据核实这些揣摩出来的关联性。

根据未经证实的信息，狄奥多罗斯因为无法解开另一个哲学家在埃及国王托勒密·索特（Ptolemy Soter）面前提出的难题而羞愧致死。在狄奥多罗斯之后，连锁难题在两个相互竞争的哲学流派——斯多亚学派（the Stoa）与学院派（the Academy）——的争论中变成标准的武器。狄奥多罗斯影响了这两个学派。在公元前 300 年左右，狄奥多罗斯以前的学生，西提翁的芝诺（Zeno of Citium）开始在雅典的公共大厅教导斯多亚学派的波凯勒（Poikile），而波凯勒的学生组成了著名的斯多亚学派。在公元前 273 年左右，阿尔凯西劳（Arcesilaus）成为柏拉图学院派的领导，并且通过将学院派转变为怀疑派而完成了一场非凡的政变；阿尔凯西劳受到狄奥多罗斯的逻辑的影响。[9] 接着学院派的怀疑论者攻击斯多亚学派的“独断论者”。他们的主要武器包含连锁论证，用来反对斯多亚学派的辩

---

① 因为中文的动词没有时态变化，故在此不做翻译。——译者注

护。一个怀疑论者不认为有义务回应任何连锁难题，他可以简单地以无知来辩护。若一个斯多亚学派的人有义务回应每一个连锁难题，亦即回答“是”或“否”，则他将发现自己处于一种窘境。

斯多亚学派知识论很明显是怀疑论者攻击的目标，而连锁推论是一个特别合适的工具。斯多亚学派知识论的主要概念是一个认知印象的概念，类似于一个笛卡尔式的清楚且明晰的观念。认知印象具有命题内容，而且本质上就像以完全正确的方式来表征真实事物而来。这些认知印象是斯多亚学派说明知识之可能性的基础。怀疑论者继续从认知印象到非认知印象 12
来建构连锁序列，用实际上不可区辨的印象取代每一个印象，并且用这些印象来削弱斯多亚学派在知识上的主张。[10]

斯多亚学派需要防御怀疑论的连锁论证攻击。但是斯多亚学派必定在学院派的怀疑论者讨论之前就已经讨论过连锁论证，因为芝诺正是为了处理这样的难题而强调技术的发展，将之视为辩证技术训练的一部分。在公元前 262 年，克利安塞斯（Cleanthes）接替芝诺而成为斯多亚学派的领导，而在大约公元前 232 年，克律西波斯（Chrysippus，约公元前 280—约前 206）接替克利安塞斯而成为斯多亚学派的领导。克律西波斯系统地创建了斯多亚学派的逻辑理论。在古代，他被称为最伟大的逻辑学家（亚里士多德是最伟大的科学家，而柏拉图是最伟大的哲学家）。[11]他也设计出被用来处理怀疑论者攻击的策略，特别是连锁论证的使用。不幸的是，确定是由他写作的《论积少成多论证》（*On The Little-by-Little Argument*，纸莎草书卷）两卷书已经亡佚；而他写作的《论反驳语词的连锁论证》（*On Sorites Arguments Against Words*）三卷书也已亡佚。[12]遗留下的只有断简残篇与传闻。以下是一个揣摩而来的重述。

## 1.2　克律西波斯学派的沉默

斯多亚学派坚决相信二值原则是正确的：每个命题不是为真就是为假。不同于亚里士多德，斯多亚学派在关于未来的偶真句上也不反对二值原则；“明天会有一场海战”不是真的就是假的。根据西塞罗（Cicero）的说法，克律西波斯“竭尽全力来说服我们相信每个 axioma（命题）不是为真就是为假”[13]。因此，对每个命题 $P$ 来说，有一个正确答案来回答“$P$ 是真的吗?”；若 $P$ 为真，则答案为“是”；若 $P$ 为假，则答案为“否”。所以，对每个命题构成的序列 $P_1$，…，$P_n$ 来说，有一组正确答案序列来回答“$P_1$ 是真的吗?”，…，“$P_n$ 是真的吗?”，而答案不为“是”就为“否”。

在一个连锁序列中，第一个问题的正确答案与最后一个问题的正确答案是明显且对立的。斯多亚学派使用“$i$ 是少的吗?”作为怀疑论的第 $i$ 个问题的形式，按斯多亚学派的例子会比较方便讨论。[14]因此，第一个问题
13 与最后一个问题的正确答案分别为“是”与“否”。这符合“秃头男难题”，而不是“堆垛难题”，不过其中的差异不太重要。现在，常见的连锁序列在下列意义下是单调的：一个其正确为“否”的问题，不会介于两个其正确答案为“是”的问题之间，反之亦然。若 $i$ 在数量上是少的，则少于 $i$ 的当然会是少的；若 $i$ 不是少的，则多于 $i$ 的不会是少的。因此，“1 是少的吗?”……“10 000 是少的吗?”这些问题的正确答案序列会包含一定次数的“是”，然后接续着一定次数的“否”。特别是，对“$i$ 是少的吗?”这类问题来说，存在最后一个正确答案为“是”的问题，紧接着的是“$i$+1 是少的吗?”，这是序列中第一个正确答案为“否”的问题。$i$ 是少的，而 $i$+1 不是少的；$i$ 是少的精准截止点。

从二值原则推论出一个精准截止点存在的论证，假设了“1 是少的”……“10 000 是少的”等语句表达了命题。斯多亚学派区分了被表达的命题与用来表达命题的语句。不过，某人说出“$i$ 是少的”来意指“$i$ 根头发在头上的人是秃的”，他确实断言了某事，根据斯多亚学派的观点，这需要那种表达了一个命题的语句。上述假设无法回避推论出精准截止点的论证。

有独立的证据来支持斯多亚学派接受精准截止点。[15]首先但极为薄弱的证据是，根据西塞罗的报告，克律西波斯将自己比作一位聪明的马车驭手，能够悬崖勒马；从疾驶到静止的精准截止点，若不是类比到从真到假，那会是什么？其次的证据是，在其他看似容易导致连锁推论的案例中，斯多亚学派坚持有精准截止点。例如，斯多亚学派否认美德有程度可言，主张一个人不是邪恶的，就是完全善良的。有一个类比是关于一个上

升到水面的潜水员的；他即将上升到水面，但是他即将上升到水面的状态仍算潜在水下，这跟他在上升到水面之前的状态没有程度之分。最后，在反驳用来反对认知印象论证时，克律西波斯明确处理了“什么时候最后一个认知印象与第一个非认知印象相邻”这个例子；认知性有一个精准截止点。斯多亚学派准备好将二值原则运用于连锁推论，并且承担这样做所带来的后果。

对斯多亚学派来说，存在精准截止点。回答连锁问题的困难一定不是
来自不存在正确答案，而是来自我们对正确答案的无知。连锁问题是一个 14
知识论上的难题。本书对这样的斯多亚学派观点做辩护。不过，目前需要的不是为上述观点辩护，而是探索该观点的后果。

对于“1 是少的吗?”……“$i$ 是少的吗?”这些问题，一个人可以回答“是”，而对于“$i$+1 是少的吗?”……“10 000 是少的吗?”这些问题，他可以回答“否”，但他是猜的。没有人具有这样的截止点知识；没有人知道“$i$ 是少的”，而且知道“$i$+1 不是少的”。这样的回答模式被“一个人应该提供一个答案，仅当他知道该答案是正确的”这个原则所禁止。斯多亚学派若遵守这个原则，就会需要另一种回答模式。

问题是一个人应该相信什么，而不只是应该说什么。若一个人相信 $i$ 是少的，而且相信 $i$+1 不是少的，则他就违反了“一个人应该仅相信他知道是正确的事”这个原则。斯多亚学派在某种意义下认可这个原则，但是我们需要介绍一些关于斯多亚学派知识论的背景，以说明斯多亚学派是在什么意义下认可这个原则的。[16]

斯多亚学派做了一个三重区分：纯意见（doxa）、认知（katalēpsis）与科学知识（epistēmē）。一般人是通过赞同认知印象来认知的。就像在正常知觉的情况下，他相信这些认知印象的命题内容。认知印象倾向于使我们赞同它们。我们有强烈的倾向认为，认知印象（感官知觉）清楚告诉我们的就是实际情况，但是我们并非无法抵抗这样的强烈倾向。无论如何，一般人倾向于不做区分地赞同所有认知印象。当他没有意识到状态异常时，他可能通过赞同一个非认知印象而让自己处在纯意见状态。斯多亚学派的理想智者在那个方面（或任何其他方面）不会犯错。他训练自己只赞同认知印象。这是可能的，因为给定斯多亚学派的原则“没有两个

实体是绝对不可区分的”，认知印象与非认知印象之间总是有质上的差异，无论多么微小。[17]在怀疑的情况下，智者会悬置判断。在无法确定的时候，智者可能会按照可信的假设来行动，但不会相信这些假设，他相信的事情只是“这些假设是可信的”[18]。因为认知印象不可能为假，所以智者不会有假信念。他虽然不是全知的，但是绝对可靠的。[19]他的信念，而且只有他的信念，肯定是经得起考验的。例如，他不会被提出连锁难题的
15 人欺骗而否认“10 000 颗谷粒构成一堆”这个命题，而该命题是他基于认知印象而在之前赞同的。只有他具有科学知识。

可理解的是，斯多亚学派不确定是否有智者存在。或许苏格拉底算是一位智者，但是智者的数量非常少，而斯多亚学派学者本身不主张自己是智者。因此，他们不可能声称只说或只相信他们所知道的科学上的事。无论如何，他们确实立志追求智慧。特别是，他们企求把自己训练成只赞同认知印象和明确的事。“知识”这个语词（前面没有加上“科学的”）会被用来赞同明确的事，也就是被认知印象保证的真理；知识涉及认知与科学知识。在受过训练的情况下，一般的斯多亚学派学者可能会只说与只相信他们在不严谨的意义下知道的事。此外，若他们在遭遇连锁难题的提问时赞同非认知印象，则他们不可能希望成功地处理这些提问。所以，回应这些提问的任何好策略会让一个人只说与只相信自己知道的事。这个原则将有助于说明斯多亚学派处理难题的方式。

克律西波斯建议，在提问的某一点，我们应该沉默并且拒绝给予赞同。[20]智者会悬置判断，而一般的斯多亚学派学者应该悬置判断，既不做任何陈述，也不形成关于任何方面的信念，因而避免在思想与言谈上犯错。

若难题的根源只是我们不知道“是”或“否”是不是某些提问的正确答案，则结果会是在“我们对哪一个是正确答案是无知的”这个层次的问题上。举例来说，斯多亚学派学者会很乐意承认自己不知道“星星的数目是偶数吗？”这个问题的正确答案。若没有涉及其他事情，则斯多亚学派可以使用三个（仅仅三个）可能答案——“是”、“否”与“我不知道”——来自信地面对连锁推论的提问。他若知道 $i$ 是少的，则会回答“是”；他若知道 $i$ 不是少的，则会回答“否”；在其他情况下，他会回答

“我不知道”。为什么这样诚实地承认无知不能完全解决难题呢？

斯多亚学派学者并没有将连锁推论的提问归类为一个序列问题，其中有些问题的答案是未知的；他们将之归类为一个谬论。关于星星数目的问题让我们很容易只说我们知道为真的。连锁难题却让我们很难不说我们知 16
道为假的。乍看之下，认知进路似乎失去了难题的困难性。以下我们试图站在斯多亚学派的立场，更周密全面地考虑连锁序列的知识论。其结果比我们可能预期的还要巧妙，并且有助于说明在斯多亚学派的策略中其他令人困惑的特征。

先前提过，克律西波斯没有说我们应该承认无知，而是说我们应该沉默。在被提问时，说“我不知道”跟不说任何话是相当不同的策略。前者否认知识，但后者却没有否认知识。斯多亚学派学者应该不做任何陈述，除非他知道该陈述句是正确的。现在，在回答“$i$ 是少的吗？”这个问题时，回答“我不知道”实际上做了一个陈述，亦即“我既不知道 $i$ 是少的，也不知道 $i$ 不是少的”，就像回答“是”就相当于说“$i$ 是少的”，而回答“否”就相当于说“$i$ 不是少的”。因此，斯多亚学派学者应该回答“我不知道”，仅当他知道自己既不知道 $i$ 是少的，也不知道 $i$ 是不少的。“是/否/不知道”这个回答策略，要求斯多亚学派学者在自己不知道时回答“我不知道”。所以，从斯多亚学派的角度看，这个策略是可用的，仅当，对每个 $i$ 来说：

(1) 若一个人既不知道 $i$ 是少的，也不知道 $i$ 不是少的，则他知道自己既不知道 $i$ 是少的，也不知道 $i$ 不是少的。

根据上述对知识的定义，知识是赞同明确的事。因此，已知的事就是明确的事。反过来说，因为认知印象强烈地使我们倾向于赞同，所以明确的事倾向于是已知的事。因此，“是/否/不知道”这个策略非常接近下列策略：若 $i$ 是明确地少，则说“是”；若 $i$ 是明确地不少，则说“否”；在其他情况下，说“不明确”。最简单的方式是先从后一个策略（亦即“是/否/不明确”这个策略）开始讨论。一旦该策略的问题浮现，前一个策略（亦即“是/否/不知道”）就可以被重新考虑。

从斯多亚学派的角度看，“是/否/不明确”这个策略是可用的，仅当第三个答案明确地正确，前两个答案都不正确。（1）相当于下列式子：

（2）若 $i$ 既不是明确地少，也不是明确地不少，则 $i$ 明确地既不是明确地少，也不是明确地不少。

这相当于两个更简单原则的合取[21]：

17 （3a）若 $i$ 不是明确地少，则 $i$ 明确地不是明确地少。①

（3b）若 $i$ 不是明确地不少，则 $i$ 明确地不是明确地不少。

（3a）与（3b）是针对明确性的、被称为 S5 原则的两个例子：若 $P$ 不是明确的，则"$P$ 不是明确的"是明确的。因此，"是/否/不明确"这个策略是可用的，仅当明确性满足 S5 原则。

根据斯多亚学派的观点，一般来说，明确性不可能满足 S5 原则。举例来说，在不知道灯光异常的情况下，我会赞同"$x$ 是黄色的"这个非认知印象，尽管实际上 $x$ 是白色的。因此，$x$ 不是明确地黄，但"$x$ 不是明确地黄"不是明确的。[22]若"$x$ 不是明确地黄"是明确的，则我应该会有一个认知印象，其意思是说 $x$ 不是明确地黄；这样的印象会强烈地让我倾向于判断 $x$ 不是明确地黄。但是，我根本没有这样的倾向，我没有想过该情境不同于会把某物看成黄色的正常情境。我的问题来自未经深思熟虑地赞同一个非认知印象，而不是来自抗拒赞同一个认知印象。当然，斯多亚学派的观点是：若我更细心地观察四周，则我可能会避免犯错。我对环境的细心观察可能使我拥有一个认知印象，其意思是说我的知觉印象是非认知的，但不能由此推出，我在自己的实际状态中有这样的二阶认知印象。我不具有这样的印象。

在（3a）与（3b）的情况下，S5 原则也一样易受批评。就像"少"容易导致连锁难题一样，"明确地少"也会。1 是明确地少，10 000 不是明确地少（因为 10 000 不是少的）。根据斯多亚学派的逻辑，"明确地少"有一个精准截止点：对某个数 $i$，$i-1$ 是明确地少，而 $i$ 不是明确地少。相较于确定"少"的精准截止点来说，我们并不会更容易判断"明确地少"

① 原书误植为"明确地少"（clearly few），但应为"明确地不是明确地少"。请参考注释 21 中的证明。——译者注

的精准截止点是哪个数。“$i-1$ 是少的”这个认知印象跟“$i$ 是少的”这个非认知印象太相似，以至于我们无法可靠地判断后者实际上是一个非认知印象。我们不可能区分得如此细微。虽然 $i$ 不是明确地少，但“$i$ 不是明确地少”不是明确的。（3a）的某些个例是假的。所以，通过一个类似论证，（3b）的某些个例是假的。因此，蕴涵（3a）与（3b）的（2）也是假的。根据斯多亚学派的标准，“是/否/不明确”这个策略失败了，因
为在连锁序列中的一些点上，那三个答案中没有一个是明确地正确，所以 18
没有一个被知道是正确的。一个人不可能察觉到明确的例子的最后一个个例。

相反，乔纳森·巴恩斯（Jonathan Barnes）曾论证，“相对来说，似乎很容易显示，若存在最后一个明确的例子，则我们可以认知它”。变换到例子中的概念，巴恩斯的推理如下：

> 考虑任何相关的例子：$i$ 是明确地少，还是明确地不少？一个人可能回答“否”、“是”或“我不知道”；但是，若一个人不知道 $i$ 是不是明确地少，则 $i$ 就不是明确地明确地少，所以不是明确地少。因此，针对“$i$ 是明确地少吗?”这个问题，一个人可以总是回答“否”或“是”：最后一个明确地少的例子若存在，便是可以被认知的。[23]

上述推论是完全一般性的。它若是有效的，则会显示明确性在任何地方都会满足 S5 原则。特别是，它会适用于我关于 $x$ 颜色所犯的错误。但是，上述推论的错误是很明显的。若我在未经深思熟虑的状态下被询问 $x$ 是不是明确地黄，则我将回答“是”，不过我将是错的。[24]

一个人可能试图通过加入一个额外前提来拯救巴恩斯的论证。先前已注意到，一个斯多亚学派学者可以预期在连锁序列的提问中全身而退，仅当他已经训练自己不赞同任何相关的非认知印象。因此，我们可以增加“斯多亚学派学者的答案是明确地正确”这个前提。这排除了先前提及的那种反例。若我们对“$i$ 是明确地少吗?”这个问题回答“是”，则 $i$ 是明确地明确地少；若我们回答“否”，则 $i$ 是明确地不是明确地少。无论如何，我们仍需证明，若这些答案都是不适用的，则我们明确地不知道 $i$ 是不是明确地少，否则“我不知道”这个答案也是不适用的。

一个人可能希望，每当不回答“是”或“否”的时候，仅仅通过悬置对 $i$ 是不是明确地少的判断就能让“我不知道”这个答案是可适用的。因为知识需要赞同；若一个人既不赞同“$i$ 是明确地少”这个命题，也不赞同“$i$ 不是明确地少”这个命题，则他就不知道任何命题。此外，我们可以明确地悬置判断，以使自己的无知是明确的。那么，我们明确地不知道 $i$ 是明确地少。不过，此时此刻，在论证中需要证明的是，$i$ 不是明确地明确地少。但是，这是推论不出来的，因为无知只能被赞同的失败来保
19 证。若一个人可以拒绝赞同明确的事，则他就可能拒绝赞同“$i$ 是明确地少”这个命题，即使 $i$ 是明确地明确地少。因此，为了获得一个受过良好训练的斯多亚学派学者的赞同，该论证似乎要求明确性是充分且必要的。这相当于以下这个假设：这样的一个人可以完全正确地区分认知印象与非认知印象。但是，这实际上是该论证应该证明的。

一个人不可能仅仅通过遵循下列建议而可靠地回答“$i$ 是明确地少吗?”这个问题：你若对回答“是”有迟疑，则回答“否”。若这个策略有用，则一个人会毫不犹豫地判断 $i$ 是明确地少，当且仅当，$i$ 是明确地少；凡是一个人认为正确的事就会是正确的。但是，明确性是一种独立的、值得拥有的认知特征，而我们对它的运用既可能是对的，也可能是错的。一方面，一个人除非相当谨慎，否则在 $i$ 实际上不是明确地少的（甚至当 $i$ 不是少的）时候就会经常毫不犹豫地判断 $i$ 是明确地少；另一方面，一个人若是合理地谨慎的，则经常会犹豫什么会被证明是真正明确的，他不信任神秘的直观，并发现没有东西是真正明确的。故事是这样的，一位数学家正在讲课，他会以“……是明确的”来开场，不过忽然的疑虑让他停了下来，耗费了几分钟进行苦思，然后重新从“……是明确的”开始。这个故事的重点是，他可能是正确的。

没有一般的算法来侦测明确性。克律西波斯似乎曾经主张，即使是智者，也无法完全正确地区辨认知印象与非认知印象。塞克斯都·恩披里柯（Sextus Empiricus）写道：

> 因为在连锁难题中，最后的认知印象跟第一个非认知印象是接在一起的，并且几乎无法区分，克律西波斯学派说，在差异极小的情况

> 下，智者会停止判断并变得沉默，而在有相当程度差异的情况下，智者会赞同其中一个印象为真。[25]

即使是智者也无法完全正确地确定最后一个明确的例子的位置。练习实践会增进智者的区辨能力，但无法让智者是完美的。为了避免赞同一个非认知印象的风险，他拒绝赞同那些他无法将之与非认知印象区辨开的认知印象。因此，有时他会拒绝赞同一个实际上是认知印象的东西。当他拒绝赞 20
同一个印象时，他不会总是将它归类为不明确的，因为若他这么做，他有时就会犯错。他不会说“不明确的”，他会突然沉默下来。以智者为榜样的一般的斯多亚学派学者应该做一样的事。

若一个人在“是”这个答案是明确地正确时都用“是”来回答“$i$ 是少的吗?”这样单纯的连锁问题，则根据斯多亚学派的假设，他就会在答案不是明确地正确的那个点上，或在某个随后的阶段不再回答“是”。在前者的情况中，他已经完全正确地确定出明确性的截止点位置；在后者的情况中，他违反了“所有答案应该是明确地正确”这个约束。既然一个人不可能可靠地、完全正确地确定明确性的截止点位置，那么他就会确实地满足先前提及的约束，只要他在答案不是明确地正确之前停止回答“是”。为了避免过多赞同的风险，他一定会过少赞同。

在明确的例子结束**之前**，斯多亚学派学者会突然沉默下来。根据记载，克律西波斯提议这样做。[26]巴恩斯主张“明确的例子的结束可以轻易地被证明是可辨识的”，这个主张使巴恩斯认为记载可能有误，克律西波斯只是建议一个人应该**在**明确的例子结束**时**停止回答“是”。从先前的推论来看，没有理由反对这样的记载，因为归属给克律西波斯的提议，根据斯多亚学派的标准，是好的提议。

在一种不重要的意义下，不同于“是/否/不明确”这个策略，“是/否/不知道”这个策略仍是可行的。因为，若一个人拒绝赞同是非常明确的，则他就可以认知它，因而知道自己不知道。若一个受过训练的斯多亚学派学者不赞同相关的非认知印象，则他就可能在连锁序列中自始至终都满足（1）。不过，现在“我不知道”实际上宣告了拒绝赞同，这是一个心理片段，不是一个可取得的证据状态；他不知道的事可能仍是明确的。

这样的一个宣告可能是提问者不感兴趣的。沉默仍是明智的。

“一个人应该在明确的例子结束之前停止回答”这个思想可以被推广。一个人会想遵守以下两个命令：

(4a) 若“是”是一个好答案，则说“是”。

(4b) 若“是”不是一个好答案，则不说“是”。

21 一个答案是好的，在于它具有某种跟真假有关的性质，而且不是仅仅在于它是被给定的。(4a) 和 (4b) 的前件与后件之间存在某种关系；在一个不完美的世界中，前件与后件有时会被拆开。在这样一个案例中，一个人或者在“是”是一个好答案时没有回答“是”，所以违反了 (4a)，或者在“是”不是一个好答案时回答了“是”，所以违反了 (4b)。若一个人将违反 (4a) 与违反 (4b) 视为同样严重的事，则他就可能决定回答“是”，当且仅当，“是”是一个好答案。在其他条件都一样时，一个人回答成功的可能性跟回答失败的可能性是一样的，而且无论怎样都是如此。不过，相较于违反 (4a)，一个人可能会把违反 (4b) 看得更严重；给定这么看待 (4b)，一个人宁愿因为疏忽而犯错，在“是”是一个好答案时不回答“是”，也不愿因为疏忽而在“是”不是一个好答案时回答“是”。举例来说，相较于做出假的或无根据的陈述，一个人可能宁愿不做出真的或有根据的陈述。在那种情况下，一个人会遵循一个策略，亦即在疑惑时不做判断。通过增加犯小错的风险，我们可以减少犯大错的风险。在极端情况下，不违反 (4b) 的代价就是偶尔违反 (4a)。这是斯多亚学派做出的选择，在明确的例子结束之前就陷入沉默；在此，明确性就是好 (goodness)。相较于在一个明确的例子中不回答“是”，在一个不明确的例子中回答“是”更糟糕。那些采取相反立场的人应该会在明确的例子结束之后才陷入沉默。

克律西波斯学派的策略源自两个等级的预防措施。在第一个等级中，(4a) 与 (4b) 中的好就是真。斯多亚学派并不是以下主张的唯一提倡者：给予一个假答案会比没有提供一个真答案糟糕。就真理来说，(4a) [而不是 (4b)] 可以被违反。这个偏好促使了以下限制：一个人应该提供答案，仅当答案是明确的。但是，明确性以认知为目标，并且斯多亚学派再一次采取了谨慎态度。就明确性来说，同样地，（4a）［而不是（4b）］可以被违反。

克律西波斯学派的策略若没有提供线索来告诉我们，在明确的例子中什么时候应该沉默，那么就是不完整的。在明确的例子结束之前一点点陷入沉默，这种建议是非常含混的，而且预设了回应者可以预测提问的未来路径——不是以数为基础的连锁难题（例如，那些关于认知印象的难题，以及其他之后会讨论的难题）中的一项不可能的任务。一个怀疑论者可能悬置判断，直到提问结束，但那不是克律西波斯建议的方式。或许，我 22
们应该对所有不可能与不明确的例子区辨开的例子保持沉默。根据已经给出的那种理由，没有算法从不明确的例子中侦测明确性；有时我们会搞错。无论如何，若好被视为可从不明确的例子中区辨出，则我们就可能认为，在第二个等级中，违反（4b）不会比违反（4a）还严重。那将招致无穷后退。

## 1.3　连锁悖论与斯多亚学派的逻辑

一个悖论可能被定义为一个有着明显为真的前提以及明显为假的结论的明显有效的论证。人们经常提及一个连锁悖论，但上述提及的是连锁论证。不过，“堆垛难题”与“秃头男难题”是以问题序列来呈现的，如同它们在古代经常被呈现的方式一样，而并不是以包含前提与结论的论证形式来呈现的。根据巴恩斯的说法，“我们可以——而且古代人确实如此——从辩证的外表看出一个逻辑结构”[27]。

考虑下列论证，线上方是前提，线下方是结论：

1 是少的

若 1 是少的，则 2 是少的

若 2 是少的，则 3 是少的

…………

若 9 999 是少的，则 10 000 是少的

---

10 000 是少的

这个论证看起来是有效的；若它的前提为真，则它的结论也为真。相关的推论规则是离断律（modus ponens），该规则允许我们从“$P$”与“若 $P$，则 $Q$”推论出“$Q$”；它的前提为真，它的结论却为假，这看起来是不可能的。根据离断律，“1 是少的”与“若 1 是少的，则 2 是少的”蕴涵“2 是少的”。用同样的方式，“2 是少的”与“若 2 是少的，则 3 是少的”蕴涵“3 是少的”。在运用离断律 9 999 次之后，我们会得出“10 000 是少的”这个结论。“1 是少的”这个前提明显为真，而“10 000 是少
23 的”这个结论却明显为假。连锁序列的渐进性使每个条件句前提看起来都是真的。因此，明显有效的论证却有着明显为真的前提与明显为假的结论。这些表象中至少有一个是有问题的，因为结论不可能既是真的又是假的。

根据当代经典逻辑的标准，该论证是有效的；它不可能有真的前提与假的结论。根据斯多亚学派逻辑的标准，它也是有效的。[28]两个逻辑规则受到了威胁。一个是离断律；在斯多亚学派的逻辑中，它是第一个不能展示的（基本的）论证形式：“若第一个命题，则第二个命题；此外，第一个命题；所以第二个命题。”另一个规则［有时被称为砍律（cut rule）］是，有效论证可以被连在一起。举例来说，以下两个有效论证可以被连在一起：一个是从“1 是少的”与“若 1 是少的，则 2 是少的”推论出“2 是少的”，另一个是从“2 是少的”与“若 2 是少的，则 3 是少的”推论出“3 是少的”，连在一起后还形成了一个新的有效论证：从“1 是少的”“若 1 是少的，则 2 是少的”与“若 2 是少的，则 3 是少的”推论出“3 是少的”。斯多亚学派分析复杂论证的第三条基本规则是砍律的相应形式：当从两个命题可以推论出第三个命题，而且另外的命题可以从那两个命题中的一个推论出来，则同样的结论可以从那两个命题中的另一个，加上另外的命题推论出来。假设我们可以从“1 是少的”，“若 1 是少的，则 2 是少的”，…，“若 $n-1$ 是少的，则 $n$ 是少的”推论出“$n$ 是少的”。根据离断律，从“$n$ 是少的”与“若 $n$ 是少的，则 $n+1$ 是少的”可以推论出“$n+1$ 是少的”。那么，第三条基本规则允许我们从“1 是少的”，“若 1 是少的，则 2 是少的”，…，“若 $n$ 是少的，则 $n+1$ 是少的”推论出“$n+1$ 是少的”。通过不断地如此操作，我们最后会到达斯多亚学派对上

述连锁论证的完整分析，将烦琐的论证简化成基本推论。[29]

斯多亚学派认为该论证是有效的，它的第一个前提是真的，而它的结论是假的。因此，并非所有的条件句前提都是真的。根据斯多亚学派的二值原则，其中至少有一个条件句前提是假的。不过，连锁难题的渐进性使它们看起来都像真的。“若 $i$ 是少的，则 $i+1$ 是少的”这样的条件句中的一个如何可能是假的？

在此，问题会有点复杂。条件句的真值条件，早在狄奥多罗斯与同时代的学者斐洛（Philo）那里就是有争议的主题，而斯多亚学派开始讨论如何处理条件句的真值条件。在亚历山大里亚（Alexandria），诗人卡利马 24
科斯（Callimachus）写道：“即使是屋顶上的乌鸦，它们都在争吵着哪个条件句是真的。”斐洛把条件句的真值条件视为这个条件句的前件与后件的真假值输入，然后输出一个真假值作为条件句的真假值。“若 $P$，则 $Q$”会在三种情况下为真：“$P$”与“$Q$”都为真，“$P$”为假而“$Q$”为真，“$P$”与“$Q$”都为假。在“$P$”为真而“$Q$”为假的情况下，“若 $P$，则 $Q$”为假。斐洛学派的条件句遵循离断律中的最弱解释，所以是最弱的一种条件句；若任何有着前件“$P$”与后件“$Q$”的条件句为真，则斐洛学派的条件句为真。斐洛学派的“若 $P$，则 $Q$”等价于“并非：$P$ 且非 $Q$”。相较之下，狄奥多罗斯主张“若 $P$，则 $Q$”至少跟“从不（Not ever）：$P$ 且非 $Q$”一样强。克律西波斯则更进了一步；对他来说，一个条件句为真，当且仅当，它的前件跟后件的否定是不相容的。因此，“若 $P$，则 $Q$”等价于“不可能：$P$ 且非 $Q$”。以现代逻辑的用语，斐洛的条件句是实质蕴涵句（material implication），而克律西波斯的条件句是严格蕴涵句（strict implication）。之后的斯多亚学派倾向于接受克律西波斯的想法。

在连锁论证中，某个条件句前提“若 $i$ 是少的，则 $i+1$ 是少的”应该是假的。若其中的条件句是克律西波斯学派解释下的条件句，则它是假的，当且仅当，“$i$ 是少的”与“$i+1$ 不是少的”是相容的。不过，这个结论看起来平淡无奇；谁会认为它们是不相容的？克律西波斯可能会很乐意允许所有的条件句前提都是假的。弄清楚这样的条件句是假的并不是确定一个截止点，而仅仅是知道特定的一点并没有从逻辑上被排除是截止点。有些当代哲学家会不同意，他们主张连锁难题的出现是因为含混概念受制于容忍原则，该原则确实排除了截止点的可能性。对他们来说，“$i$ 是少的”确实可能跟“$i+1$ 不是少的”不相容，而使克律西波斯学派的条件句“若 $i$ 是少的，则 $i+1$ 是少的”为真。但是，斯多亚学派不采取这个观点，而且可能不将包含克律西波斯学派条件句前提的论证视为真正的挑战。[30]

使用斐洛学派条件句的连锁论证最具挑战性。该论证的前提要求最少，所以最难反驳。因为斐洛学派对条件句的解读不是标准的解读，所以前提必须明白地以否定的合取句来表示。根据对论证的标准斯多亚学派说明，刚好是下列形式：

> 25 并非：2 是少的，但 3 不是少的。并非：3 是少的，但 4 不是少的。照此类推到 10。但 2 是少的。因此，10 也是少的。[31]

上述策略无法解决这个悖论。举例来说，它不可能去除任何反对截止点的语义压迫或概念压迫。若包含克律西波斯学派条件句的论证在任何方面都比包含否定合取句的论证更吊诡，则用后者取代前者就只是一个推托之词。重点是反过来面对最具说服力的悖论。如同已经注意到的，包含克律西波斯学派条件句的论证可能完全不会被认为是吊诡的。无论如何，克律西波斯学派条件句蕴涵否定的合取句，所以任何造成包含克律西波斯学派条件句的论证的东西，也会造成包含斐洛学派条件句的论证。

一旦明确的条件句被消除，离断律就不再能被用来推进论证。但是，斯多亚学派的逻辑仍有助于推进论证。斯多亚学派的逻辑的第三个不能展示的原则是：“并非：第一与第二；但是第一；因此，不是第二”。所以，从“$i$ 是少的”与“并非：$i$ 是少的，而且 $i+1$ 不是少的”，我们可以推论出“并非：$i+1$ 不是少的”，而斯多亚学派的原则认同双重否定可以被消除。[32]这样的论证可以通过第三个基本原则而被连在一起，就像之前一样。因此，根据斯多亚学派的逻辑，下列形式的论证都是有效的：

> $P_1$
>
> 并非：$P_1$ 且不是 $P_2$

并非：$P_2$ 且不是 $P_3$

…………

并非：$P_{n-1}$ 且不是 $P_n$

$P_n$

确实，有时克律西波斯通过跟连锁难题有一样形式的论证来支持自己的观点。[33]另一个斯多亚学派的例子是：

> 并非"宿命如此，但命运不存在"；并非"命运存在，但业力不存在"；并非"业力存在，但报应不存在"；并非"报应存在，但法 26
> 律不存在"；并非"法律存在，但命令什么一定要做、禁止什么一定不能做的正确理由不存在"。但是，错误的行动会被禁止，而正确的行动会被命令去做。因此，并非"宿命如此，但错误的与正确的行动不存在"。[34]

包含否定合取句的连锁论证是有效的，它的第一个前提是真的，但结论却是假的。因此，"并非：$i$ 是少的，而且 $i+1$ 不是少的"这种形式的某个前提是假的。所以，$i$ 是少的，而 $i+1$ 不是少的。因此，对"少"来说，$i$ 是一个精准截止点。我们因为不能指认出这样的一个截止点，所以不能否认任何一个前提。我们只能悬置判断。"哪一个前提是假的？"这个质问是不公平的，因为我们尽管可能无法找出哪个前提是假的，但知道至少有一个前提是假的。

通过以一个包含前提与结论的论证来呈现连锁难题，我们获得了什么？该论证的逻辑结构不是问题的核心，因为，对斯多亚学派来说，该论证是形式上有效的。斯多亚学派学者也使用具有这个结构的论证。至于怀疑论者，他们可以对该论证的逻辑状况悬置判断；对他们的目的来说，他们的对手将这样的论证视为有效的就已经足够了。该论证的逻辑结构提供了一种适当地呈现问题的方式，不过目前看来，除此之外，没有其他成果。

有人会想论证逻辑外表背后有一个辩证的结构。首先，条件句在连锁论证中的使用会让人分心，因为连锁难题的提问显示我们可以将这个难题设计成，在一种仅仅需要"是"、"否"与简单语句（没有"若……

则……”、“而且”与“并非”等逻辑连接词的语句）的语言中进行。其次，到目前为止，该论证具有一定的说服力，不是因为它的前提要求赞同，而是因为它的前提禁止不赞同。问题并不在于我们可以说“并非：$i$ 是少的，而且 $i+1$ 不是少的”，而在于我们不可以说“$i$ 是少的，而且 $i+1$ 不是少的”。没有假定我们相信连锁论证的前提。这些问题的重点是，迫使我们表态，支持或反对具体的命题，而任何模式的表态都使我
27 们陷入困境；因此，这就是提问的威力。因为连锁论证的前提似乎是有说服力的，仅当我们被提问的内容是这些前提，所以问题形式是最重要的。

若连锁论证的前提可以获得正面支持，则情况会有所转变。若可以获得支持，则论证形式会是最重要的：问题形式留下了太多没有明说的部分。此外，克律西波斯学派的沉默不再是一个适当的回应，因为沉默不会削减前提所获得的正面支持。在后期的发展中，有一派试图提供这样的支持。

## 1.4　古代晚期的连锁难题

克律西波斯的策略可能会让之后的斯多亚学派感到满意。没有迹象显示，有人尝试对连锁难题做进一步的研究。该难题变成一个典范，或许成了斯多亚学派逻辑课程中的一个陈旧题材。[35]

怀疑论者不满意克律西波斯学派的沉默策略。在卡尔内阿德斯（Carneades，他复兴了学院派中的怀疑论）去世后的半个世纪中，沉默策略受到了非常严重的批评。“据我所知，你可以打鼾，不要只是沉默。不过，那有什么意义？迟早有人把你叫醒，然后以同样的方式质问你。”若克律西波斯睡着了，则他在论辩上所取得的成就也不会更大。“为什么追问你的人应该在乎他是在你沉默时还是在你说话时使你陷入困境？”[36]卡尔内阿德斯的态度是自认有着制胜策略的棋手的态度，只不过他的对手拒绝（在一场没有时间限制的棋局中）走出一步棋。

悬置判断是怀疑的态度，而卡尔内阿德斯固定了克律西波斯策略允许其扩散的范围。若克律西波斯在明确的例子中悬置判断，则他是基于什么

理由来反对怀疑论者悬置判断的？这个问题不会将该策略还原为立即的不融贯性，因为对克律西波斯来说，有些回应是开放的选项：当例子可以与不明确的例子区辨开时，不悬置判断。尽管如此，斯多亚学派仍处于一个非常脆弱的立场。斯多亚学派学者在明确的例子上停止，避免提供不是明确地正确的答案，只不过其代价是无法提供（在斯多亚学派的意义下）明确地正确的答案。斯多亚学派学者在知识论上的谨慎加大了他们对怀疑论的让步，这种让步是他们的二值语义论迫使他们在连锁难题的提问中做出的。这种让步不等于投降，因为他们仍可以在某些例子中宣称有知识， 28
但这些例子是毫无争议的情况，而不是有一个有说服力的原则。或许那就是知识的样子。

卡尔内阿德斯特别使用连锁推论来反对斯多亚学派的神祇理论：

> 若宙斯（Zeus）是一位神祇……则他弟弟波赛东（Posidon），也会是一位神祇。但是，若（海神）波赛东是一位神祇，则（河神）阿刻罗俄斯（Achelous）也会是一位神祇。而若阿刻罗俄斯是一位神祇，则尼罗河（Nile）也会是。若尼罗河是一位神祇，则所有河流都会是。若所有河流都是神祇，则川溪也会是。若川溪是神祇，则急流也会是。但是川溪不是。因此，宙斯不会是一位神祇。但是，若神祇存在，则宙斯也会是一位神祇。所以，不存在神祇。[37]

跟标准的连锁序列不同，这个序列中的接替成员之间有各种不同的关系。波赛东是宙斯的弟弟，但一条川溪是一条小规模的河。无论如何，这明显是一个积少成多论证。我们意图从中得到的教训不会是“不存在神祇”；相反，得到的教训是斯多亚学派的理性神学是有问题的，因为通过非任意的一般性原则来区别神性，没有提供方法来反对推论中的任何一步。通过斯多亚学派应该会同意的不同考察，卡尔内阿德斯为每一个前提提供了依据。仅仅沉默不会是对抗这个论证的适当防卫。[38]

若要使论证更加紧密①，则这些论证的前提需要有依据。盖伦（Galen，约129—约199）注意到了这一点：

---

① 原文为“若螺丝要被拴紧在通常的连锁论证上”。——译者注

> 若你不说多少数量才构成一堆，例如100颗谷粒，但是加入1颗谷粒后，你说现在有一堆了，所以通过1颗谷粒的增加，这个数量的谷粒变成了一堆，而且若那颗谷粒被移走，则一堆就没有了。据我所知，没有比这更糟、更荒谬的事了：一堆或不是一堆，是由一颗谷粒决定的。[39]

克律西波斯不可能在下列一般论述上悬置判断：1颗谷粒不会造成一堆与
29 不是一堆之间的差异。他必须否认该论述，因为它跟存在一个未知的截止点相互冲突。对他来说，1颗谷粒的增加可以将不是一堆转变成一堆。

盖伦对连锁难题的兴趣与经验论医生与独断论医生（他们可以说是理性论者）之间的一个存在已久的争议有关。经验论医生将医学知识奠基在归纳推论上，主张：知识是可靠的，仅当它是从足够多的观察中推导出来的。他们的对手运用连锁推论来反对“足够多”这个概念。经验论医生的回应是：该论证证明了过多的东西；若它摧毁了“足够多”这个概念，则照此类推，它会摧毁我们必须信赖的许多常识。他们提供了许多例子：山、强烈的爱、争吵、强风、城市、波、远海、一群羊、一群牛、国家、群众、少年时期、青春期、季节。若连锁论证是健全的，则上述事物都不存在。经验论医生可以合理地主张，连锁论证是不健全的，尽管无法确切地指出问题出在哪里。即使是克律西波斯，他也说不出哪一个否定合取句形式的前提是假的。[40]

也有迹象显示了一个相当不同的经验论论点。连锁论证的提问者被拿来与某个问制鞋匠“什么鞋楦会造出适合每个人的鞋?”这个问题的人做比较：这个问题没有答案，因为不同的尺寸需要不同的鞋楦。这里的想法可能是：“足够多的观察”所需要的数量依赖于特殊情境。对“50个观察足够吗?”这个问题来说，没有一个一般性答案。[41]这个论点已被当代哲学家接受，并且大致来说是正确的，尽管不是完全正确。因为可以就一个特殊情境提出很多问题，而且经验论者仍无法合理地宣称知道所有答案。相似的是，虽然50颗谷粒以一种方式堆放可以构成一堆，而以另外的方式堆放就不构成一堆，但是在以任何特殊的方式来一颗一颗地堆放谷粒的过程中，将会有一个时刻是“这是一堆吗?”这个问题的正确答案，不过我们不会知道何时是那个时刻。

如同已经注意到的，经验论者知道连锁难题的适用范围很广。他们对逻辑没兴趣，也不想用逻辑语词来区分这些现象。逻辑学家将连锁论证视为例示了一个逻辑上有效的形式，这种形式的问题在于前提。对经验论者与逻辑学家来说，连锁难题的运用依赖于内容，但如何依赖？经验论者将 30
它归属于每个具有“测度或量”的东西。波恩伊特（Burnyeat）抱怨这样的说明太狭隘，因为这样的说明会排除基于质上差异的难题，仅留下基于量上差异的难题，像是一序列从红色到橘色的色谱。[42]不过，经验论医生提供的“强烈的爱”例子，暗示了他们心中有一个更广泛的概念，因为爱的强度是程度上的，而不是空间上的。或许他们意指，任何有程度可言的东西都可以招致连锁难题。

目前已知的是，对于每个通过增加来进行（就像欧布里德的原初序列所做的那样）的连锁序列，一个反向的连锁序列是通过扣除来进行的。因此，连锁难题的例子会趋向于成对出现：富有与贫穷、著名与不著名、多与少、大与小、长与短、宽与窄。[43]察觉到可反性无疑会有助于检视看待连锁难题的方式：显示其结论虽然奇怪但却为真，因为一个连锁论证的结论会跟其反向论证的第一个前提矛盾。

有些近代学者已经论证，连锁难题与运用于基本观察中的概念之间存在一种特别的关联。上述例子没有呈现这个迹象。有些亚里士多德派学者确实指出有一种关联，但它不太像是近代学者指出的那种。在对亚里士多德《尼各马可伦理学》（*Nicomachean Ethics*）的评注中，亚斯巴修（Aspasius，约100—约150）与一位匿名作者，都把这些难题视为在证明经验概念的运用时必须因例子而异。一般性规则无法取代观察与好的判断。近代学者将观察视为造成问题的原因，而亚里士多德的评注家却将观察视为解决难题的要素。不过，当谷粒一颗一颗地堆积起来，一个有着好的判断的人总是可以通过观察就能判断某个东西是不是一堆吗？[44]

据推测，独断论医生希望，用连锁论证来反驳对手会给潜在的顾客带来信心，因为那些顾客可能会通过那个争论来选择医生。使用每个人都知道其是不健全的论证，不会是有利可图的。无论如何，连锁悖论在哲学之外是众所周知的。贺瑞斯（Horace）开玩笑地使用一个涉及“老”的连锁序列来反对“老诗人是最好的”这个信念，而佩尔西乌斯（Persius）使用一个涉及“富有”的连锁序列来反对想要变得富有的欲望。[45]一般读
31 者估计可以掌握“堆垛难题”的意思。相较于它在当今的情况，滑坡论证（slippery slope argument）的臭名不会阻挡大家经常使用它。

我们可以提及一种晚期的发展。4世纪的雄辩家马吕斯·维克托里努（Marius Victorinus）将“连锁三段论”（sorites syllogisms）这个语词运用到亚里士多德已经讨论过的重复三段论中[46]：

所有 $F_1$ 都是 $F_2$

所有 $F_2$ 都是 $F_3$

…………

所有 $F_{n-1}$ 都是 $F_n$

---

所有 $F_1$ 都是 $F_n$

这应该可以跟上述讨论过的斯多亚学派论证进行比较。它们不太一样。斯多亚学派的重复推论规则涉及由较简单的命题所构成的复杂前提；在“若第一个命题，则第二个命题；此外，第一个命题；所以第二个命题”这个论证中，“第一个命题”与“第二个命题”是命题的变元。维克托里努所重复的是亚里士多德的带有如下前提和结论的三段论：前提的形式是“所有 $F$ 都是 $G$”与“所有 $G$ 都是 $H$”，结论的形式是“所有 $F$ 都是 $H$”，其中变元代替的是命题中的语词，例如“马”与“树”。用现代术语来说，斯多亚学派使用命题逻辑（propositional logic），而亚里士多德派使用谓词逻辑（predicate logic）。类比的重点是论证如何被连接起来，而不是被如此连接起来的论证的本质。

维克托里努结合了斯多亚学派的术语与亚里士多德派的术语，但在逻辑上并不是一位开创者。尽管如此，他的著作在古代晚期的基督教世界中还是具有一些影响力的，因为他转而信仰基督教并教导过圣杰罗姆（St. Jerome）。这使他成为一个传播逻辑教条的渠道，并且“连锁三段论”之后成了标准术语。[47]不过，它只是成为复杂三段论的一个名字，而该三段论被认为是没问题的。它跟连锁难题的联系逐渐被削弱。

## 1.5　古代之后的连锁难题

一千年可以用几句话就简单带过。连锁难题没有构成中世纪逻辑课程的一部分，无疑这是因为它们没出现在亚里士多德与其信徒的著作中。[48]它们的复兴必须等到文艺复兴时期之后，因为当时逻辑在文艺复兴时期败坏与衰退了。 32

对于课程从严格的经院逻辑，转变为更文学性地追求人文主义，洛伦佐·瓦拉（Lorenzo Valla，1407—1457）是主要的发起者之一。作为一位文艺复兴时期的日常语言哲学家，他坚决认为论证应该以符合语言习惯的拉丁文来呈现。中世纪的逻辑成就被当作语法错误而遭到搁置，因为这些成就依赖于拉丁文的人工系统化，使之成为一种半形式的语言。瓦拉教导论辩艺术，这在本质上是一种非形式且实用的论辩技巧。在这个语境中，他讨论连锁难题，而他是从西塞罗对难题的说明中而获知连锁难题的。其目的在于反复教导区分健全论证与诡辩论证的能力。

瓦拉使用“coacervatio”这个语词来代表三段论的堆积—重复。他将这样的三段论视为一种有效的论证。他提供的例子是：“无论我祝愿什么，我母亲祝愿；无论我母亲祝愿什么，地米斯托克利（Themistocles）祝愿；无论地米斯托克利祝愿什么，雅典人祝愿；因此，无论我祝愿什么，雅典人祝愿。”这明显是一个有效的连锁三段论；若前提为真，则结论也会为真。瓦拉主要关注的是，这种推论与那种容易跟它混淆的无效推论之间的差异。对于后面那种无效推论，他提供的一个例子是：“罗马是所有城市中最美的；这个区域是所有在罗马的区域中最美的；这间房子是所有在这个区域的房子中最美的；因此，这间房子是所有城市中最美的。”这个论证明显是有错误的，整体的美不能仅由其最美的部分的美来决定。在推论的联系上，个别的连接是非三段论式的。问题不在于堆积，而在于被堆积的东西。瓦拉建议，这样的论证在涉及财富、崇高、强度、美与知识时可能是无效的，不过在涉及温暖、冷、高与距离时会是有效的；或许他想要的对比是多维度现象与单维度现象之间的对比。瓦拉的建议顶多是一个可错的经验法则，可能在最温暖的城市找不到最温暖的房

子。这样的法则对推论理论用处不大，但却可能有助于它的实践。瓦拉也
33 考虑标准的连锁难题，主要是以问答形式呈现的连锁难题。他极力主张，每颗谷粒、每根头发都会造成某些相关的差异（无论大小），最后他引述西塞罗的评论来结尾：在这样的例子中，我们永远不可能知道该在哪里画界线。这与以下这个主张相当一致：当我们看到滑坡论证时，我们可以通过学习而知道它是不健全的。[49]

在瓦拉之后，连锁三段论的历史就跟连锁诡辩的历史分道扬镳了。在逻辑学教科书中，一个连锁推论在标准的“三段论”意义下是一个多重的三段论。[50]一个特别受喜爱的例子来自《罗马书》（*Romans*）第 8 章第 29~30 节：“因为他预先所知道的人，他就预先定下效法他儿子的模样……预先定下的人又召他们来；所召来的人又称他们为义；所称为义的人又叫他们得荣耀。”这个意义上的“连锁”跟三段论逻辑存在的时间一样久，而且偶尔仍会被使用。可以从这个传统的主要创新中判断出它的活跃。马尔堡大学的逻辑与形而上学教授鲁道夫·郭克兰纽（Rudolf Goclenius，1547—1628）在其著作《亚里士多德〈工具论〉入门》（*Isagoge in Organum Aristotelis*）中以反序列出了连锁三段论的前提。从那之后，被这样呈现的连锁三段论被称为郭克兰纽式的，以原始方式呈现的连锁三段论被称为亚里士多德式的。[51]郭克兰纽式与亚里士多德式之间的区别成为教科书中关于“连锁难题”章节的主要信息。对“Sorites”这个语词的词源说明，有时被解释为前提的堆积，而不涉及悖论。

连锁悖论很少出现在逻辑学教科书中，而通常隐藏在另一个术语下，例如“sophisma polyzeteseos”，意指持续诘问的谬误。这些悖论被保存在西塞罗与塞克斯都·恩披里柯关于怀疑论的著作中，而这些著作在 17 世纪众所周知。[52]一位怀疑论哲学家——皮埃尔·伽桑狄（Pierre Gassendi）——在他的逻辑史著作《逻辑的起源与多样性》（*De Origine et Varietate Logicae*）中提到了连锁悖论，但是在当时，对怀疑论的目的来说，连锁难题没多大作用。学院派怀疑论者曾利用连锁难题来反驳斯多亚学派的逻辑；只是随着 19 世纪末现代逻辑的出现，连锁难题才再次被视为一个严重的威胁。

莱布尼茨（Leibniz）在《人类理智新论》（*New Essays on Human Un-*

*derstanding*）中提及了“堆垛难题”与“秃头男难题”，回应了洛克（Locke）的《人类理智论》（*Essay Concerning Human Understanding*）。洛克曾论证，种与类的边界是通过心智固定的，而不是根据被分类事物的本 34
性，他诉诸物种之间怪物的存在来支持自己的主张。莱布尼茨的回应是，这样的边缘例子不能证明所有的分类都是纯约定的。人与兽或刺与砍之间的界限，是通过本性确立的。不过，他承认，在感觉不出有差异的例子中是需要某种约定的，就像我们必须固定测量的单位一样（大自然不会要求我们用英寸来测量），并且将这样的例子跟连锁悖论连在一起。秃头男不会形成一种自然类，堆垛也不会。[53] 于是，边缘例子是见仁见智的，不同的意见可能一样好。莱布尼茨提供了一个有关颜色的外部范围的例子。他也提到洛克的观察：同一匹马会被一个威尔士人视为大的，但却被一个佛拉芒人视为小的，因为他们心中有不同的比较基准——虽然在此我们可能希望区分含混性与语境依赖性（context dependence）。莱布尼茨的结论是：不同的物种虽然可以跟感觉不出差异的连锁序列连在一起，但实际上通常不会跟连锁序列连在一起，以至于在实际存在事物的分类上少有任意约定的需要。[54]

不同于斯多亚学派，莱布尼茨主张，在连锁序列的提问中，有些问题没有正确与错误的答案。即使我们完全熟知讨论中事物的内在本性，答案仍是不确定的。我们无法回答，这不仅仅是因为无知。一个类似的说法在之后被亚历山大·贝恩（Alexander Bain）提出，出现在其著作《逻辑》（*Logic*）中。在定义的准则下，他讨论了边缘例子，将它们跟“堆垛难题”联系起来，并做出以下结论：“一个确定的边界必须允许不确定，并且向不同意见开放；而这样的歧义边界不该被认为会使极端的两端是错误的。”[55]

在黑格尔的逻辑中，连锁悖论扮演着一个相当不同的角色。他用连锁悖论来说明的不是不确定性，而是量上的差异导致质上的差异的方式。水温上升或下降，直至水变成气或冰。农夫一点一点地增加驴子背负的重担，直至驴子的脊椎断掉。一粒一粒地增加谷粒，一堆谷粒就开始存在了。这些例子的相似性是让人惊讶的，因为在一堆与不是一堆之间似乎需要一个精准截止点，使质可以是量的一个非连续函数（discontinuous func-

35 tion）。不过，黑格尔心中有更宽泛的东西，如同他下一个例子所呈现的。支出上的小额增加或减少可能没什么关系，但支出更多就等于浪费或贪婪。每当出生或死去一个公民时，或每当增加或减少一亩领土时，一个国家的构造不需要改变，但适合一个小国的构造不适合一个大帝国。程度上的差异，无论多微小，都不可能在不影响种类上的差异的情况下被考虑进来。用非黑格尔学派的话说，连锁悖论反对下列形式的普遍化：若 $x$ 与 $y$ 的差异小于 $q$ 的量，而且 $x$ 是 $Q$，则 $y$ 也是 $Q$。[56]

根据排中律，每个东西或者是一堆或者不是一堆。给定黑格尔对排中律的贬低意见，“希望避免矛盾的理智准则，却在如此做的同时陷入了矛盾”，有人可能会感到惊讶，黑格尔竟然没有把连锁难题当作一个攻击排中律的武器。[57]只有当哲学家给予排中律更崇高的地位时，连锁悖论才会作为运用排中律的最重要的障碍而出现。

# 第二章　精确度的理想

## 2.1　含混性出现

哲学史上只有两个传统发现了连锁悖论中的一个严重问题。一个是斯多亚学派，另一个是现代分析哲学。理由是，这两个传统都重视形式逻辑(formal logic)。形式证明的确定性使连锁悖论成为难以回避的。一旦接受悖论的前提，它的糟糕结论就似乎不能避免。本章描述了19世纪末现代逻辑的兴起如何导致连锁悖论在两千年后再次成为哲学讨论的一个主题。当然，对连锁悖论的处理，斯多亚学派学者与早期分析哲学家之间有明显的差异。他们的差异在某种程度上可以通过两者之逻辑概念的差异来解释。 36

本章也是关于一个概念出现的历史。现代分析哲学将连锁悖论放在“含混性”标题下，这与本书的处理方式一样。该语词被挪用来指称模糊边界现象，而模糊边界容易导致连锁悖论。在日常英文中，该语词的使用没受到什么限制。提出“他有多高?”这个问题的人，可以合理地指责“2英尺（约0.61米）到11英尺（约1.83米）之间”这个回答是含混的，纯粹因为该答案没有提供有用的信息。[1]这个指责在于答案的范围太广，而并不是指责答案是模糊的。在最近的哲学用法上，这算是语词的误用。含混性问题的出现需要含混性概念的出现。

本章会讨论分析哲学传统初期的三位哲学家：戈特洛布·弗雷格、查尔斯·桑德斯·皮尔斯与伯特兰·罗素。对弗雷格来说，一个逻辑系统是一个强大但脆弱的工具，不能容一粒沙子。模糊边界制造出了一种形式的 37

沙子。逻辑是在一种完全精确的人工语言中被构造出来的。含混性，就像疯狂一样，必须被提及以将之排除在外。不同于弗雷格，皮尔斯与罗素各自都提出了含混性理论。虽然皮尔斯经常像是在谈论某个不同于含混性的东西，但忽略他所说的将会是个错误，因为他的用法反映了该语词的未充分发展的日常意义，并使技术概念随后的升华能够被实现，这种升华被看作一种哲学发展。罗素协助使得这个技术概念成为典范，虽然他的理论未能如他所愿地为含混性画出界线。由于罗素，含混性问题首次被系统地呈现，非常接近它的现代形式。

## 2.2 弗雷格

1879 年不能仅仅被习惯性地视为标记了现代逻辑的起点。弗雷格在这一年出版了《概念文字》（*Begriffsschrift*），副标题是“一种模仿算术语言构造的纯思维形式语言”（“A Formula Language, Modelled upon that of Arithmetic, for Pure Thought”）。他建构了一种语言，在其中逻辑的核心概念——例如，“并非”“若……则……”“所有的”“等同”——可以被表达并结合：用现代的话说，谓词逻辑。[2] 该语言的语法通过规则被严格定义，那些规则具体说明什么样的符号排列模式算是合式公式；它的语义论通过具体说明所有合式公式意义的规则而被定义。这种语言的逻辑公理与推论规则也会被给出。通过检查推论中每个步骤推导出的公式是一个公理还是一个根据推论规则从先前的公式中推导出的公式，任何人都可以机械地检查一个证明是不是系统中允许的。弗雷格描述自己的系统是莱布尼茨计划的部分实现，而该计划是关于一个能将所有有效推理还原为机械步骤的推理演算。相较于之前的任何逻辑系统来说，从弗雷格的系统中可以推导出一个更宽广的推理范围。

《概念文字》中的语言是针对“纯思维”的。它的词汇只包含逻辑符
38 号与变元。它不包含代表具体经验事物、性质或关系的语词。这样的语词在弗雷格的以下长期目标中毫无作用：用纯逻辑概念来定义数学概念，并且从纯逻辑公理中推导出数学公理。不过这个逻辑计划是部分失败的，如同罗素与怀特海（Whitehead）之后在《数学原理》（*Principia Mathematica*）

中试图做的事一样。然而，即使数学公理不能从逻辑公理中推出，所有从公理到定理的日常数学推论还是可以在一个类似于弗雷格系统的系统中进行：就其本身而言，这是一个非凡的进展。

称呼弗雷格的形式语言是人工的，不只是指出该语言是被审慎地构造出来的，也表明它不是任何人的母语。这赋予了弗雷格的语法与语义的规则制定一个特殊地位，有别于一种自然语言的语法学家所做之活动所具有的地位。弗雷格的定义被视为约定式的；不同于字典式的定义，这些定义不描述一个独立的既存惯例。对一种人工语言中的一个符号来说，所具有的意义是被约定而具有的。若没有约定任何意义，则该符号就没有意义。这通常是数学中的定义被赋予的地位。[3] 若“被 0 除”没被给予任何意义，则“0/0”是没有意义的；它不可能在我们不知道的情况下实际意指某事。一个约定定义中的瑕疵会自动地使被定义的符号有意义上的瑕疵。弗雷格主张，数学基础中的许多定义实际上都是有瑕疵的，通常是因为它们对某些例子不做约定。通过让他的定义完整且连贯，他致力于确保不会有在语义上有瑕疵的表达式进入他的形式语言。但是，定义有瑕疵的可能性给予了他一个方向，让他去思考自然语言中在语义上有瑕疵的表达式。因此，一个“堆”这样的含混语词可能被视为定义不完整，因为在边缘例子中，没有约定这样的例子适用于该语词，也没有约定这样的例子不适用于该语词。当然，自然语言的表达式不是真的通过约定而具有意义，但是我们对它们的使用可能被视为具有约定的效力。弗雷格确实倾向于把含混性跟定义的不完整性放在一起考虑。[4]

对弗雷格来说，斯多亚学派对连锁悖论的认知解法是没有用的。若一个定义是约定的，则不可能在没有约定存在的例子中画出界线。在这样的
例子中，未知的截止点不会是个问题。在自然语言中，截止点可以被假 39
定，但定义不是约定的。弗雷格不反对未知的截止点，未知的截止点跟他坚定的实在论立场是契合的。不过，他对自然语言不感兴趣，而且他对人工语言的顾虑建议了另一种模型来解释为什么容易导致连锁序列，而这个模型跟斯多亚学派的模型是不一致的。

对连锁悖论的一个认知解法，直到最近才在分析传统中被提出。很容易理解为什么该解法在以前不受欢迎，因为意义的定义式图像仍有一定的

影响力。根据意义的定义式图像，我们对一个语词的使用暗中定义了该语词的意义。因为明确的定义很可能有各式各样的瑕疵，所以不明确的定义同样会有。没有画出界线的地方，就不会有界线被画出来。若斯多亚学派的观点是正确的，则不明确定义的说法就会误导人；不过，将这留到另一个章节来讨论吧。

弗雷格对含混性的具体评论必须根据他的一种在逻辑上完美的语言概念来理解。[5]一种语言必须像什么样子，才能允许数学推理的严谨性？数学符号可以被结合到任意的复杂公式，所以该语言将包含无限多的语句。因此，一个人不可能通过列举合式公式来区分它们，并且赋予它们意义。相反，我们将约定递归规则（recursive rules）。语法规则将列出各种形态的简单合式公式，然后列出复杂表达式通过组合更简单的表达式而可以是合式公式的方式。语义规则将以一种类似的方式赋予合式表达式意义。若一个严格的逻辑系统要被构成，则语法与语义必须以某种方式彼此符合。严谨性要求用纯语法语词来具体说明推论规则，使我们可以机械地检查某个推论是否遵守该规则。但是，一个推论规则必须也是有效的：从前提到结论，该规则必须保持真值。所以，前提与结论的可见语法结构必须以某种方式反映出它们的语义结构，因为它们的语义结构决定它们是否为真。事实上，就逻辑目的来说，意义的许多面向中唯一相关的是那些导致语句为真或假的因素。一个表达式对意义的贡献，就是它的指涉对象，据此使得一个包含该表达式的语句为真或为假，并使得论证是有效或无效
40 的。一个语句的真假值是被递归地计算出来的，就像一个函数，以构成语句的所有表达式的指涉对象为输入，然后以真假值为输出。在一种逻辑上完美的语言中，每一个合式表达式都只会有唯一一个指涉对象，而指涉对象在不同语境中维持不变，因为任何改变都会构成语义上的差异，尽管没有展现为任何语法上的差异，所以可能使以纯粹语法语词构成的推论规则无效。

在最简单的例子中，一个语句由一个专名与一个谓词构成。举例来说，“7是质数”。该语句为真，因为“7”指称的事物归属于“是质数”所描绘的概念。因此，“7”这个专名的指涉对象就是数目7。更一般地说，弗雷格将一个专名的指涉对象视为该专名的承载者。“是质数”这个

谓词的功能是将事物分成两类，一类是质数的事物，另一类是非质数的事物。“7 是质数”为真，因为 7 隶属于前一类；“8 是质数”为假，因为 8 隶属于后一类。所以，弗雷格将一个谓词的指涉对象视为一个函数，而该函数将每个事物关联到一个真假值（即真或假）。一个语句的真假值是将谓词的指涉对象（亦即，一个函数）运用于专名的指涉对象（亦即，一个事物）的结果。“是质数”的指涉对象是一个函数，而该函数会把每个质数关联到真，并把每个非质数关联到假。任何将事物跟真假值关联在一起的函数，在弗雷格的术语中都是一个概念。[6]一个事物隶属一个概念，当且仅当，该概念将该事物关联到真。

在弗雷格后期的著作中，他将一个表达式的指涉对象对照到该表达式的意涵。后者是该表达式对那些理解它的人呈现其指涉对象的方式。举例来说，“7+5”与“10+2”这两个复杂专名会有一样的指涉对象，因为它们指称相同的数，不过两者却有不同的意涵，因为它们以不同的方式来呈现其指涉对象。因为指涉对象是意涵呈现的事物，所以意涵决定指涉对象。因为一个复杂表达式的指涉对象是通过一个函数来呈现的，而该函数是由组成该复杂表达式的指涉对象所构成的，所以前者的意涵是由后者的意涵所构成的。

含混性如何融入这个架构？回想弗雷格对定义失效的说法，并将之跟含混性联系在一起。为了定义一个概念，我们必须建构一个规则来将每个事物跟一个真假值关联起来。在试图这么做的时候，我们可能忘记在某些例子中做些约定。例如，假设我们约定所有正整数都关联到真，而所有负整数都关联到假，但却遗漏了对 0 做约定，我们就无法具体说明一个概
念。尽管一些条件已经被制定好，但一个将 0 关联到真的概念和一个将 0 41
关联到假的概念都能满足这些条件。不会有一个概念被挑出来。说我们已经具体说明了一个不完整的概念（即对某些事物来说，一个未被定义的概念）是相当错误的。为了做到这一点，我们需要约定该概念对 0 来说是未被定义的，但我们还没走到那一步。没有约定一个值不等于约定不存在一个值。[7]弗雷格坚持，在非数目的情况（例如，讨论月亮的情况）下，仍需做某个约定。除非对每个例子都做了一个约定，否则没有定义可言。

数学家有时会将某些例子的一个函数定义为“未被定义的”，这跟不

为这些例子做一个约定是相当不同的。[8]根据弗雷格的看法，这个操作是融贯的，仅当我们将“未被定义的”当作一个函数可以接受的另一个值。别忘了，关于这样的例子，没有什么是**不确定的**。弗雷格否认存在不完整的函数，这样的函数会让某些事物没有关联到任何东西。因此，不存在不完整的概念。用更熟悉的话说，所有概念都有精准界线。不存在含混概念。若将概念比作一个平面的区域，则一个含混概念就是一个没有精准边界的区域，逐渐跟背景无法分辨，而且根据弗雷格的看法，那里根本没有一个区域可言。[9]不过，关键是，若试图定义一个谓词是不完整的，则我们没有归属任何一个概念给该谓词。该谓词缺少一个指涉对象。因为弗雷格将含混性视为定义的不完整性，所以他主张一个含混谓词没有指涉对象。它就像一个没有指称任何事物的、自称专名的名字。[10]

若我们将一个含混谓词引进弗雷格的形式语言，会发生什么？在这种语言中，一个语句的真假值是一个函数的输出值，而该函数是由组成部分的指涉对象形成的。但是，在被运用于某事物之前，一个函数不可能输出一个值。一个含混谓词因为缺少一个指涉对象，所以不提供相关函数可运用的事物。因此，该函数不会输出一个值。包含一个含混谓词的语句不会有一个真假值，因此包含含混谓词的语句不会是真的。举例来说，“杰克是秃的或杰克不是秃的”这个语句不会是真的。换句话说，排中律的一
42 个个例也是无效的。弗雷格通常将排中律看成与以下要求是一样的：所有概念都有精准界线。[11]根据他的观点，“杰克是秃的或杰克不是秃的”这个语句缺少真假值，无论杰克是不是秃的的一个边缘例子，因为“是秃的”就是缺少一个指涉对象。不过，即使“是秃的”指涉一个不完整概念，使得仅当杰克是一个边缘例子时，“杰克是秃的”缺少一个指涉对象，根据弗雷格的语义规则，亦即“一个语句的真假值是一个函数，而该函数是由组成部分的指涉对象形成的”，那仍足以产生排中律的反例。在这个方面，排中律没有什么特别的地方。当杰克是秃的的一个边缘例子时，“若杰克是秃的，则杰克是秃的”与“杰克不是秃的且不秃的”都将缺少一个真假值。[12]只不过“或者杰克是秃的，或者杰克不是秃的”更生动地反映了以下这个语义规则：将一个概念运用于一个事物的结果，不是真的就是假的。

若涉及谓词的公式根据其语法结构是可辨识的且在逻辑上有效，则语言中的所有谓词在任何地方都必须被定义。[13]根据弗雷格的观点，这蕴涵了禁止使用含混谓词。采取这样的预防措施，其结果就是一种逻辑上完美的语言，这种语言中的每个语句不是为真就是为假。

弗雷格把连锁悖论当作含混谓词被允许进入语言中时出现的另一个症状。在《概念文字》中，“堆垛难题”被提及，跟一个推广数学归纳原理的定理关联在一起，该定理说：若 0 具有性质 $P$，而每当数目 $n$ 具有性质 $P$，$n+1$ 也具有性质 $P$，则所有自然数（0，1，2，…）具有性质 $P$。[14]因此，若从一堆豆子中移除一粒豆子总是会留下一堆豆子，则从一堆豆子中移除任何有限多粒豆子都会留下一堆豆子。后来的某些学者甚至主张，数学归纳法是连锁悖论产生的原因。[15]那是错误的；我们若具体指出原初那堆豆子中豆子的数量，则不诉诸数学归纳法就能推导出悖论的结论，就像斯多亚学派做的那样。弗雷格没有犯那个错；他利用数学归纳法的明显失败，只是为了说明将严格逻辑运用于含混谓词会有灾难式的后果。他不可能把责任只归属于数学归纳法，因为他已经从其他逻辑规则推导出数学归纳法，而这些规则中至少有一个一定对含混谓词失效。

有时弗雷格把连锁悖论当作以精确概念的方式来处理一个含混谓词 43
的结果来谈论。[16]他的描述不太正确，因为某个确实认为“堆”代表了一个有精准截止点的概念的人不应该同意以下这一点：一粒豆子不会造成一堆跟不是一堆的差异。连锁悖论的出现，纯粹是因为我们确实试着通过表明一粒豆子不可能造成一堆跟不是一堆的差异来承认“堆”的含混性，然而接着却发现我们的认可使我们陷入了荒谬。弗雷格的论点应该是：若我们对含混性做出这种认可，则我们不可能期待使用严格逻辑可以侥幸成功，而严格逻辑只是被设计来指涉，所以只是被设计给精确表达式。

目前对含混性的说明是完全负面的。不过，弗雷格很难否认，含混语言在日常使用上为我们提供了相当好的服务。我们用它互通信息。给定含混表达式不能指涉，那么就需要解释为什么我们能够成功地做这些事。弗雷格在这个方向上做了一点暗示。不过，迈克·达米特（Michael Dummett）曾论证，我们不应该把弗雷格的暗示看得太重，因为弗雷格主张，含混性与其他定义上的失败是“有瑕疵的，因为对一种展现这种特征的语言的完全融贯的说明是不存在的……若一种关于含混表达式的融贯理论可以被建构出来，那么含混性就不会是一个瑕疵”[17]。根据这种解读，若他的说明被证明是融贯的，那对弗雷格来说将会是个坏消息。

达米特对此情况有点言过其实。没有人提供对含混表达式之指涉对象的正确说明，因为根本就没有。含混性没有逻辑，因为逻辑规则只能在一种不存在指涉失败的语言中被形式化。弗雷格的要求是如此高。但弗雷格将含混性跟歧义性与不完整性混在一起，而对歧义性与不完整性的融贯说明当然是能够提供的。若一个数学家歧义地使用专名“7”来谈论两个不同的事物，则我们可以融贯地说它们是什么。此外，弗雷格将一个有瑕疵的定义比作一个不保证有唯一一个解的方程式；我们可以为该方程式提供融贯的说明，所以也可以提供一个集合来作为方程式的解，并给予其融贯的说明，即使那个集合是空的或者多元的。[18]一个坏定义给被定义的表达式的指涉对象强加了太多或太少的限制，不过那些限制本身是可以被陈述的。若更难以用这个方式来描述含混性，则弗雷格没说会如此。他的立场
44 不排除给含混表达式提供融贯说明的可能性。因此，他对有融贯说明的暗示是值得检视一番的。不可能被期待的是一个融贯的弗雷格式理论，该理论将被理论化语言中的一个含混表达式跟正在被理论化的语言中的一个同义词表达式配对，因为后者也必定是含混的，所以无法指涉；但是理论中的指涉失败会让理论是不融贯的。原则上讲，一种针对含混语言的融贯弗雷格式理论必须在完全精确的语言中被构造。这个任务的困难性是显而易见的，弗雷格没有说已经几乎完成此项任务。[19]

弗雷格曾经暗示，日常语言作为一种沟通媒介是成功的，因为其语句的意涵不是由语句之组成部分（语词）的意涵决定的（对比一种逻辑上完美的语言）。因此，我可以使用一个由含混语词构成的语句来向你传递一个具有真假值的想法，即使我的语词个别来看没有指涉。[20]在《概念文字》中，弗雷格可能有类似的想法，他说，对某事物 $a$，“$a$ 是一堆”不可能表达一个判断。他的想法是：该语句表达了一个判断，仅当它具有一个真假值。弗雷格不需要声称，“堆”指涉一个神秘地可运用于某些事物而不能运用于其他事物的概念，以提供一个真假值。相反，他可以否认“堆”表达了任何概念，尽管承认“$a$ 是一堆”这种形式的某些判断表达

了可能的判断，而其他的则不表达任何判断。逻辑要求表达式在任何地方出现时都有着相同的指涉对象，含混的自然语言违反了这个要求。[21]根据这个观点，找出一个在含混语言中失败的特定逻辑规则根本不成问题，因为当语词根据出现地点的不同而改变自身的意义时，几乎所有规则都会失效。

不幸的是，弗雷格的说明相当不可信。他的理论将含混语句视为成语。英文动词词组“kick the bucket”① 是一个成语，因为我们是通过牢记之前学到的意思（而不是通过理解构成该词组的语词）而将它理解为死亡，它确实是那个意思。在其他我们不理解个别语词的例子中，话语语境允许我们猜测它的意思。无论如何，大多数言谈不是像那样理解的，如同弗雷格自己在其他地方所指出的一样。若我对你说“明天中午会有一堆豆子放在你家门槛上”，则你会理解我所说的，即使你在之前从未听过 45
该语句，而且话语语境没有给你提供关于它的意思的特别线索。无疑的是，弗雷格会泰然自若地面对自己的失败，不是因为他认为自己的说明一定会失败，而是因为制图者的任务不是解释为什么拿着坏地图的（有时甚至没有地图）旅客有时会抵达目的地。

通过诉诸对意涵与指涉对象的区分，弗雷格有另一个说明思路。他不太严肃地考虑“含混表达式有意涵，但没有指涉对象”这个想法，拿它相比小说中的专名。[22]我们可以理解“堆”，知道它的意涵，并且使用它就像它指涉某物一样，但实际上没有。若意涵的差异不蕴涵指涉对象的差异，那为什么一个意涵的存在应该蕴涵一个指涉对象的存在？不过，弗雷格的理论架构是否可以在没有一个指涉对象的情况下支持一个意涵，这仍有争议。若一个表达式没有指涉对象，则就不存在它呈现它的指涉对象的方式；这不就是说它没有意涵吗？或者说，该表达式能通过利用一种呈现指涉对象的方式（尽管结果没有呈现指涉对象），而在没有指涉对象的情况下仍保有意涵？一名刺客可能使用杀人的技巧，但结果根本没杀人。这个议题不可能也不需要在此获得解决。[23]

弗雷格从未发展“含混表达式有意涵，但没有指涉对象”这个想法。

---

① 字面意思是“踢水桶”，但成语的意思是“翘辫子”。——译者注

他的理论架构几乎没有给该想法提供发展空间，因为一个表达式只能凭借其指涉对象来帮助决定其真假值。即使含混表达式有意涵，缺乏指涉对象也蕴涵着它们对决定它们在其中出现的语句的真假值没有贡献；它们在语义上是空的。举例来说，假设“在大多数建筑物所在的位置有一堆沙”是真的。若“堆”的意涵是整个语句的意涵的一个构成部分，则该语句的真假值会由“堆”的指涉对象的确定（而不是其他东西）来决定，因为一个语句的意涵是它的真假值（弗雷格认为真假值是语句的指涉对象）被决定的方式。因为“堆”的含混性剥夺了它的指涉对象，所以该语句会缺少一个真假值。不过，该语句为真，所以它的意涵不包含作为一个构成部分的“堆”的意涵。在该语句中，“堆”是语义上无作用的。这就回到了弗雷格的另一个说明思路，亦即含混语句是成语，不过我们已经看到
46 这个说明是失败的。它没有将我们对“堆”的理解，亦即我们对其意涵的理解，融入我们对整个语句的理解。若弗雷格允许一个含混语词的意涵是它出现在其中的语句的意涵的一部分，则他将必须否认任何这样的语句会有一个真假值，这是一个同样极端的观点。在之后，他倾向于接受最冷酷的观点，否认涉及含混表达式的语句有意涵与真假值。[24]

弗雷格从未给出对含混性的充分说明，无论他的整体理论是否蕴涵没有这样的说明可以被给出。含混表达式不只是指涉失败。或许，我们可以用弗雷格式的语词来给出对含混性的一个更佳说明，即通过将含混性跟指涉上的歧义性同化，而不是跟空指涉同化。但是，弗雷格对给出这样的一个说明不感兴趣。他讨论含混性，只是为了尽力避开它。[25]

## 2.3 皮尔斯

“成功的研究涉及一个从含混性朝向精确度的转变”是一段老生常谈。① 弗雷格与皮尔斯都认同上面的老生常谈。两人的差异是：对弗雷格来说，在研究的一开始，含混性就要被消除；对皮尔斯来说，在研究结束

---

① 俗语说，“成功的研究能把不清楚的事情说清楚”，亦即从含混性（含混不清的说法）朝向精确度（精确的说法）。——译者注

之前，它不会被消除。根据弗雷格的观点，在我们有一种精确语言之前，我们不可能可靠地推理。根据皮尔斯的观点，我们的语言总是含混的。含混性只有当手边的问题变得太不明确而无法回答时才是有害的。于是，我们可以期盼在相关层面厘清问题，直到该问题可以被回答为止。我们不可能期盼的是，问题在所有层面都达到完全清晰。事实上，不必要的精确会是有害的，即将不相关的复杂性跟我们的理论混在一起，并且使我们的理论太过严格而不可能适应新的证据。若理性研究持续得够久，或许任何具体问题最后都会被澄清到足以被回答的程度；但是，未来不会有一个时间点是**每个**问题都被澄清到足以被回答。

皮尔斯在 1905 年发表的《实用主义的议题》（“Issues of Pragmaticism”）这篇文章中接续讨论含混性。含混性是作为我们之研究起点的、不容置疑的常识原则的一种特征，是它们的确定性的一个先决条件。举例来说，我们不可能认真地怀疑“自然界存在规律”这个论点，但该论点是非常含混的；若该论点变得更精确，就会得到一个精致的假设、一个我们可以认 47
真怀疑的假设。同样，“火燃烧”是确定的，只因它是含混的。该信念不会在火无法燃烧一块石头时被证明为假，因为它没有精确地说出火在什么情况下燃烧什么。[26]

许多含混信念的确定性都在于没有具体性。现在，缺少具体性有许多不同的方式。若我相信你的身高介于 11 毫米到 9 437 毫米之间，则我的信念是不具体的，因为高度的宽范围会使该信念明确为真。若我相信你的身高是平均值，则我的信念是不具体的，因为高度的宽范围会使该信念既不明确为真，也不明确为假，即使只有很窄的范围会使该信念明确为真。前一个信念在宽范围上画出精准界线，后一个信念则在较小的范围上画出模糊界线。这两个信念的共同点是，高度的宽范围使它们不明确为假。在这两个信念之中，大多数当代哲学家只会把“你的身高是平均值”这个信念归类为特别含混。对他们来说，含混性是关于模糊界线的事，关于既不是明确被包含，也不是明确被排除的例子。根据这个标准，“你的身高介于 11 毫米到 9 437 毫米之间”这个信念根本不是含混的。相较之下，皮尔斯会同意这两个信念都是含混的，因为他认为所有不具体性都是一种含混性。根据这个观点，含混就是留下一个宽范围给不是明确被排除的例子。

皮尔斯对“含混的”这个语词的宽松用法，将他跟之后讨论含混性的文献区隔开。事实上，他曾证明自己的用法是现在哲学上的标准用法，他在为哲学与心理学辞典所撰写的词条“（逻辑中的）含混”中写道：

> 意向上的不确定。
>
> 一个命题是含混的，当事物有许多可能状态，若说话者考虑到这些可能状态，则“他是否会把那些状态视为被该命题所排除或允许的”是内在不确定的。我们用“内在不确定”意指的不是由说话者的任何无知所导致的不确定，而是因为说话者的语言习惯是不确定的；因此，某一天他会把该命题当作排除那些事物的状态，而另一天会把它当作允许那些事物的状态。不过，这必须被理解为指涉到可能
> 48 从他心理状态的完美知识中演绎出来的东西；因为这正是因为那些问题从未（或经常没有）将自己展现成他的习惯仍是不确定的。[27]

这明显针对“你的身高是平均值”这个信念呈现出的不具体性，而不是针对“你的身高介于11毫米到9 437毫米之间”这个信念呈现出的不具体性；“事物的可能状态”所引进的不确定性是该信念的边缘例子。皮尔斯试图通过用法上的不确定性来解释意义上的不确定性。[28]

当皮尔斯详细说明自己的观点时，他用“含混的”来谈论一个更广的概念，一个他认为在理论上更重要的概念。含混性跟普遍性与确定性截然不同。“人是会死的”是普遍的，该语句要求**每个**人都会死。“这个月，有件大事即将发生”是含混的；该语句只要求**某件**大事在这个月发生，而不要求具体指是什么大事。[29]含混语句与普遍语句都是不确定的，在此“不确定的”是说，它们的语法主词不是完全具体的：有许多可能的人以及许多可能的大事。相较于“每个人都勇敢”这个普遍语句与“有些人勇敢”这个含混语句，“菲利浦勇敢”这个包含一个专名作为主词的语句在那种意义下可以被视为确定的。[30]根据皮尔斯在辞典中用的定义，一个含混语句的否定同样是含混的，因为它们有一样的模糊界线。在当前的意义上，一个含混语句的否定是普遍的而不是含混的。例如，“有些人不会死”这个含混语句的否定等价于“每个人都会死”这个普遍语句。

皮尔斯没有通过“有些”与“每个”之间的区分来简单定义含混性和普遍性。相反，一个符号是含混的，当它的进一步确定依赖于说话者；一个符号是普遍的，当它的进一步确定依赖于解释者。[31]皮尔斯提供了一个含混例子：“一个我可以推荐的人似乎有点自负”。虽然说话者非常可能在心中有个谈论对象，但他没有认同“他有点自负”这个主张；她可以自由地具体指出其他人。说话者，而不是解释者，有权利进一步确定该符号。这应该是个常见的例子，通行在缺少反面约定的情况下。不过，有时一个习俗会把进一步确定符号的权利转移给解释者。“人是会死的”可以被适用于解释者选择的任何人身上。在这个语境中确定一个符号，是测 49
试其真假的一种方式。[32]

因此，由说话者决定与由解释者决定之间的对比，可以跟“有些”与“每个”之间的对比关联起来。

假设你做了一个以下这种形式的断言：有些 $F$ 是 $G$。不过我反对这个断言。你指着一个是 $F$ 的事物，而我们的争论会在一个更具体的断言上持续：这个 $F$ 是 $G$。若我变成同意你的断言即“这个 $F$ 是 $G$”，则我必定承认你的原初断言是正确的。若你变成同意我的断言“这个 $F$ 不是 $G$”，则这不代表你的原初断言是不正确的，不过你没有成功地证明它是正确的。此外，若你的原初断言是正确的，则你就应该通过指出一个精心挑选的事物 $F$ 来证明自己的断言是正确的。你的断言“有些 $F$ 是 $G$”的真，对应于你具有一个在争论中的制胜策略，在其中你挑选一个事物 $F$，而我们的争论则聚焦于更具体的断言。

现在比较一下，假设你做了一个以下这种形式的断言：每个 $F$ 都是 $G$。不过我反对这个断言。我指着一个是 $F$ 的事物，而我们的争论会在一个更具体的断言上持续：这个 $F$ 是 $G$。若你变成同意我的断言“这个 $F$ 不是 $G$”，则你必须承认你的原初断言是不正确的。若我变成同意你的断言“这个 $F$ 是 $G$”，则这不代表你的原初断言是正确的，不过我没有成功地证明你的原初断言是不正确的。此外，若你的原初断言是不正确的，则我应该能够指出一个精心挑选的事物 $F$ 来证明你的断言是不正确的。你的断言“每个 $F$ 是 $G$”的真，对应于我具有一个在争论中的制胜策略，在其中我挑选要指向什么事物，而我们的争论会聚焦于更具体的断言。

若一个断言的真假是通过一个例子来检验的，则该例子应该被说出“有些 $F$ 是 $G$”这个断言的人所挑选，但应该被“每个 $F$ 都是 $G$”这个断言的解释者所挑选。这样的一个说法在雅各布·辛提卡（Jaakko Hintikka）的语义游戏概念中被形式化。[33]

我们不应该假设所有普遍命题都是存在全称量化词的语句，例如“每个 $F$ 都是 $G$”，而所有含混命题都是存在量化词的语句，例如“有些 $F$ 是 $G$”。[34]根据皮尔斯的说明，合取句也是普遍的，而析取句也是含混的。若你断言“约翰曾去过巴黎跟伦敦”，则我可以选择要反对哪一个合取项。若你断言“约翰曾去过巴黎或伦敦”，则你可以选择要为哪一个析取
50 项辩护。语义游戏也可以根据合取句与析取句而被定义。事实上，含混性与普遍性之间的对比，甚至可以根据语法上的简单句来界定。“断定任何事物是一匹马，就是用马的*每个*本质特征来取代它；否认任何事物是一匹马，就是含混地反对它具有*某个*或某些马的本质特征。”[35]在此，这样的说法使用了量化词“有些”与“每个”，但是这不蕴涵在“多宾是一匹马”这个语句的语义结构中出现了量化词。即使“马”这个概念包含一组本质属性，那是去将它们整个合取起来，而不是用全称量化词来拘束它们。①

一个含混言谈是真的，若某个确定它的方式会产生一个真理（因此，我们会得到含混常识的确定性）。一个普遍言谈是真的，仅当每一种确定它的方式都会产生一个真理。确定的过程不只是逐步简化语义结构，因为若是如此，则它在实际上是可能完成的，而这不是皮尔斯的观点。“一个人跟另一个人之间的沟通，不可能完全明确，亦即不含混……无论存在何种程度的或任何其他可能性的持续改变，绝对精确都是不可能的。许多其他语词必定是含混的，因为一个人对语词的解释所奠基的经验不可能跟其他人的完全一样。”[36]若模糊界线的厘清被视为另一种形式的确定，则如同皮尔斯在辞典中为含混性所做的定义，含混性可以被归入他更一般性的

---

① 假设“马”这个概念相当于一组本质性质（例如，“A，B，C，…”）。我们在提及该组性质时，我们是用“且”（and）来连接每一个性质，而得到“马”这个概念就是“A and B and C and …”，并不像“所有”这样的全称量化词来拘束所有本质性质（逻辑上，全称量化词是拘束论域中的所有对象）。——译者注

说明中。“在另一种意义下，诚实的人在没有开玩笑的时候，意图让自己的语词意义是确定的，所以根本没有自由解释的空间”；他们“意图确立被蕴涵的事，以及没有被蕴涵的事。他们相信他们成功地做到了，而且若他们的讨论是关于数论的，则或许他们可以做到”[37]。诚实人的意图明显是消除模糊界线，而不是消除量化词。从“某人是悲伤的”转移到“他是悲伤的”，不是确立“某人是悲伤的”的蕴涵，而且通过说“我不是意指每个在伦敦的人都是幸福的”来确立“伦敦是幸福的”的蕴涵，亦即不是用一个语义上更简单的语句来取代“伦敦是幸福的”。皮尔斯的量化词“在另一种意义下”，象征了一种意识到“含混的”之用法存在歧义性的不安，不过他没有明确表达这个区分。[38]

含混性与普遍性之间的区分也适用于确定不固定的蕴涵。一般来说， 51
说话者确立他们断言的蕴涵；这是含混性。有时候，确立蕴涵的任务被交给解释者；这是普遍性。皮尔斯的例子是，“那个生物是肮脏的，在该语词的每种意义下”[39]。这不太恰当，因为，虽然“每种”将游戏中的下一步交给解释者，但却不允许解释者决定“肮脏的”蕴涵的意思是什么，因为说话者已经约定好每种意思。有些从事文学研究的当代理论家主张，是文本的解释者（而不是文本的作者）来确定文本的蕴涵，那是我们可能预期解释者会说的。在确定模糊界线时，说话者与解释者的相对优先性可能经常依赖于言谈语境，而不是依赖于语句结构。“那是一堆”在某些语境中可能是含混的，而在其他语境中可能是普遍的。

皮尔斯之不确定性的宽松概念（该概念涵盖含混性与普遍性的所有种类），从他的确定性模型中获得统一与意义。一个确定命题是绝对具体的。无论什么，达不到理想程度就是不确定的；有模糊界线，只是达不到理想的一种方式。虽然理想是不可得的，但我们可以越来越逼近理想。确定模糊界线是这项认知任务的一部分。

皮尔斯给出了含混性与普遍性的第二组定义，他说这一组定义比第一组定义或许要“更科学”。乍看之下，它们像是对经典逻辑的一个极端挑战：“任何**普遍的**事物都在排中律不适用的范围内，而任何**含混的**事物都在矛盾律不适用的范围内。”[40]用皮尔斯的术语说，一个命题满足排中律，若它不是为真就是为假；一个命题满足矛盾律，若它不是既为真又为假。

他承认任何一个给定命题都满足上述两个原则，但却说，当不确定讨论中的命题是什么时，那两个原则可能会失效。因此，新的定义可能被合理化了。

一个言谈普遍地为真，仅当它的每个确定都产生一个真理；一个言谈普遍地为假，仅当它的每个确定都产生一个假理。因为“秃头男的数量是偶数”这个语句的某些确定会产生一个真命题，其他确定会产生一个
52 假命题，所以它既不普遍地为真，也不普遍地为假。在这种意义下，排中律不适用。

一个言谈含混地为真，若它的某个确定会产生一个真理；一个言谈含混地为假，若它的某个确定会产生一个假理。因此，“秃头男的数量是偶数”既含混地为真，又含混地为假。在这种意义下，矛盾律不适用。

皮尔斯的定义也被意图用来处理日常量化语句。他的意思是，一个“一位女子写了《米德尔马契》（*Middlemarch*）”这样的语句是含混的，而矛盾律对它不适用。不过，该语句直观地为真。很难看出他将那两个例子同化之后，能对各自有更进一步的理解。[①] 讨论中的那种确定太过不同。若理性研究使“一位女子写了《米德尔马契》”这个语句的一个确定（例如，“珍·奥斯汀写了《米德尔马契》”）为假，则下一步就是检查一个不同的确定。但是，若理性研究用一个约定的“秃的”的截止点而使“秃头男的数量是偶数”这个语句的一个确定为假，则检查另一个约定的截止点就是没有意义的；一个约定就够了。在将含混性与不具体性区分开之前，研究不可能获得进展。

## 2.4 罗素

罗素在含混性与不具体性之间做了区分；但是，他的理论化再次使它消失。在他 1913—1948 年的著作中，含混性是经常出现的议题。含混性看起来像一个自然现象，是一种表征——从记忆心像到语词——不同于被表

---

① 因为皮尔斯将普遍性跟含混性当作同一件事，所以我们很难看出他将两者同化之后，如何能让我们更加理解普遍性（或含混性）。——译者注

征之物的原始方式。它也使一种逻辑上完美的语言是完全不可能的。他关于这个议题的主要想法出现在1923年的文章《含混性》（“Vagueness”）中，其中设置了之后大多数作品的待议列表。[41]待议事项大致被分成十个主题。

（1）**只有表征是含混的**。罗素坚持含混性与精确度只是符号（例如，语言）的性质，即它们与它们所表征的事物的关系。若不存在表征，就不存在含混性：“没有事物会或多或少等同于自己，或在某种程度上持有自己具有的性质。”但是，一般而言，将语言性质归属于这个世界，是形 53
而上学的职业风险，而罗素暗示，强调“宇宙的流动、持续与不可分析性”的哲学家［像柏格森（Bergson）？］将语言的含混性投射到了这个世界。唯心论受到独特的斥责：“一般认为，在知者与被知物之间一定有某种同一性，所以知者推论出被知物也是昏庸的。”[42]①

在将含混性限制在表征上的同时，罗素没有将含混性限制在语言中。他允许思想与心像是私有表征。并非所有公共表征都是语言式的。罗素认为一个事物的表象是该事物的一个公共表征，被记录在一张相片或是一段录音中，所以可能是含混的。事实上，他主张，“所有语言与思想中的含混性跟可能存在于一张相片中的含混性在本质上是相似的”[43]。

（2）**所有语言都是含混的**。罗素的下一步是论证含混性影响了所有的语词。他的论证不依赖于对语词的完整分类；相反，他挑选一些例子（对这些例子来说，若任何语词都是精确的，则它们中的一些会是精确的），然后论证这些例子没有一个是精确的。

“红的”这个语词是含混的，因为“有一些颜色，我们会怀疑是否要称之为红色，不是因为我们对‘红的’这个语词的意义毫无了解，而是因为语词的适用范围是本质上可疑的”[44]。在此“可疑的”意指“未被定义的”，而不是“未知的”；罗素不是在暗示，我们可能理解“红的”这个语词，尽管无法知道某个我们可以看到的事物是不是红的。他的立场是，说“它一定是红的或不是红的”不会是真的：仅仅不知道哪个析取项是真的，这不会削弱该析取句的真。

---

① 在此唯心论者是知者，而罗素认为唯心论者的说辞空洞，使推论出来的论点是昏庸的。——译者注

“秒”（作为一个时间单位）是那种科学竭尽所能地使它精确的语词，不过并没有完全成功。罗素写到，秒是通过参考地球的旋转而被定义的；他指出，因为地球不是一个严格的星体，而且地球表面的不同部分在不同时段旋转，所以该定义不会单独挑出一个确切的时段。他还说，因为所有的观察都有误差区间，所以我们可能从不知道一个事件精确地经历了一
54 秒，不过这似乎混淆下列两个问题：“该事件是否持续了刚好一秒？”这个问题是否有一个正确答案？我们是否可以知道那个正确答案是什么？

甚至专名也是含混的。“埃比尼泽·威尔克斯·史密斯”（Ebenezer Wilkes Smith）这个专名可能被正确地运用到的人只有一个，但它的蕴涵的时间边界是含混的，因为出生跟死亡不是绝对瞬时的。因为罗素曾说过只有表征是含混的，所以他不会主张：存在一个个体事物——埃比尼泽·威尔克斯·史密斯，他存在的开始与结束只能被含混地定义。相反，他必定主张该专名不会挑出一个独一无二的事物；我们会同意它应该命名一个人，但“人”这个概念本身是含混的，跟定义存在的开始与结束的不同标准都是相容的；这些标准决定不同种类的“人”（尽管差异很微小），其中有些人会活得比别人更长。

最有可能避免含混性的语词是逻辑连接词，例如“或”与“并非”。在论证即使逻辑连接词也不是完全精确的时候，罗素从“真”与“假”这两语词开始。他论证，适用于“真”与“假”的判断，其含混性会在“真”与“假”本身引起一种相应的含混性。若“这是一个人”是含混的，则“‘这是一个人’是真的”也会是含混的。现在，一个逻辑连接词的意义是通过真与假这两个概念而被给出的；例如，“$P$ 或 $Q$”是真的，当且仅当，“$P$”是真的，或“$Q$”是真的。因此，“真”与“假”的含混性也传染给了逻辑连接词。所有语词都是含混的。罗素的结论是：所有语言都是含混的。

罗素的论证忽略了语词的含混性与复杂表达式的含混性之间的关系。[45]举例来说，虽然“巨大且微小的堆垛”这个名词词组是用含混语词组成的，但以同样的方式来看，它本身并不是含混的，因为它没有边缘例子；它只是语词上矛盾。即使所有语词都可能有边缘例子，也并非全部复杂表达式都可能有。

或许罗素愿意这样定义一个复杂表达式的含混性：一个复杂表达式是含混的，当且仅当，至少它的一个组成部分是含混的，无论该语词整个来说是否可能有边缘例子。因为所有复杂表达式都由语词构成，所以，为了证明所有表达式都是含混的，证明所有语词都是含混的就足够了。对罗素 55
来说，这个定义的一个困难是，若一个复杂表达式不可能有边缘例子，则我们可以用它来定义一个精确语词。举例来说，我们可以定义“eth”为巨大且微小的堆垛。不可能存在 eth 的边缘例子。罗素会因此而允许“eth”是“所有语词都是含混的”这个主张的一个例外吗？为了不允许那么做，他需要在语义结构层面或逻辑形式层面（而不是表层语法层面）花点工夫，以使他可以将“eth”归属为在语义上或逻辑上复杂，尽管它是一个单一语词。从表层语法层面来定义的语词概念，这不太像是他需要的。

还有一个更深层的问题。根据罗素的说明，一个语词是含混的，当且仅当，它可能有一个边缘例子，其中该语词的运用是“本质上可疑的”。现在，本质上可疑的是一个判断，它的正确语言表达式是以一个语句而不是以一个语词来呈现的。这是不是红的是本质上可疑的。一个指示词与系动词必须被加到“红的”之上，以形成一个合适的语句。其他范畴的语词需要附加更复杂的东西。例如，“许多”似乎是含混的；为了用它来表达一个本质上可疑的判断，我们需要一个“许多小于 20 的数是质数”这样的语句。“含混的”之主要运用对象是语句，而不是语词。但是，一个语句的含混性不蕴涵其每个组成语词的含混性。[46]一个含混语词就足够了。“这是一个红的形状”这个语句可能是本质上可疑的，因为“这是不是红的”是本质上可疑的，尽管毫无疑问它是一个形状。“这是一个红的形状”的含混性不蕴涵“这是一个形状”的含混性。不过，除非假设其他语词**不是**含混的，“许多小于 20 的数是质数”的含混性如何能证明“许多”是含混的？若其他语词是含混的，则它们就可能是导致该语句之含混性的单一因素。甚至，除非“这”被假设是精确的，否则“这是红的”的含混性如何能证明“红的”是含混的？问题是，罗素的主张“所有语词（包含‘质数’与‘这’）都是含混的”，跟他似乎需要用来论证该主张的假设矛盾。若一个语句的所有基本组成语词都是精确的，则该语句也会是精确的。[47]因此，若在一个含混语句中，除了一个语词之外，其他所有基本组成语词都是精确的，则剩下的那个一定是含混的。不幸的
56 是，罗素的立场禁止他使用这个原则来为自己辩护。那么，他如何能证明所有语词都是含混的？

罗素可能会尝试如下论证。“这”与“是”的含混性不会妨碍它们在良好的语境中有清楚的运用。因此，若我们可以发现这样一个语境，在其中“这是红的”表达一个本质上可疑的判断，责任一定在“红的”，所以“红的”会被证明是含混的。无论如何，罗素的理论几乎没有为这种形式的论证留下空间。若在一个特殊语境中，“这”挑出一个独一无二的事物，则我们应该能够用它来给那个事物一个专名；那么，那个专名就会是精确的，而这违背了罗素的主张。罗素顶多能做的是，找到一个语境，在其中“这”与“是”的运用不会那么不明确，但“这是红的”表达了一个本质上可疑的判断。举例来说，“这”的指涉对象可能是许多不同的事物，但它们可能在颜色上都是一样的。于是“红的”的含混性可以被究责。这种论证虽然不太可能非常严格，但仍可能非常可信。

这些考虑如何影响罗素用来支持逻辑语词是含混的论证？假设“‘这是一个人’是真的”在一个给定语境中表达了一个本质上可疑的判断。我们可以把问题归咎于“真”的含混性吗？罗素似乎已经逐渐削弱对自己有利的答案，通过从“这是一个人”的含混性推导出“‘这是一个人’是真的”的含混性。这难道没有证明“‘这是一个人’是真的”这个语句的主词（而不是它的谓词）是导致含混性的原因吗？不过，我们必须记得，出现在“‘这是一个人’是真的”这个语句中的“这是一个人”只是一个引文的部分。重要的是，“这是一个人”这个引文是不是含混的，而不是“这是一个人”这个语句是不是含混的。这是一个细腻的议题。一方面，我们可以将引文视为一个英文语句的名字。就其本身而言，**哪个**英文语句是它命名的对象，这还算明确。一个含混语句的名字本身不需要是含混的。根据这个观点，“‘这是一个人’是真的”这个语句的含混性被归属于“真”的含混性。另外，我们可以将引文视为一个精确命题的名字。于是，它的指涉对象将会在许多精确命题之间不确定，所以该引文会是含混的。根据这个观点，“‘这是一个人’是真的”这个语句的含混

性不会被归咎于“真”的含混性。若“真”被运用于含混语句，则它会是含混的；若它被运用于到精确语句，则它会是精确的。罗素主张， 57
“真”与“假”可以有精确的意义，仅当它们被运用于精确的表征；这个分析证实了他的主张。

更加可疑的是罗素的这个主张：“真”与“假”的含混性传染给了所有的逻辑语词。举例来说，若在给定语境中，“$P$”与“$Q$”是否分别为真是明确的，则“$P$ 或 $Q$”是否为真也会是明确的。析取句表达了一个本质上可疑的判断，仅当至少其中一个析取项表达了一个本质上可疑的判断。因为“或”本身不是被指责的对象，所以没有证明它是含混的。[48]因此，罗素尚未成功地证明所有语词都是含混的，更不必说证明所有语言都是含混的。他已经做到的是，证明“大多数语词都有模糊界线”这个论点是可信的。

（3）**存在高阶含混性**。有些定义上的失败可以用相关的精确语词来描述。例如，若我们论及整数，则我们可以足够精确地说，“一半”对偶数是定义良好的，但对奇数则不是。不过，若一个语词的含混性只能通过本身就是含混语词来适当描述，则我们会说它有二阶含混性。若用来描述含混性的语词本身就具有二阶含混性，则原先的语词会有三阶含混性，照此类推。根据罗素的观点，一个含混语词会有一个确定的适用范围、一个确定的不适用范围，以及一个边缘地带（其中这个语词既不是确定地适用，也不是确定地不适用）。他进一步说，边缘地带本身会逐渐分辨不清，缺少一个精准界线。[49]因此，他承认，在他用来描绘含混性的确定适用的概念中有含混性。这是一种形式的二阶含混性。有“红的”的边缘例子，但“红的”的确定适用例子与其边缘例子是分辨不清的，而且“红的”的边缘例子与“不红的”的确定适用例子也是分辨不清的。

罗素指出，正是二阶含混性阻碍了通过约定一个不应该适用于它的边缘地带来引进精确度的尝试。若边缘地带有精准界线，结果会是一种新的精确意涵。举例来说，我们可以引进一个新词“dred”来代表“红的”的确定例子。若“红的”有一阶含混性但没有二阶含混性，则“dred”
会是精确的。根据罗素的观点，“dred”也会有边缘例子，因为“红的” 58
有二阶含混性。这样的论证可以重复。我们可以引进一个新词“ddred”

来代表“dred”的确定例子。若“红的”有二阶含混性但没有三阶含混性，则“ddred”会是精确的。但“ddred”也可能有边缘例子，因为“红的”有三阶含混性。罗素立场的精神是，我们会将所有阶层的含混性归属于所有语词。

对罗素用来论证“真”与“假”是含混的论证来说，高阶含混性也是需要的，尽管他没有明确指出其中的关联。例如，考虑“埃比尼泽是秃的”这个含混语句。罗素似乎假设，若埃比尼泽位于“秃的”的边缘地带，则该语句就既不为真，也不为假，因为他坚称，“存在一些人，使我们说他们一定是秃的或不是秃的，不是真的”[50]。现在，若“埃比尼泽是秃的”只有一阶含混性，则我们可以将所有例子分成三组准确区分的群体：“秃的”确定适用的人、不适用的人，以及边缘地带的人。“埃比尼泽是秃的”确定地为真，若埃比尼泽属于第一组群体；确定为假，若他属于第二组群体；确定地非真非假，若他属于第三组群体。在每个例子中，该语句会确定地为真或确定地不真，而且确定地为假或确定地不假。它不会是“真”或“假”的一个边缘例子。当罗素说，“真”与“假”被运用于含混表征，其本身也是含混的，他假设表征会有二阶含混性。若“‘埃比尼泽是秃的’是真的”有 $n$ 阶含混性，则“埃比尼泽是秃的”会有 $n+1$ 阶含混性。[51]

（4）**含混性使经典逻辑是无效的**。对含混语言来说，罗素否认排中律的有效性。如同已经注意到的，他主张，若埃比尼泽位于“秃的”的边缘地带，则“埃比尼泽是秃的，或埃比尼泽不是秃的”不是真的。他的观点似乎是，若该析取句是真的，则它的一个析取项会是真的，而且在边缘例子中，“埃比尼泽是秃的”不会是真的，其否定也不会是真的。

罗素将排中律的失效作为连锁悖论的一个判断依据。若一个人逐渐变秃，“必定有一根头发的失去使他变成秃的”。可惜的是，他没有解释连
59 锁推论如何依赖于排中律。并不是使用 1.3 节中讨论的斯多亚学派版本，因为斯多亚学派没有使用析取句。或许罗素意指的只是，连锁悖论与排中律的失效在边缘例子中出现，有一个共同的原因。他没有说排中律是唯一一个因为含混性而失效的传统逻辑原则。一般而言，他的立场是，“所有传统逻辑在习惯上会假设我们运用的符号是精确的”[52]。他的反应不是寻

找某个更适合含混性的非传统逻辑系统；他会认为那是搞错了问题，当被运用于含混符号时，没有逻辑系统是可靠的。相反，他试图证明我们可以如何使用逻辑，尽管它不适用于我们的实际语言。

虽然我们的语言是含混的，但我们可以构想出一种精确语言；我们会有不精确度这个概念，只因我们有精确度这个概念。若我们的非逻辑语词是精确的，则我们的逻辑语词也会因此而变得精确，而且“事实上，若我们的符号系统是精确的，则我们可以精确地理解这些符号会意指什么”[53]。一种逻辑上精确的语言是可想象的，而且原则上是可能存在的。因此，若我们可以从假设有一种逻辑上精确的语言推论出一个关于世界本质的结论，则这个结论实际上为真，因为世界的本质不依赖于是否事实上存在一种逻辑上精确的语言。遗憾的是，罗素没有说明什么样的有效性标准适用于我们的推论。虽然它的前提是**关于**一种逻辑上精确的语言的，但该推论是**在**我们逻辑上精确的语言**中**操作的，而经典逻辑对这种语言不适用。若我们的符号系统是精确的，除非我们形成那些假设意义的精确表征，否则我们如何能“精确地”理解逻辑语词会意指什么？不过，根据假设，我们不可能产生精确表征。

这个问题是普遍的。我们需要而且希望去推理，但唯一可得的命题对我们来说是含混的，因为罗素假设我们的概念跟语词一样是含混的。若罗素是正确的，则我们不可能依靠经典逻辑，因为它将我们导向连锁悖论。我们应该转而做些什么？跟弗雷格一样，罗素没有告诉我们应该做什么。[54]

（5）**含混性不是普遍性**。罗素一开始就在含混性与普遍性之间做了清楚的区分。他用一种比皮尔斯还要宽松的用法，使用普遍性意指不具体性：“一个涉及普遍概念的命题——例如，‘这是一个人’——将会被一 60
堆事实所验证，像是‘这’指布朗，或琼斯，或罗宾森。但是，若‘人’是一个精确观念，则验证‘这是一个人’的可能事实集合将会是相当确定的。”[55]罗素的论点是，虽然“这是一个人”事实上是含混的，但原则上它可以既是普遍的又是精确的，因为假设“验证该语句的可能事实集合被准确地定义，而且该集合包含一个以上的元素”不会导致矛盾。因此，普遍性不蕴涵含混性。

当罗素谈论一个验证一个命题的事实时，他意指的关系并不是一种知识论上的关系。该事实是使该命题为真的东西，它不需要使一个观察者知道该命题为真。一个验证“这是一个人”这个命题的可能事实是这个命题可能为真的一种方式。当然，“一个命题可能为真的方式”这个概念相当晦涩，而且罗素的事实理论远不能消除它的晦涩性。无论如何，就当前的目的来说，我们有可能让该概念有点道理。例如，“约翰在澳大利亚或加拿大”这个命题可能为真，因为约翰在澳大利亚，而且它可能为真，因为约翰在加拿大，所以至少有两个可能事实会验证它。

不幸的是，罗素很快就从含混性与普遍性的区分往回走。在他对含混性的分析中，几页之后他说：“一个信念是精确的，仅当一个事实会验证它。”[56]根据先前对普遍性的定义，一个信念是普遍的，当不只是一个事实会验证它。因此，普遍性是精确度的矛盾面。但是，罗素也把含混性视为精确度的矛盾面。因此，他混淆了普遍性与含混性。

罗素理论的某个部分应该被放弃。他之后对精确度的定义似乎大多是错误的。该定义将“约翰在澳大利亚或加拿大”归类为不精确的，所以它是含混的，纯粹是因为有多于一个的事实会验证它。不论析取项“约翰在澳大利亚”与“约翰在加拿大”是含混的还是精确的，该定义都如此判断。更一般地说，设想“$P_1$”与“$P_2$”是精确命题，使“$P_1$”会被可能事实 $f_1$ 验证，而“$P_2$”会被另一个可能事实 $f_2$ 验证。在一种逻辑上
61 完美的语言中，我们应该能够产生“$P_1$ 或 $P_2$”这个析取句，因为它没有边缘地带，而且满足排中律。不过，罗素的定义会把“$P_1$ 或 $P_2$”当作不精确的，因为有两个可能事实（$f_1$ 与 $f_2$）会验证它。那是荒谬的。先前在含混性与普遍性之间所做的区分更接近正确的区分。[57]

（6）准确性是同构。我们若先从理解罗素对准确性的说明开始，则可以更容易理解他对精确度的说明。如同他所指出的，两者不是一回事。一个信念“是准确的，当它既是精确的也是真的”，所以一个假的精确信念是不准确的，但不是含混的。[58]由一位想象力丰富的制图家所制作的一张大尺度地图，可能是不准确的但却是精确的。罗素的目标是一种不仅适用于语言，而且适用于各种表征的含混性定义。对他来说，地图与相片比语词更能清楚地展现表征的重要本性。这个强调有助于解释他对准确性与

精确度的定义。

罗素将准确表征定义为同构：表征系统应该跟被表征的系统有一模一样的结构。准确表征反映的是形式，而不是内容。同构概念是从数学中借来的。表征系统被视为事物的一个集合 $X$，其中的元素彼此可以有各式各样的关系 $R_1$，…，$R_m$。例如，$X$ 可以是非洲地图上的点所构成的集合，$R_1$ 是“……在……的左边”这种关系，而 $R_2$ 是“……比……颜色更深”这种关系。同样，被表征的系统是事物的一个集合 $Y$，其中的元素彼此可以有各式各样的关系 $S_1$，…，$S_n$。因此，$Y$ 可能是非洲地表上的点所构成的集合，$S_1$ 是“……在……的西边”这种关系，而 $S_2$ 是“……比……地势更高”这种关系。根据罗素的说明，$X$ 系统与 $R_1$，…，$R_m$ 准确地表征了 $Y$ 系统与 $S_1$，…，$S_n$，当且仅当，存在一种具有下列特征的对应关系：

(i) $X$ 的每个元素只对应 $Y$ 的一个元素，每个 $R_i$ 都只对应一个 $S_j$，而且没有其他东西对应任何东西。

(ii) $X$ 的每个元素至少对应一个事物，而且每个 $R_i$ 至少对应一种关系。

(iii) $Y$ 的每个元素至少对应一个事物，而且每个 $S_j$ 至少对应一种关系。

(iv) $X$ 的每个元素最多对应一个事物，而且每个 $R_j$ 最多对应一种关系。 62

(v) $Y$ 的每个元素最多对应一个事物，而且每个 $S_j$ 最多对应一种关系。

(vi) 若 $R_i$ 对应 $S_j$，而且 $X$ 的元素 $x_1$，…，$x_k$ 相应地对应 $Y$ 的元素 $y_1$，…，$y_k$，则 $R_i$ 使 $x_1$，…，$x_k$ 有关系（依那个次序），当且仅当，$S_j$ 使 $y_1$，…，$y_k$ 有关系（依那个次序）。

使用“对应”这个语词只是权宜之计；真正重要的只是，某种关系是否满足（i）～（vi）。前五个条件说，对应关系是一个系统中元素之间的 1 对 1 关系；最后一个条件说，它也保留原有的关系。合起来看，它们说，对应关系是介于系统之间的一种同构关系。[59]

举例来说，考虑一种关系，该关系将非洲地图上的每个点映射到非洲地表上的每个点，并且将“……在……的左边”与“……比……颜色更深”（作为地图上点的关系）分别关联到“……在……的西边”与“……比……地势更高”（作为非洲地表上点的关系）。假设地图上的每个点都分别被确切地映射到非洲地表上的一个点［(ii)与(iv)］，而非洲地表上的每个点都分别被确切地映射到地图上的一个点［(iii)与(v)］，地图上的一个点在另一个点的左边，当且仅当，前者被映射到的点在后者被映射的点的西边，而且地图上的一个点比另一个点颜色更深，当且仅当，前者被映射的点比后者被映射的点地势更高［(vi)］。于是，由地图上的点所构成的系统，加上“……在……的左边”与“……比……颜色更深”这两种关系，准确地表征了由非洲地表上的点所构成的系统，加上“……在……的西边”与“……比……地势更高”这两种关系。粗略地讲，我们可以说该地图准确地表征了非洲地表。不过，虽然罗素称一张地图为一个表征系统，但他却没有具体说明这个系统的元素是什么，或者这些作为系统之组成分子的元素之间的关系是什么。然而，许多不同的系统可以从同样的地图中抽象出来；根本不存在“一张地图的独一无二结构”这样的东西。[60]例如，我们可以考虑地图上的线段以及线段的相交关系，
63 而不是点。准确表征的问题只在关涉表征系统与被表征系统的选择时才有意义。

罗素主张，没有实际的地图是完全准确的。地图上的一点被映射到地表上的一大块区域。映射关系不是 1 对 1 的关系，而是 1 对多的关系，违反了（iv）。比例尺越小的地图，违反（iv）越严重。罗素对普遍性与含混性的合并再次产生了影响。罗素通常所认为的小比例尺的不准确，通常会被视为没有提供信息。没有提供足够的信息与信息错误不是一回事。

罗素对准确表征的定义，不要求某人意图让表征系统表征被表征的系统，甚至不要求这两个系统之间有因果关系。因此，他允许下列可能性：一张应该被视为关于非洲的非常不准确的地图，在他的意义下却是准确的，因为地图上的点与非洲地表上的点之间可能存在某种复杂的、非有意且偶然的关系，此关系不像是一般的映射关系，但碰巧是同构关系。该地图也可能被证明是某人消化系统的准确表征。说一个系统凭借这样的一种

偶然关系而表征了另一个系统，似乎是错的；说它凭借一种非表征关系而是准确的，同样也是错的。

正式的定义有着其他的怪异结果。例如，因为任何系统会跟自己是同构的，所以它准确地表征了自己。相似的是，因为同构关系是一种对称关系，所以一张关于非洲的准确地图被非洲准确地表征。不过，对于任何一个包含集合 $X$ 与一种关系 $R_1$，…，$R_m$ 的系统，我们都可以随喜好而选择任何一个集合 $Y$，其元素的数量跟 $X$ 的一样，并在 $X$ 与 $Y$ 之间使用一种 1 对 1 的关系来*定义*关系 $S_1$，…，$S_n$，使之分别对应 $R_1$，…，$R_m$；因为这种对应关系会是一种从原初系统到一个人造系统的同构关系，所以前者准确地表征了后者。例如，在挑选出一种适当的关系下，地表的任何平方公里会准确地表征地表的任何其他平方公里。

罗素能够通过主张“广义来说，任何同构关系*本身*就是一种表征关系”来维持他的正式定义吗？他的“认知或机械的”表征概念明显是宽松的，而且他希望以自然主义式的语词来说明它。不过，此文没有一般性 64
地定义表征，亦即考虑到可能是不准确表征。它只定义准确表征。为了造出一个理论案例来将每种同构关系当作一种表征关系，罗素需要提供一种对表征的独立说明，而且（在没有使它更可疑的情况下）证明它会有“每种同构关系都是一种表征关系”这个怪异结果。这样的尝试似乎不太可能成功。

我们可以通过使用“一个表征系统”的概念，但不试图定义它，来巧妙处理这个议题。接着我们可以合理地重建罗素的观点，如下：

(a) 若一种关系是在表征，且是一种同构关系，则它是准确的。[61]

(b) 若一种关系是在表征，但不是一种同构关系，则它是不准确的。

(c) 若一种关系不是在表征，则它既不是准确的，也不是不准确的。

(d) 一个系统准确地表征另一个系统，当且仅当，前者对后者有一种准确关系。

(e) 一个系统不准确地表征另一个系统，当且仅当，前者对后者有一种不准确关系。[62]

相对于“每种同构关系都是一种准确的表征关系”这个主张，这些论点是中立的。罗素若愿意否认这个主张，则可以避开上述提及的所有反直观结果，仅需否认讨论中的关系是在表征。

(7) **精确度是1对1的相互关系**。根据罗素的看法，“准确的”意指“精确且真”。因此，若我们可以在罗素关于“准确的”的完整定义中找到一个推广到“真”的条件，则删除它应该会给出他对“精确的”的定义。罗素简略地做这件事，他说“一个表征是**含混的**，当表征系统与被表征系统的关系不是1对1的，而是1对多的”；例如，地图上的一个点表征地表上的许多点。[63]上述条件（i）～（v）足以让对应关系是一种1对1的关系。罗素已经删除（vi）这个条件，增加它使对应关系是一种同构关系，即让表征系统保留被表征系统中的关系。

65 事实上，罗素将（vi）视为一个被推广的真理要求。或许当讨论到地图时，我们不应该使用“真”这个语词，但一张地图的准确性确实看起来涉及一个非常类似于一个命题的真的成分。若关系 $R_i$ 表征了关系 $S_j$，而对象 $x_1$，…，$x_k$ 分别表征对象 $y_1$，…，$y_k$，则我们可以说，关系 $R_i$ 真的关联起 $x_1$，…，$x_k$（以那个次序），当且仅当，$S_j$ 联系起 $y_1$，…，$y_k$（以那个次序）。这是一个真理对应论的简单版本。若对应关系是一种表征关系，则（vi）这个条件说，该表征系统的关系以真实而且仅是真实的方式来关联它的元素。在该系统表达力的限制内，（vi）这个条件要求整个真理，而且除了真理之外无他。

罗素对精确度与含混性的说明可以被合理地重建，跟他对准确性与不准确性的说明关联起来：

(a’) 若一种关系是在表征，且是一种1对1的相互关系，则它是精确的。[64]

(b’) 若一种关系是在表征，但不是一种1对1的相互关系，则它是含混的。

(c’) 若一种关系不是在表征，则它既不是精确的，也不是含混的。

(d’)一个系统精确地表征另一个系统，当且仅当，前者对后者有一种精确关系。

(e’)一个系统含混地表征另一个系统，当且仅当，前者对后者有一种含混关系。[65]

因此，1 对 1 的相互关系对精确度来说是不够的；根据（c’），相互关系也必须是一种表征关系。这个说明不会蕴涵，任何系统精确地表征任何其他有着相同数量的元素的系统。

遗憾的是，罗素没有遵守准确性与精确度之间的整齐划分。他认为语言是准确的，虽然语言不可能为真或为假。他没有将他的区分直接运用于以文字呈现的命题，尽管命题是准确性与精确度之原初区分的主题。无论如何，(a’)～(e’)发展出了他的一部分思想。

罗素的定义不等价于我们日常的含混性概念与精确度概念。他理论的抽象性与简略性使两者之间隙难以测量，不过大致的关系可以从语言例子中获得。

（8）**意义是表征的一种特例**。罗素认为语词、语句与语言是含混的。66
不过，他没有把语词与语句视为在含混地表征系统，也不认为其元素跟被表征系统的元素有着 1 对 1 的相互关系。语词的构成成分（例如音节）通常不表征任何事物，而且虽然语句的构成成分（例如语词）确实有表征，但是罗素经由整个语句将它的含混性定位在几个对象（例如可能事实）的表征中。因此，语词与语句被视为一个表征系统的元素（该表征系统是整个语言），而非本身就是表征系统。这涉及术语的一种延伸，因为到目前为止“含混的”与“精确的”只是被定义在表征系统上，而不是被定义在表征系统的元素上。当一个系统因为它的元素表征一个以上的或少于一个的事物而是含混的，这很自然地让我们称那个元素也是含混的，而且这些例子就是罗素心中所想的。违反条件（ii）或条件（iv），不同于违反条件（iii）或条件（v），可以归咎于单一的表征对象。

罗素将意义当作对一种语言的表征关系。他将一个语词的意义视为该语词意指的事物、性质或关系。他的讨论预设了某种类似于他在《论逻辑原子论的讲座》（*Lectures on Logical Atomism*）中详细解释的意义理论，当中专名意指具体事物、动词意指性质与关系，等等。在那些讲座中，他用接近后来那些被运用于一种准确语言的术语描述了一种逻辑上完美的语言，这种语言没有任何含混性："在一种逻辑上完美的语言中，对每个简单事物，将会各自指派一个语词，而且除此之外，不会指派其他语词给同一个事物。"[66]同样的想法出现在之后的文章中："在一种准确语言中，意义会是一种1对1的关系；没有语词会有两种意义，而且没有两个语词会有一样的意义。"歧义性［违反条件（iv）］与同义词［违反条件（v）］都被当作迈向准确性的障碍，但事实上是迈向精确度的障碍。同义词是"容易避开的"，但歧义性却是常见的；"意义是一种1对多的关系，这个事实是对'所有语言都或多或少是含混的'这个事实的精确陈述"[67]。

歧义性与含混性似乎是不同的现象。一个语词可能有一种含混意涵，
67 或两种精确意涵。一个含混语词的各种意义应该是根据对准确界线的不同约定而挑选出的不同的事物、性质或关系，但罗素对此没有详细说明。[68]

语言同构可能以一种不同的方式失效。所有语词都是个体事物，而且有些意指个体事物，有些不意指个体事物："'……在……之前'（precedes）这个语词虽然意指一种关系，但本身不是一种关系。"[69]这违反了条件（i）（一个 $S_j$ 被某种不是 $R_i$ 的关系表征）。次序被保留在"这在那之前"这个语句中，因为它通过一个事实，即"这"、"那"与"……在……之前"在该语句中具有一种语法关系，表征了以下这个可能事实："这"、"那"与"……在……之前"具有一种关系。就这一点来说，罗素似乎把语句视为表征系统，而不是语言，有违他在其他地方的做法。

罗素的观点在运用于语句时最怪异。他将一个命题视为意指验证它的可能事实。因此，如同已经注意到的，一个命题是含混的，若有一个以上的可能事实可以使它为真。根据罗素的看法，任何语句都可以被一个以上的事实验证为真，若其谓词表达一个普遍概念。"这是一个人"可以被这是布朗或琼斯或罗宾森验证为真。所以，任何这样的语句都是含混的。虽然他的事实理论可以有一种更谨慎的运用，使他可以避免这种结果中的一些，但他正式的含混理论比过分简化的版本更糟；它极端地扭曲了现象。[70]

（9）精确度消除概率。科学的精确断言会比日常的含混断言带有更丰富的信息。所以，科学的精确断言更可能为假，但若为真，则会更有用。罗素对比了以下两个断言：其一，一个男人是高的；其二，他的身高介于6英尺2英寸（约1.88米）与6英尺3英寸（约1.90米）之间。在此，具体性跟定义的精准性也混合在一起。后一个信念跟“该男子的身高超过2英寸（约0.05米）”这个断言相比，不会被更精准地定义，但比“他是高的”这个断言包含的信息更少。我们顶多只能说，没有含混断言是具有最多信息的。在其他条件不变的情况下，含混断言可能比精确断言更难以被证明为假，但是，因为一个断言是含混的，当且仅当，它的否定是含混的，所以含混断言同样很难被证明为真。这毫无疑问是精确度的价值之所在。

（10）含混性是一个自然现象。虽然罗素把含混性限制在表征上，但 68
他把含混性当作一个自然现象，因为他认为表征是一个自然现象。他探索到含混性源于他称为物理律的东西①：“当我们远离一个事物时，该事物在不同地方的表象之间的差异会越来越小。”[71]一个事物的表象是该事物之可公开观察到的物理印象。当表象向外传播时，信息就丧失了；不同的细节表象产生了相同的模糊表象，所以后者，作为前者的一个表征来说，是含混的。在知觉的例子中，罗素将我们的知觉视为其刺激物的表象。由不同刺激物引起的感觉是相同的，或至少是不可区辨的——罗素不确定是哪一个，但希望量子物理学最后会解决这件事。他主张，我们生理的这个特征是我们的知识之不可消除的含混性的原因，其中含混性包含高阶含混性。

罗素对含混性的物理说明再次混淆了含混性与不具体性。不同的景色可能产生相同的相片，而且在那种意义下，相片中关于原始景色的信息是不具体的。但是，若会产生一模一样相片的景色之间有一条精准界线，而且那些会产生不同相片的景色之间也有一条精准界线，则相片中的信息就

① 承上下文，其意思是，罗素在物理学那边追寻含混性的来源（根据我们的生理特征、感觉经验，含混性是一个自然现象；罗素希望量子物理学能解决此问题）。——译者注

可能仍是精准定义的。它“说”原始景色属于一个特定的、被精准定义的集合。信息是不具体的，只因该集合包含一个以上的元素。这是量子物理学可能帮助到罗素的地方。若景色与相片之间的关系是不确定的，使一个个别景色产生了有着不同概率值的相片，则一个个别相片不会“说”原始景色属于一个特定的、被精准定义的集合。存在景色之间的边缘地带，而这些景色可能产生那张相片，但这更可能产生一张不同的相片。根据相片所包含的信息来说，这些景色可以被视为既不是确定地被容许，也不是确定地被排除在外。

在知觉的例子中，可以给出一个相似的说明，其中刺激物与知觉之间是一种概率关系。从刺激物到知觉的信息损失，比之于它对相片的说明，
69 并不会更能说明一阶含混性，更不必说罗素要解释的高阶含混性了。他需要的是一个类似于区辨门槛的东西。两个刺激物，其差异低于门槛，就不可能被区辨开。因为许多不可区辨的差异能合起来导致一个可区辨的差异，所以我们可以有一序列前后之间不可区辨的刺激物，但第一个却可以跟最后一个区辨开。不可区辨性是一种非传递关系。我们无法在连续的刺激物之间画出一条精准界线，因为任何区隔刺激物的界线，其两边刺激物之间的差异都是低于区辨门槛的。不可区辨性的非传递性转而经由概率模型而被说明。两个刺激物之间的差异越大，它们就越可能引起不同的反应；它们是可区辨的，仅当它们有足够高的概率引起不同的反应，而这定义了区辨门槛。罗素在之后确实将不可区辨性的非传递性跟我们不可能做出精准的知觉区别关联起来。[72]遗憾的是，他从未坚定地将模糊边界现象与不具体性现象隔离开。

# 第三章　含混性的复兴

## 3.1　含混性与日常语言

罗素 1923 年发表的讨论含混性的文章引出了许多议题，而这些议题 70
在之后的争论中占有重要地位。不过，该文的影响却在之后才显现出来。从 1923 年（罗素发表《含混性》一文）到 1937 年［马克斯·布雷克发表《含混性：逻辑分析的运用》（“Vagueness：An Exercise in Logical Analysis”）一文］，讨论含混性的文章没有一篇是重要的，甚至一点意义都没有。[1]布雷克的文章引起了几个回应，而该议题从那之后仍持续着，即使回应不总是有来有往。虽然偶然性无疑在哲学史上扮演着举足轻重的角色，就像它在其他事物的历史上一样，但“对于含混性的讨论，1937 年比起 1923 年来，是一个更成熟的年份”这个说法并不是虚妄之谈。当罗素写出那篇文章时，哲学关心语言主要是因为语言是科学的媒介。那可能包含很大的使用范围，从报告观察到的数据到形构关于不可观察元体的数学理论。但它助长了将“含混的”作为一个垃圾箱范畴来使用，在那里，我们倾倒任何不满足精确度理想的东西，而没有仔细地检视。用不同的譬喻来说，含混性是噪声，而经由它，我们必须辨识出一个信号。到了 1937 年，哲学家开始发现日常语言本身就是值得关注的对象。日常语言之用法的不能还原的多样性被视为语言的主要特征之一，而从一种用法到另一种用法的随意同化被诊断为许多哲学难题的起源。语言在科学中的使用失去了特殊地位；对大多数其他用法来说，精确度理想看起来好像是不恰当的或有害的。含混性是日常语言之灵活性的一个先决条件。这个想法

71 跟一个更早的实用主义想法趋于一致：太多的精确度不是一件好事，即使在科学语言中也是如此，这会限制语言对新证据的可适用性。

为了研究被视为日常语言的一个正面特征的含混性，战场似乎已经被清理干净，而且的确出现了某种研究。不过，日常语言不仅提供了一个新主题，而且提供了一种新方法。一个领域进行哲学研究，就在于对适合该领域的语词日常用法做描述。因此，不是通过建构关于含混性的理论来研究含混性，而是通过描述“含混的”与相关语词的日常用法来研究含混性。在放弃确切性后，维特根斯坦讨论了“确切的”的用法。牛津大学哲学家 J. L. 奥斯汀（J. L. Austin）比较了“确切地”、“精确地”与“准确地”的用法；“若我用一把尺来测量一根香蕉，我可能会发现它是精确地 5 5/8 英寸长。若我用香蕉来测量我的尺，我可能会发现它是确切地 6 根香蕉那么长，尽管我不可能对我的测量方式要求任何精确度”[2]。奥斯汀的说明引出了“含混的”在不同语境中所遮盖的各种特征：粗略性、歧义性、不精确、缺少细节、普遍性、不准确、不完整性。正如他所说，“含混的”是含混的。[3]它的日常意义实际上是如此含混不清，以至于它只可能是最杂乱的研究对象。

描述“含混的”的用法不是描述含混语词的含混性。知道“堆”是含混的，这是不够的；它在什么方面是含混的？它含混到什么程度？对这些问题的一个回答，有一部分是对“堆”这个语词在日常用法上的描述。有人可能期待答案会在一个标准框架中被提出，使一个语词的含混性可以跟另一个语词的含混性相比较。该框架会在一个固定词汇中被清楚表达出来，而该词汇包含的语词经常会逐步发展出比日常的意涵更精确且具体的意涵，使含混性的不同维度可以保持独立。就像其他学科一样，哲学需要而且有资格拥有自己的专业术语。那是“含混的”已经变成的样子：它画出一个明确问题的界线，只因它已在哲学专业中被人为地，但合法地限制于模糊界线的例子。

一个标准的描述框架是一个早期的理论；它具体说明一个观点，而该
72 观点是被描述现象的重要维度。众所周知，维特根斯坦与奥斯汀不信任哲学理论，所以他们不建构理论，即使是这种折中理论。当然，那个时代的许多哲学家并没有受到他们的影响。若不是不成熟的哲学理论，奥斯汀自

己是允许理论的，只不过他把理论成熟的时期放得非常晚。① 维特根斯坦认为哲学理论是哲学难题的征兆，而不是难题的答案，不过这个想法本身就是他的哲学理论之一。他的著作总是受到理论上的顾虑所引导。这特别适用于他对家族相似性语词的说明，这是他在含混性研究上的特殊贡献，就像它适用于弗里德里克·魏斯曼受到维特根斯坦的影响而发展出来的一个相似概念——开放结构——一样。不过，当理论还必须在暗地里被建构时，理论是不会兴盛的。理论需要开放的环境，它在其中可以受到适当的批评。

理论需要更多的东西，以符合它的名字；它也需要问题。以这种方式，特别关注日常语言的实际用法，而不关注问题，几乎跟特别关注一种逻辑上完美的语言的可能用法一样，也有害于对含混性的研究。含混性问题从连锁难题那边获得它的急迫性。它们不可能在一种逻辑上完美的语言中出现，不过当它们确实出现在日常语言中时，我们可能经常对它们不屑一顾。基于实际的目的，“你必须在某个地方画界线；在哪里画界线其实不重要”这个说法相当适当地处理了大多数连锁悖论。当然，当问题涉及道德考虑时，我们还需要更多说明，就像在堕胎或安乐死的例子中一样，不过例子的重要性遮蔽了我们对一般性说明的需求（困难的例子造就了不好的法律）。形式逻辑标准在被运用于日常语言时会要求更多的东西：“在一种含混语言中，什么推论形式是有效的？”这个问题的精确且普遍的答案，被适用于这样语言的意义理论所担保。在 1925 年至 1965 年，讨论含混性的大多数文献受到一种安和氛围的影响，因为连锁悖论没有被严肃地看待。需要认真看待连锁悖论的想法，为晚近著作提供了趣味，尽管不太令人满意。有些哲学家注意到了这个需求，这些哲学家把日常语言视为一个已被理解的模型，把逻辑上完美的语言视为一个要去理解的模型。这样的组合在 1960 年代变得更为普遍，而语言学家诺姆·乔姆 73
斯基（Noam Chomsky）被视为一个先驱。本章即将讨论的著作有其他关注点。[4]

---

① 不同于维特根斯坦，奥斯汀仍允许理论，只不过他对理论的要求比较高：只允许成熟的理论，而成熟的理论可能需要更多的时间来酝酿与发展。——译者注

## 3.2 布雷克-亨佩尔争论

最早试图建构一个框架来为自然语言中的含混性做系统描述的，可能是布雷克在 1937 年发表的文章《含混性：逻辑分析的运用》。卡尔·亨佩尔（Carl Hempel）在 1939 年发表了一篇文章回应布雷克。两人之间的争论引出了关于含混性本质的基本问题。

罗素讨论含混性的文章为布雷克的文章提供了智识背景。不过，布雷克反对罗素将含混性分析为 1 对多的表征关系，也反对罗素毫不在乎地将所有含混语言（因此，所有实际语言）从逻辑论域中逐出。布雷克将含混性与普遍性和歧义性区分开。含混性在于“存在事物是本质上不可能去说讨论中的符号是适用或不适用”[5]。布雷克的意思是，因为都不是真的，所以都不能说，不只是因为都不可能知道。若含混性是界线的模糊性，则普遍性是封闭区域的广泛性；罗素的分析因为混淆了两者而遭到批评。此外，歧义性是另一种现象；我们可以通过提供一个替代语词来解决，但是这种做法不可能解决含混性。[6]罗素主张逻辑对含混表达式不适用，布雷克把这个主张视为逃避系统地描述自然语言的责任。他的目标是将含混性分析成一个正面现象，让沟通媒介不会因不相关的精确度而散乱，所以含混性适应于我们的需要，而不是一个单纯缺陷。

通过巧妙地论证“若经典逻辑的否定被运用于含混陈述句，则会产生不融贯”，布雷克将这个挑战变得更加尖锐。背后的想法是很简单的。做出一个陈述，就是排除某些例子。[7]因为一个陈述“$P$”不排除自己的边缘例子，所以“$P$”是正确地可断说的，且在这样的例子中为真。同样，这些例子也是“非 $P$”的边缘例子，所以基于同样的理由非 $P$ 也是正确地可断说的，而且为真。因此，“$P$”与“非 $P$”对边缘例子都是真的。此外，因为在经典逻辑的定义中，“非 $P$”被定义为真，当且仅当，“$P$”为假，所以“$P$”应该是假的，因此被排除在边缘例子之外，但这跟之前说的有冲突。

74 当边缘例子是讨论的对象时，有人可能质疑布雷克的“断言‘$P$’，就是排除某些例子，而不是积极地包含其他例子”这个假设。他不仅仅是归属这个假设给经典语义论，因为经典语义论已经被他先前对边缘例子的描述排除了；不会需要精致的论证。他攻击的对象不是以下这种观点：即使“$P$”是非真非假的，它的否定仍可以有为真这种经典性质，当且仅当，“$P$”为假。他攻击的对象是：支持这种观点的人应该不会同意布雷克的“断言‘$P$’，就是排除它的为假条件”这个假设。无论如何，若布雷克对含混陈述是非真非假的判断是正确的，则含混陈述就确实违反了经典语义论。

根据布雷克的观点，含混语言会陷入困境，通过在不明确关于程度的情况下，试图表达有程度可言的事。“他是高的”将高看作一件全有或全无的事。提议的解法是一套表示法，其中程度被明确表达。

通过论证含混性是客观的，而不是主观的，布雷克开始了他的解释：一个说话者断说“$x$ 是 $L$”的意愿依赖于 $x$ 是什么，而不只依赖于谁在断言，即使在 $L$ 是含混的时候也是如此。说话者是否愿意称一个人是“高的”，依赖于那个人的身高，而不只依赖于说话者的心情。对一个边缘例子来说，在同一时间，不同说话者之间将会有差异，而对同一个说话者来说，不同的时间点也会有差异，但彼此的差异会有统计上的规则可循。布雷克正是将这些作为解释的基础。

关键概念是 $L$ 适用于 $x$ 的一致性，其中 $L$ 是一个谓词，而 $x$ 是一个事物。这种一致性被定义如下：$L$ 被判断为适用于 $x$ 的个例数量，跟 $L$ 被判断为不适用于 $x$ 的个例的数量之间的比例。更精确地说，布雷克考虑了一个语言使用者被强迫在上述两个判断之间做选择的情境，并且将适用的一致性定义为在情境的数量无限增加时该比例的极限值，而且所有语言的使用者都被考虑进来。布雷克预期含混性的客观性能够确保该比例确实会收敛到一个极限值。若 $L$ 明确地适用于 $x$，则这个值应该会非常大，若 $x$ 是 $L$ 的一个边缘例子，则这个值接近 1，而且若 $L$ 明确地不适用于 $x$，则这
个值接近 0。例如，我们可以假设某个高度决定了将“高的”运用于任何 75
那个身高的人的适用一致性，并且实际上没有人愿意称一个身高低于 5 英尺（约 1.52 米）的人是“高的”，然后慢慢增加，当身高超过 7 英尺（约 2.13 米），该值会变大。[8] 适用一致性可以用一个关于高度的图表来表示。布雷克称最后得到的曲线为对“高”的**一致性轮廓**。相比之下，

对一个更精确的语词，像“至少 6 英尺（约 1.83 米）高”，一致性轮廓的曲线会上升得更陡峭；我们可以假设它的适用一致性低于 5 英尺 9 英寸（约 1.75 米）时是 0，而在超过 6 英尺 3 英寸（约 1.91 米）后变大。一个谓词越精确，它的一致性轮廓就越像一个直角。布雷克做了一个可疑的假设：对任何谓词 $L$ 来说，事物会按照一个相关的可量化维度（例如高度）来排列，并且布雷克使用一致性轮廓的形状作为 $L$ 之含混性或精确度的一个判准。[9]数学上的细节不应该遮掩以下这个基本论点，即一个符号的含混性会等于该符号运用的分歧。

布雷克说，含混符号 $L$ 可以被一个新的符号 $L$’取代，$L$’会有明确的适用程度。在旧语言中，我们说“$x$ 是 $L$”；在新语言中，我们说“$x$ 呈现 $L$’到程度 $c$”，而这相当于“$L$ 对 $x$ 的适用一致性是 $c$”。布雷克称 $L$’是对 $L$ 的分析。[10]不过，旧语言中的语句不可能被翻译成新语言中的语句，因为“$x$ 是 $L$”不蕴涵任何关于适用一致性的事情。例如，这不等于“语言的所有使用者运用 $L$ 于 $x$”或“语言的一半以上的使用者运用 $L$ 于 $x$”。虽然布雷克将符号使用上的正确性等同于“某组使用者之行为的统计核实”，即使他否认正确使用它的能力涉及其他使用者之行为的统计知识，但却有恶性循环的问题。[11]此外，新语句的意欲精确度与旧语言的含混性不匹配。$L$’不是对 $L$ 的一个纯粹分析。相反，$L$ 与 $L$’应该反映相同特征的出现或缺少，前者将之含混地视为一件全有或全无的事，而后者将之视为一件有程度可言的事。“一定比例的说话者称 $x$ 是‘高的’”这个陈述句是用来重复“$x$ 高到那个程度”这个陈述句的。一定比例的说话
76 者应该定义了非语言特征呈现的程度。布雷克的对一个含混对象语言的元语言，同时是该对象语言的精确替代语言。

布雷克的新语言的逻辑是非经典的，当语词的适用一致性不是无限大就是 0（实际一致同意）时，经典逻辑是一个特例。不过，即使当 $c$ 既不是无限大也不是 0，“$L$ 对 $x$ 的适用一致性是 $c$”这个语句也可能精确地为真（或为假）。适用一致性概念可能满足一些特殊原则，就像“相对高”这个概念满足如下特殊原则：若 $x$ 比 $y$ 高，而 $y$ 比 $z$ 高，则 $x$ 比 $z$ 高。不过，此类原则绝不会违反经典逻辑；它们只是附加上去的。或许旧的含混语言违反经典逻辑，但布雷克提供的原则针对的是新语言中的推论，而不

是旧语言中的推论。这些原则顶多针对新语言中关于旧语言之非经典语义的推论。虽然布雷克的说明混淆了新旧语言与背后的逻辑，但有几个论点仍可以讨论。

若 $L$ 是精确的，则要么 $L$ 适用于 $x$，要么 $L$ 的否定适用于 $x$；这是一种形式的排中律。若 $L$ 是含混的，则它的否定对 $x$ 的适用一致性跟它对 $x$ 的适用一致性仍是相互关联的，所以要么前者至少是 1，要么后者至少是 1；这是一种替代原则。[12]

布雷克也定义了谓词之间的蕴涵概念。若“鲜红的”与“红的”是精确的，则我们可以在下面的意义下说“鲜红的”蕴涵“红的”：对任一事物 $x$ 来说，若“鲜红的”适用于 $x$，则“红的”适用于 $x$。我们可以通过以下方式来改编这个，以适应语词的含混性：对任一事物 $x$ 来说，“鲜红的”对 $x$ 的适用一致性会小于或等于“红的”对 $x$ 的适用一致性。在一个这样的例子中，$M$（即“鲜红的”）的一致性轮廓完全在 $L$（即“红的”）的一致性轮廓的下方，布雷克说，$L$ 的区域包含了 $M$ 的区域。包含关系是传递的：若 $L$ 的区域包含了 $M$ 的区域，而且 $M$ 的区域包含了 $N$ 的区域，则 $L$ 的区域包含了 $N$ 的区域。若“非 $L$”的区域包含了 $K$ 的区域，则布雷克说，$L$ 的区域排除了 $K$ 的区域。举例来说，“红的”的区域排除了“绿的”的区域，若“非红的”的适用一致性从不低于“绿的”的适用一致性，而这在下列情况下会是真的：每个愿意称一个事物是“绿的” 77
的人，也会愿意称它是“非红的”；该事物被称为既是“绿的”也是“红的”这种异常情况被其他异常情况（该事物被称为“非绿的”以及“非红的”）平衡了。[13]

在许多例子中，包含概念的使用必须宽松一点。举例来说，假设 $x$ 在大多数但不是全部它被称为“明智的”的情况中被称为“聪明的”，这些例外不足以解释有一小群人以非标准方式来使用该语词。“明智的”的一致性轮廓可能大部分都在“聪明的”的一致性轮廓的下方，而只有很少的一部分在“聪明的”的一致性轮廓的上方。接着布雷克想说，在某种程度上，“聪明的”的区域包含了“明智的”的区域。他提议我们可以用数字来测量 $L$ 区域没有包含 $M$ 区域的程度，0 代表完全包含，而正数则代表其他情况。不同于完全包含，宽松包含不是传递性的，因为少量的不包含可能加起来会是一个大的不包含。尽管如此，我们可以用“$L$ 区域没有包含 $N$ 区域的程度不会大于 $L$ 区域没有包含 $M$ 区域的程度加上 $M$ 区域没有包含 $N$ 区域的程度”这个原则来取代传递性。[14]因此，从“$L$ 区域包含 $M$ 区域”与“$M$ 区域包含 $N$ 区域”所做的推论，前提出错的程度限制结论出错的程度。目前可以预期的是，推论会满足物理学家迪昂（Duhem）提到的洞见，布雷克引述如下：我们不仅需要那些“前提的确真保证结论的确真”的推论（演绎有效性的一般定义），而且需要“前提逼近为真保证结论逼近为真”的推论。

布雷克的说明需要“一种语言的使用者”这个适当概念，因为一个过宽或过窄的概念会对含混性或精确度做出错误的归属。若“红的”的一致性轮廓将色盲者的判断也考虑进去，则“红的”会变得比实际更加含混。通过使用语言使用者的倾向来定义适用程度，该问题会被强化将一个使用者定义为一个倾向于以一种大致与一个谓词事实上对一个事物的适用度相符的比例将该谓词运用于该事物的人，这是循环的。不过，布雷
78 克论证，这样的循环性是可以消除的。给定一个人与一个谓词，我们可以通过考虑该使用者在不同情境中运用该谓词的倾向，来建构一致性轮廓。在最简单的例子中，一个语言社群可以被定义为一群人，其中的每个人都有相同的一致性轮廓，而这一群人不被包含在任何更大的此类人群中。实际上，语言不会有清楚的界线；没有两个人会有完全一样的一致性轮廓，而且语言之间经由一系列对话而逐渐分不清彼此。我们可以说，一个语言社群是一群人，而这一群人不被包含在任何更大的此类人群中，其中每个成员都有逼近相同的一致性轮廓。这依赖于一个标准来判断“逼近相同”，而它的确立在某种程度上是随意的。它使语言社群概念更加宽松，但却不需要引进循环性。

虽然布雷克提到定义“一种语言的使用者”，但他真正需要的概念是“一个表达式的使用者”。关于“红的”这个语词，相关的社群包含耳背但视力正常的人，而不包含听力正常但却是色盲的人；关于“悦耳的”这个语词，情况则相反。[15]

布雷克最让人注目的主张之一是，含混性实际上可以通过实验被测量。他甚至宣布，应该假设一个实验来说明一个一致性轮廓的结构。83

位受试者被提供一堆有着不同长度与宽度的长方形，并且被要求将这堆长方形分成两组，将它们放到“似乎最自然的地方”[16]。毫不意外的是，不同的受试者做出了不同的分类，但是有些分类会比其他分类更适合。受试者的任务甚至不是构造一致性轮廓，因为受试者没有被给予一个谓词，也没有被问到他们会将这个谓词运用于哪一个长方形。他们被告知要进行分类，但却没有被告知要根据什么原则进行分类。[17]布雷克的实验只会阻碍进一步的实验。

布雷克将经典逻辑原则在一种含混语言中的失效解读为语言使用者的行为。亨佩尔用来反对布雷克的案例的中心思想是，布雷克的做法混淆了两个描述层次：在一个层次上，一个观察者甚至可以在不理解使用者的语言的情况下描述使用者的行为；在一个更抽象的层次上，语言可以被描述为一个系统，而该系统受到语法与语义规则的主宰。这两个层次之间的关系远远不是直接的。语言行为的许多层面跟作为一个系统的语言是不相关的，而且系统的规则不会是关于行为的经验归纳，因为行为通常会违反 79
规则。亨佩尔将从行为中抽象出一种语言与根据观察下棋来学习下棋规则做对比。观察者会注意到“在移动棋子之前，一位棋手通常会皱眉，若有所思的模样”，而且注意到“说出‘将军’这个语词的棋手一般会比他的对手更容易展现出愉悦的表情”，但这些规则不是下棋的规则。[18]现在，一个一致性轮廓是一个行为上的规则性，尽管一种语言的逻辑依赖于该语言的语法与语义。因为被布雷克视为含混性来源的现象，正是那种从语法与语义抽象而来的现象，所以他没有显示含混性会对逻辑造成任何改变。我们若检查语言的实际使用，则会观察到以各种方式被违反的逻辑的标准原则：不过，这些原则不会因此而被反驳，就像下棋规则不会因为被新手或作弊的人违反而被反驳。一旦我们已经抽离到足以讨论逻辑，我们就可能已经远离了含混性。

亨佩尔在莫里斯（C. W. Morris）的一般符号理论的框架中形构了自己的论证。对莫里斯来说，一个符号的使用至少涉及三个因素：符号本身、符号指涉的事物以及符号的使用者。一个严格的符号学语词，其定义必须涵盖这三个因素；相较之下，一个语义学语词，其定义可以仅涵盖前两个因素，而不提及符号的使用者。通过一致性轮廓来定义的含混性，是一个严格的符号学语词，而不是一个语义学语词。逻辑有效性概念是一个语义学概念。严格来说，布雷克的含混性跟逻辑是不相关的。

亨佩尔考虑引进一个语义学的含混性概念，而这个概念跟逻辑是有关的。有前例是一个严格的符号学语词，同时也有语义学的相似物：“说话者群组 $z$ 通过法文语词 $x$ 来指称性质 $y$”这种严格的符号学三位关系与“法文语词 $x$ 指称性质 $y$”这种语义学的二位关系类似，其中第三个因素被取消了（之后，“指称”总是在语义的意义下使用的）。我们可以对含混性做一样的事吗？亨佩尔不否认，“说话者群组 $z$ 运用语词 $x$ 于事物 $y$”这种严格的符号学三位关系与“运用语词 $x$ 于事物 $y$”这种语义学的二位
80 关系类似。他也不否认，严格的符号学关系是**可分级的**：它有程度可言。问题在于，语义学关系是否也可分级。

根据亨佩尔的看法，一个谓词适用于一个事物，当且仅当，前者指称后者所具有的一种性质。“chaud”适用于太阳，因为它指称“热的”这种性质，而且太阳具有该性质。他将“持有性质不是可分级的”这个想法视为理所当然的。[19]因此，对谓词来说，若语义学的适用关系是可分级的，则必定是因为指称是可分级的。至于专名与其他单称语词，亨佩尔将适用等同于指称；若前者是可分级的，则后者自然也是。现在的问题是，一种语言能否使用一种可分级的指称关系。亨佩尔构想了一个例子。名词“sol”指称太阳到 0.7 的程度；形容词“cal”指称“热的”这种性质到 0.9 的程度。若名词“$a$”指称事物 $a$ 到 $\alpha$ 的程度，而形容词“$B$”指称性质 $B$ 到 $\beta$ 的程度，则语句“$a$ esti $B$”指称事态“$a$ 具有性质 $B$”到 $\alpha\times\beta$ 的程度。举例来说，语句“sol esti cal”指称事态“太阳是热的”到 0.63 的程度。不过，亨佩尔论证，一个这样的语句不可能被翻译成英文。特别是，“太阳是热的”不是“sol esti cal”的确切翻译。可能是因为“太阳是热的”指称“太阳是热的”这个事态没有到小于 1 的程度，所以不会是任何指称该事态到少于 1 的程度的语句的确切翻译。因为该语句不可能被翻译成英文，所以“它不会是用平常意义解读的语言”[20]。因此，亨佩尔否认指称关系是可分级的。因为不会有语义学的含混性概念，所以含混性不会使经典逻辑是无效的。

在回应亨佩尔时，布雷克同意，原初文章中的含混性概念是严格的符

号学概念，但他反对亨佩尔的一个论证，该论证被用来驳斥一个类比的语义学概念的可能性。[21]特别是，他否认一种具有可分级指称关系的语言不能被翻译成英文。因为“sol esti cal”指称“太阳是热的”这个事态到很高的程度，所以“太阳是热的”是一个适当的翻译，尽管只是逼近适当。该语言的某些部分甚至可能抗拒这种翻译成英文的方式，但为什么英文不应该通过需要用来协调它们的术语而被推扩呢？一个语义学的含混性概念 81
既是可欲的，也是可能的。因此，含混性可能会要求逻辑的改变。虽然我们可以试图通过让我们的语言更精确以保留经典逻辑，但这不是一个有希望的策略。布雷克虽然承认逻辑总是从语言实践中抽象出来的，但认为经典逻辑涉及过度的抽象。

布雷克与亨佩尔之争论的一个有趣特征是，双方都愿意假设英文没有一种可分级的指称关系。若英文有这样的关系，则相当自然的是，至少将一种具有可分级的指称关系的语言精确地翻译成英文是不会有问题的。不是英文与其他自然语言的含混性一开始就将指称关系分级了吗？

混淆的来源可能在于用英文来讨论英文的语义学。“热的”如何可能指称“热”这种性质到少于1的程度？不过，“热的”仍是含混的。我们可能说，它指称“热”这种性质到1的程度，但若性质是精准的，那为什么布雷克应该接受“热的”挑出了一种独一无二的性质？若他必须用一种精确语言来陈述它的指称，则他可能得说它指称不同的性质到各种程度。精确语言不包含“热的”的同义词，正是因为“热的”是含混的，不过它仍可以为语词与世界之间的关系提供一个更清楚的观点。因此，亨佩尔用来反驳“可分级的指称关系的可能性”的论证看起来不是可信的。我们也可以接纳布雷克的批评：若我们可以通过直接的途径来学会一种具有可分级的指称关系的语言，则我们不需要把它翻译成我们已有的词汇。[22]

当布雷克对含混性的说明被解读为一种严格的符号学描述时，亨佩尔更加同情布雷克。跟皮尔斯与布雷克一样，亨佩尔将含混性等同于一种用法差异，亦即不同说话者之间的差异，以及同一位说话者在不同时间的差异。他论证到：这两种含混性已经呈现在“60千克”这个出现在秤重器上的信息中，而且所有语词——即使是逻辑语词——都不可避免地是含混的，特别是因为语词是从使用它们的个例中学来的。[23]

必须将纯粹的含混性与其他种类的用法差异区分开。亨佩尔轻描淡写
82 地论及这个问题。即使将骗子与其他异常的人从言语社群中驱逐出去，剩下的成员仍不是完美无缺的。在定义“适用一致性”时，布雷克提供了一个示范式情境：“在一个雾茫茫的夜里，一位火车司机……试着判断信号箱中的灯是否真是红灯，或者绿灯。”[24] 若 $x$ 是绿灯，则雾使司机员误判 $x$ 是红灯的情境将会让“红的”对 $x$ 的适用一致性不为 0。布雷克的分析将这当作“红的”之中的含混性，而 $x$ 在某种程度上被视为“红的”的边缘例子，即使 $x$ 可能是“绿的”的一个典型例子。对“红的”来说，此问题相比之下是有限的，因为红色事物通常看起来是红的，而看似红的事物通常是红的，不过布雷克的分析意图涵盖所有的谓词，而不只是观察的谓词。举例来说，对 $y$ 是不是间谍有不同的广泛意见，会使 $y$ 是“间谍”的一个边缘例子，不过 $y$ 可能是一位诚实的局外人，或者是一位间谍大师。布雷克的统计调查必须被局限于受试者知道“全部事实”的情境——而且受试者能够整合这个知识（信息的泛滥可能导致错误）。不过，全部事实的知识不是一个被定义在行为上的条件；实际上，可能根本没有好的定义。若有人尝试详细地想象实现布雷克的计划会是什么样的，则这样的问题会增加。含混性当然无法用行为语词来掌握。

适用一致性被证明是一个非常含混的概念。我们很难同意布雷克的以下主张：通过说它，我们可以让我们的语言更精确。[25] 亨佩尔对布雷克还原含混性的方法与科学家还原含混性的方法做了不适当的对比。科学家会用“$x$ 的温度是摄氏 $t$ 度”来取代含混语句“$x$ 是热的”，而前者可以通过温度计中水银柱的上升或降低来测量。布雷克用“‘热的’对 $x$ 的适用一致性是 $c$”来取代“$x$ 是热的”，而前者必须通过一个语言使用的统计调查来测量。若讨论的是取代，而不是分析，则科学家所用的方式看起来更有效。[26]

布雷克在 1963 年的一篇文章中修正了立场。他在这篇文章中不再提及一致性轮廓以及其他统计词汇；不再提议修改逻辑，即使经典逻辑对连锁悖论的适用被认为违背了我们意图保留的概念弹性，而边缘例子被描述成那些排中律不适用的例子。不过，布雷克主张，这样的例子不构成排中
83 律的例外；那些例子跟排中律是不相关的。[27] 逻辑不被意图（被谁意图?）适用于边缘例子。逻辑规则的适用性本身没有被一个规则所详细说明，我

们必须使用判断去决定。[28]没有一个确切的点，逻辑规则从那里开始变得不适用的。逻辑规则被视为经验法则，是在缺乏支持反面的好理由时应该遵循的法则。布雷克的态度可以跟弗雷格的态度做比较。两人都主张将逻辑运用于一种含混语言会得到不融贯，并且这不是逻辑中的一个瑕疵。不同于弗雷格，布雷克主张那也不是语言中的一个瑕疵：我们乐于妥协。尽管将逻辑运用于一种精确语言不会导致不融贯，但布雷克已经对是否有一种精确语言丧失了兴趣。对于这样的悲观主义，唯一具有说服力的回应是，连锁悖论会有一个正面的且逻辑上严格的解法，即显示连锁悖论涉及不为真的前提，或靠不住的推论。

布雷克后来的立场默默地让步给亨佩尔的一个重要的方法论论点。当逻辑难题利用了含混性时，这些难题不会因为选择了某个适合含混性的特殊非经典逻辑系统而得到解决，而是通过对逻辑系统与语言学实践之间的非直接关系的一个更好的一般性理解来解决。若那是从布雷克-亨佩尔争论中得到的特殊教训，则我们并未广泛地学到这个教训。

该争论引发了关于意义与使用之关系的更广的议题。布雷克试图将语义学描述还原为对用法的描述。语义学描述是规范性的，它们将语言使用归类为正确或不正确。布雷克对使用的描述是非规范性的。实际上，他试图将规范性事物还原为非规范性事物。他的尝试是失败的。可以争论的是，任何这样的尝试是否一定会失败。将意义与使用关联起来的尝试很难持续，除非已经用规范性语词来描述使用，而这是晚期日常语言学派哲学家愿意做的事。他们的“我们说的东西”这个概念是我们社群中的一个正确使用的概念，而不是统计学的东西。借助对使用的非规范性描述来分析含混性，就像对真值度进行统计说明一样，误解了意义与使用之间的关系。

## 3.3　家族相似性

维特根斯坦《哲学研究》（*Philosophical Investigations*）的第一部分可 84
以被解读为，对他的《逻辑哲学论》（*Tractatus Logico-Philosophicus*）进行了一种实质批判，特别是其中的“根据《逻辑哲学论》中的标准，分析必定揭露日常语言是逻辑上精确的，尽管表象上不像是精确的”这个主张。我们可以说维特根斯坦否认形式逻辑是自然语言的一个模型，这受制于两个条件：

（a）没有替代模型被提出：维特根斯坦批评的想法是“任何少于一种自然语言的东西，是自然语言的一个哲学上合适的模型”。因为没有东西像我们的语言那样具有如此的穿透到我们生活中的多样性，而且这个穿透在哲学上是重要的。维特根斯坦不否认自然语言的某部分通常可以被模型化；实际上，他自己提供了这样的模型。不过，这样的模型若被运用得太过广泛，则会失败。这指出的不是一种隐藏的统一性，一种语言必定运作的方式，而是指出一种语言可以运作的方式；该模型呈现出语言那个部分与其他部分之间的差异。

（b）虽然《逻辑哲学论》确实将形式逻辑作为自然语言的模型，但该模型不仅理想化了形式逻辑，而且理想化了自然语言。“当然，因为逻辑的晶莹纯净性不是研究的一个结果：它是一个必要条件。”（PI § 107）《逻辑哲学论》将晶莹纯净性强加给形式逻辑与自然语言。在逻辑方面，有时它是一个适当目标，但毫无疑问从未被完全实现。即使在实际上最好的机器中，部分也可以弯曲、分离或融化。（PI § 193）《逻辑哲学论》犯了一个双重错误，亦即向所有语言对规范性条件做普遍化，并误以为那是一种对必然如此的描述。[29]

我们的日常语言如实际的样子正常运作，即使不满足《逻辑哲学论》中的条件。特别是，它达不到精确度理想。不过，我们总是说得不确切，这并不是确切的说法，因为“确切的”本身是我们日常语言中的语词，而可以按日常语言的标准来回应。什么算是“确切的”，依赖于相关目的；人们有时会在确切的时间（整点）用餐，无论实验室的结果可能呈
85 现什么。“没有单一的确切性理想曾被确立。”（PI § 88）同样的情况也出现在精确度上。所有语言都是含混的，这是一种错误说法，因为某物是含混的，仅当它不符合相关目的所设立的标准。[30]无论如何，有一个可辨识的方向能够满足《逻辑哲学论》中的理想。在《哲学研究》中，家族相

似性模型说明了一个语词如何可以在不满足那些条件下成功地发挥功能。

维特根斯坦论证的是，各种可以被适当地称为“语言”的现象彼此根本没有共同点，而且这并不会让“语言”这个语词变得无意义或有歧义。（PI § 65）因此，他在两个层次上削弱了《逻辑哲学论》中的模型。语言现象若没有共同点，则特别不会有《逻辑哲学论》中所言的共同点。同时，“语言”这个语词本身跟《逻辑哲学论》中的模型有不相容之处。通过使用“游戏”与“数”这两个语词（而不是用“语言”这个语词）来发展论证，维特根斯坦避免了两个层次之间彼此影响而容易产生的混淆。

游戏之间没有共同特征。娱乐、输赢、玩家之间的竞争、技巧、运气，这每一种特征在某些游戏中都是缺失的。一个游戏的概念不可能被分析为“$x$ 是一个游戏”的一个必要且充分条件。相反，游戏彼此间有相似与不相似之处，就像家族成员之间那样。“我们看到一个错综复杂的、相互重叠交叉的相似关系的网络：有时是总体上相似，有时是细节上相似。”（PI § 66）数的概念也是一样：不同种类的数（整数与分数、有理数与无理数、实数与复数、有穷数与无穷数）彼此之间没有共同特征。“为什么我们会称某些东西是‘数’？也许是由于它同某些一向被叫作数的东西具有一种直接的关系。这可以说就使它同那些被我们以同样方式称呼的东西具有一种间接的关系。”（PI § 67）

一个家族相似语词的意涵具有一种动态的性质，因为它合法地适用的范围可以随时间而增加。在一个给定时刻，该语词可以被合法地运用于某个先前从未被运用于的事物，而该事物与那些该语词已经被普遍运用于的事物足够相似。一旦做出进一步的运用，未来的合法适用范围就会相应地加大。让我们简要地说明这个论点，假设：在时刻 $t$，活动 $x_0$，…，$x_i$ 是 86
唯一被称为“游戏”的事物；$y_0$，…，$y_j$ 中的每个活动与 $x_0$，…，$x_i$ 足够相似到可以被合法地称为一个“游戏”，但尚未被如此称呼；基于那个目的，活动 $z$ 不与 $x_0$，…，$x_i$ 足够相似。现在又假设：在 $t$ 之后的一个时刻 $t^*$，$y_0$，…，$y_j$ 已经被称为“游戏”；相当可能的是，$z$ 与 $y_0$，…，$y_j$ 足够相似到可以被合法地称为一个“游戏”，就像 $y_0$，…，$y_j$ 曾经历的。于是，在 $t^*$ 之后称呼 $z$ 是一个游戏是合法的，但在 $t$ 之前则是不合法的。在一个语词的合法运用范围上，这样的改变可以凭借一系列合法运用而发生。这个过程的合法性使我们很自然地认为一个意涵会随时间而发展，而不是说，一个单一语词先具有第一个意涵，然后获得另一个意涵。根据这个观点，一个游戏的概念经历改变之后仍存在。[31]

家族相似性概念的动态性质使它们不能被分析为精确概念构成的析取句。若 $F$ 与 $G$ 是精确概念，则它们所构成的析取句也是精确概念，即使对每个是 $F$ 或 $G$ 的东西来说，彼此之间不需要有一个共同特征。若我们通过一份清单（“板球或棋或围起来唱歌或……”，这份清单的后面实际上被填满）来定义“游戏”，则它将不适用于任何没有被列在清单上的新活动，不管新活动与那些被列在清单上的活动有多相似。那不是我们使用该语词的方式；我们会简单约定一种新的意涵给它，这种新意涵会更精确但没那么具有弹性。我们概念的外延不是“被边界封闭的”（PI § 68）。为了解释我们的概念，我们必须让清单后面的点是开放的。

家族相似性本身不构成含混性。[32]尽管如此，家族相似性概念还是明显受到边缘例子的影响。跟之前的例子要有多相似，才足以使某东西是一个游戏？同一种语言的说话者，在相似性的判断上以及在前例的承继关系上不免有点差异。“游戏”这个概念具有模糊边界。（PI § 71）这种模糊不会影响概念的成功运行。维特根斯坦将弗雷格对一个含混概念的比喻，转变成一个对弗雷格不利的具有模糊边界的区域，因为指出这样的区域不总是无用的。“边界大致在那里”这个要求可以被清楚地实践。我们面对的敌人不会使用我们概念中的任何鸿沟来逃跑。[33]

87 家族相似性概念看起来像是容易受到连锁悖论的影响，但事实上是积极地迎接它们。什么东西阻止了我们不逐渐扩展一个游戏的概念到我们挑选的任何活动，例如一场核战争？在每一个阶段，概念的崭新运用都会与先前的运用足够类似，以使新运用是合法的，甚至是清楚地合法的（当前的连锁推论相当不同于使用了“充分相似”之含混性的连锁推论）。维特根斯坦没有讨论这个问题。他或许会说，该概念会有问题，仅在我们确实做出了这样的扩展时，而不是在我们可以做出这样的扩展时。不过，有任何概念上的障碍会阻止这样的扩展吗？

通过“任意两个游戏应该彼此充分相似”（任意两对游戏不需要在同一层面相似）这个要求，该悖论会受到阻挡，而充分性则是由说话者的判断来决定的。不过，一个这样的要求违反了维特根斯坦的家族相似性说明。所以，“任何游戏应该与一个典型的游戏充分相似”（再次强调，对任意两对游戏来说，不需要在同一层面相似）这个要求也违背了维特根斯坦的说明：没有游戏有那样的特权地位。若有典型游戏，则会有许多种典型游戏，而“典型游戏”本身会是一个家族相似性语词，会受到自身招致的连锁悖论的威胁。我们不会想要借助典型的典型游戏来阻挡一个关于典型游戏的悖论。

一个比较有希望的建议是，一个家族相似性概念的否定也是一个家族相似性概念。若在 $x$ 与那些过去曾被合法地否认是游戏的东西充分相似时否认 $x$ 是一个游戏是合法的（就像在 $x$ 与那些过去曾被合法地断言是游戏的东西充分相似时合法地断言 $x$ 是一个游戏），则支持扩展家族相似性概念的人与支持扩展家族相似性概念的否定的人应该彼此处于拉锯状态。均衡会通过双方的紧张关系来维持，因为合法断言的条件与合法否认的条件可能被同时满足，但我们可以预期边缘例子的一个无人区域，亦即该区域不被包含在合法断言中，也不被包含在合法否认中。根据一个更复杂的理论，紧张关系可能介于“游戏”与各式各样具体的相反概念（例如“战争”）之间，而不是介于“游戏”与它的矛盾词“非游戏”之间。基础论点仍成立。一个连锁悖论会被阻止，当它跟一个反向进行的悖论有冲突时。

在解决连锁悖论时，那个说明不会打动一位逻辑学家。它并未说明哪 88
些活动是游戏。尽管如此，它提供了一种运用家族相似性概念的手段，而家族相似性概念可能在实际上阻止悖论的出现。从《哲学研究》中的立场来看，我们可以要求更多吗？[34]我们没有资格假设连锁悖论会有一个一般性解法。不过，即使在特殊例子上，困难问题也会出现。面对由“游戏”导致的特定连锁悖论，我们可以问：在这些东西当中，有多少是游戏？家族相似性模型可能没办法解释为什么那是一个坏问题，而且可能也没意图解释为什么那是一个坏问题。

维特根斯坦不主张所有含混概念都是家族相似性概念。他指出，通过在不同事物中看到共同点，我们确实会获得某些概念。我可能通过看到几块那个颜色的东西而学到“黄赭色”的意义。以相当不同的方式，我可能把蓝当作浅蓝与深蓝共同的色度。（PI § 72）根据某些标准，“蓝的”

是含混的，因为它有边缘例子，但那不会使它是一个家族相似性语词，因为蓝的所有色度在同一个层面彼此相似。

维特根斯坦处理家族相似性的方式跟通常归属给他的某种唯名论不一致。根据那个观点，不同事物的共同特征就是同一个语词，被合法地运用于所有事物；唯一的相似性标准是一个语言学标准。若一个家族相似性语词对不同事物的合法运用不蕴涵一个共同特征的呈现，则唯名论者的观点就是假的。

该论证可以从语词转换到概念。维特根斯坦处理家族相似性的方式跟某种概念论不一致，而根据该种概念论，不同事物的共同特征就是同一个概念，被合法地运用于所有事物，唯一的相似性标准是一个概念标准。若一个家族相似性概念对不同事物的合法运用不蕴涵一个共同特征的呈现，则概念论者的观点就是假的。

维特根斯坦将一个家族相似性概念比喻为一条由重叠纤维构成的线，
89 其中没有一条纤维能穿过它。（PI § 67）个别的纤维代表纯粹的共同特征，线条则不代表。不过，这不代表共同特征完全独立于人类的认知能力，因为维特根斯坦提到我们可以认知到共同特征。他的论点是，对一个共同特征的认知，是比哲学家通常准备承认的还要更具体且有限的一个现象，或一组现象。它的出现违背了既有的概念框架，并且不可能提供概念习得的一般性说明。

家族相似性模型的论点是负面的。它被意图削弱某些语言概念。它不算是一个正面的含混语言概念。相同的是，它没有呈现期待有这样的一个说明是不正当的。该说明可能是可期待的，不是因为它会为我们的语言提供某种它不可能具有的基础，而是因为我们若没有它，就会缺乏一个关于连锁悖论的清晰观点。

## 3.4 开放结构

含混性的可能性对弗里德里克·魏斯曼的语言概念很重要，而他的想法是在维特根斯坦的影响下发展的。就像维特根斯坦一样，他强调语言的异质性（heterogeneity）。但与维特根斯坦不同的是，他明确地将含混性理论化了。这两点会彼此影响；举例来说，魏斯曼根据物理事物的语言与感觉印象的语言之间的对比来讨论含混性。因此，或许他从未精准聚焦于含混性现象本身。

维特根斯坦与魏斯曼两人都受到1930年代逻辑实证论者的一个论点的冲击，该论点将一个陈述句的意义等同于对该陈述句的验证方式。举例来说，一个“那是一只猫”这样的经验陈述的意义可以被那种等同于那种确凿地验证它的经验。对一个数学陈述句来说，验证方式会是那种所需要的证明。“上帝是爱”这样的形而上学陈述会被视为无意义的而不被理会，因为它们没有验证方式。因为一个验证是由语言的说话者所实行的，所以实证理论承诺将一种语言的语义学固定在使用语言的实践中。不过，这个计划的严重困难很快就出现了。若“那是一只猫”的意义被那种确 90
凿地验证它的经验完全展现，则我们可以预期它可以被翻译成关于那些经验的一个陈述句，但没有人可以提供一种称得上可信的翻译。

魏斯曼试图描述意义与验证之间的一种更微妙的关系。根据他的观点，经验陈述句从未被确凿地验证，原因有二。第一，虽然有限的经验提供了够好的证据来支持“那是一只猫”这个断言，但经验在逻辑上从来就不足以支持该断言为真；原则上，我们总是可能被证明是邪恶实验室或迷幻药的受害者。第二，假设所有相关经验（无论是未来的还是过去的），在某种程度上都是被给予的。这些经验仍可能在逻辑上不足以决定“那是一只猫”的真假。魏斯曼不会想到下列怀疑论的可能性：我的所有经验可能是一个邪恶魔鬼的作品，而该魔鬼给予我支持“那是一只猫”为真的最好的经验证据，尽管实际上使得那个陈述句为假；魏斯曼并未假设该陈述句的真假值可以超越所有可能的经验证据。相反，他指向了一些例子，在这些例子中，经验发生了一个未预期的改变，对陈述句的意义不提供支持。像猫的事物消失变成了稀薄的气体，然后某个像它的东西再次出现；它变得相当巨大，或者是死而复生。我们对“那是一只猫”的理解没有为我们提供一个基础，在这个基础上我们可以在这样的一个例子中的陈述句与其否定之间做出选择。既没有被验证，也没有被证假；相同的是，魏斯曼假设它非真非假。当一个概念（例如“猫”）以这种方式没有为每个例子提供支持，魏斯曼就说它有**开放结构**（open texture）。[35]

我们大多数的经验概念都有开放结构。相较之下，数学概念有封闭结构；它们事先就为所有可能的例子提供了支持。[36]魏斯曼没有将含混性等同于开放结构。他认为：一个概念是含混的，仅当不合法例子实际出现了；该概念会有开放结构，若不合法例子可能出现。开放结构是“像含混性的可能性的东西”[37]。所有含混概念都有开放结构，但若我们可以想象出支持一个像“金”概念的概念的不合法例子，则该概念就可能在没有含混性的情况下具有开放结构，不过这些例子从未实际出现。含混性可能被约定而移除，因为它们仅需涵盖实际例子。开放结构可以被约定还
91 原，但不是被整体移除，因为我们无法预见所有可能出现的不合法例子。即使我们可以预见，仍可能增加，我们用来做出约定的那些语词本身会具有开放结构。

魏斯曼试图使用关于物理事物的陈述句的开放结构，以解释为什么它们不能被翻译成关于经验的陈述句。相似的是，他试图使用归属于心理性质的陈述句的开放结构，例如“她是聪明的”，以解释为什么它们不能被翻译成关于行为的陈述句。不过，这些的解释是不完整的。一个有开放结构的陈述句可以被翻译成另一个有开放结构的陈述句。关于经验的陈述句与关于行为的陈述句也都有开放结构。魏斯曼需要证明的是：一个关于经验的陈述句的开放结构不可能等同于一个关于物理事物的陈述句的开放结构，一个关于行为的陈述句的开放结构不可能等同于一个关于心理性质的陈述句的开放结构。不过，他没有证明出上述两件事。

开放结构的想法也被意图去缓和许多哲学上的二分，最著名的就是分析命题与综合命题之间的二分。像“所有兄弟都是手足”这样的分析真理被认为是因为它们的意义而为真；像“所有兄弟都会死”这样的综合真理还需要世界的贡献，跟需要语言的贡献一样。在开放结构面前，我们可能会预期这个区分不是精准的。不过，有两个这类主张需要被区隔开。一个平凡的主张是，就像大多数其他语词一样，“分析的”与“综合的”具有开放结构；一个陈述句可以在两者之间的边缘地带。一个较有争议的主张是，在对象语言中的开放结构蕴涵元语言语词“分析的”与“综合的”中的开放结构；相较于魏斯曼所提供的论证来说，它会需要一个更精致的论证。不过，这两个主张都蕴涵语义关系不是一件全有或全无的事。[38]

在含混性出现时，排中律适用吗？魏斯曼根据对感觉印象的描述来考虑这个问题，这种描述通常需要含混语词。[39]我凝视夜空；我可以说，我看到许多星星，但我不可能说看到多少颗星星。强调我那时或者看到735颗星星，或者没看到735颗星星，这是没有意义的，魏斯曼提议：我们若想要坚持排中律，则可以坚持，但这么做没有意义。[40]一个析取句是值得断说的，仅当我们知道如何让自己能够断言其中的一个析取项；我不知道 92
如何对“我那时或者看到735颗星星，或者没看到735颗星星”这个析取句做到这件事。魏斯曼将意义与验证联系起来的观点似乎没有为任何一个将被验证为真的析取项留下空间。

如同魏斯曼所指出的，该例子挑战了我们通常对含混性所做的假设。我们预期排中律会对含混陈述句失效，而不是对精确陈述句失效；在此，排中律对“我看到735颗星星”这个明显精确的陈述句失效，而不是对“我那时看到许多星星”这个含混陈述句失效。我们预期含混性是描述中，而不是存在于被描述的事物中；在此，反过来的情况似乎是成立的。这里发生了什么？

魏斯曼似乎将几个关于排中律的不同疑虑混在了一起：

(1) “那时被我看到的星星”这个词组可能有边缘例子：例如，处于可见范围边缘的星星。这只是关于含混性的一般性问题的一个特例，它并没有显示感觉印象的本质。毕竟，“我那时看到735颗星星”不是一个完全精确的陈述句。

(2) 魏斯曼强调“我那时看到”（I saw）中的过去式动词。距离看到时的时间已经太久而不可能计算星星的数量。若关于过去的陈述句的意义是通过我们验证它们的方式来解释的，则可能的结果是一个关于过去的反实在论观点，即过去仅存在于现在的痕迹中。根据这个观点，我们记忆的不具体性与含混性对应于过去的不具体性与含混性本身。排中律可能对过去时态的陈述句失效，无论这些陈述句是否与感觉印象相关。我可能知道我那时看到所有（而且仅有）那些将光投射到我眼中的星星；排中律若对“我那时看到

735 颗星星”失效，则也会对“735 颗星星将光投射到我眼中”失效。不过，魏斯曼不提倡一种关于过去的普遍化的反实在论，而且他没有说任何让该立场是可信的话。宁可将之视为意义验证理论的一个**归谬证明**（reductio ad absurdum）。[41]

（3）“我那时看到 735 颗星星”可能被认为意指“我那时看到有 735 颗星星（在夜空的那个区域）”。可能不会有一个数 $n$ 使我那时看到有 $n$ 颗星星。我同样可能不会看到没有 735 颗星星。我的视觉信息是不完整的。不过，这不会威胁到
93 排中律。因为根据这个解读，“我那时看到 735 颗星星”的否定不是“我那时看到没有 735 颗星星”，而是“我那时没看到 735 颗星星”，而这明显在设想的例子中是真的［我们不再考虑问题（1）］。

感觉印象可能对排中律造成一种特别的威胁，但魏斯曼没有说明它们是如何造成威胁的。尽管如此，他对该议题的讨论仍暗示了一个更好的论点。我那时看到夜空有许多星星。若我视觉印象的内容是我在那个意义下看到的东西，则视觉印象本身——不只是我们对它们的描述——可以是含混的。若视觉印象是表征，则这不会跟罗素的论点“只有表征是含混的”矛盾。我的视觉印象将夜空表征为包含许多星星。实际上，魏斯曼论证，因为我们的视觉印象具有含混内容，所以我们需要用含混语言来报道它们。这跟下列论证相近：因为人们使用含混语言，所以需要含混语言来报道人们所说的事情。这个论点不是琐碎的；对“所有真理都可以用精确语言来陈述”这个想法来说，这是一个严重的困难。信念、欲望、意图与其他心理状态也具有含混内容，如何用一种精确语言来完全地描述这些内容呢？

在报道感觉印象的时候，含混语词有时表现得比精确语词更好，但通常含混语词与精确语词都不是适当的。虽然“夜空有许多星星”可以正确地回答“当时他看到了什么？”与“当时他说了什么？”这两个问题，但它可以用某种方式完整地回答后者，却不可以用这种方式完整地回答前

者。实际上，一个被适当挑选出的子句**重现了**当时说的话，但不可能重现当时看到的景象。感觉印象的内容甚至不可能被完全概念化。那不会削弱上述论证。特别是，一个有着完全或部分未概念化内容的感觉印象仍可能是含混的，若它的内容可以被视为知觉信息。当然，该信息会是不完整的，即跟多于一个的可能事态明显相容。举例来说，我对夜空的印象无法决定星星的精确数量，但那是一种不具体性，而不是含混性［对照之前的（3）］。无论如何，该信息也可能是纯粹含混的，即跟某个可能事态既不是明显相容，也不是明显不相容。例如，有个数 $n$，既使我看到至少有 94
$n$ 颗星星是不清楚的，也使我没看到至少有 $n$ 颗星星是不清楚的［对照之前的（1）］。

有人可能会认为，在重现一个视觉印象的内容时，一幅图画胜过千言万语。这不是魏斯曼的观点。他认为图画是精确的，而且在那个层面上，比含混语词更无法传达一个含混印象。若必须使用图画，则我们会需要好几幅，而印象在其中会是不确定的。某人呈现了画着不同数量的星星的图画，并且每次都说“当时看起来大略像是那样”。魏斯曼的论证可能低估了图画的能力。一幅关于夜空的印象派图画，可以让星星的数量是含混的，甚至夜空的颜色也不会通过许多颜色的点缀而被精确地具体描绘。若有更深层的理由来说为什么图画中的含混性与不具体性跟视觉印象中的含混性与不具体性不匹配，则魏斯曼并未说明。因为他没有区分图画的表征式性质与非表征式性质，所以他可能被图画的具体的、物理的非表征式性质与视觉印象的含混的、不具体的表征式性质之间的对比所误导，因为我们不清楚视觉印象的非表征式性质是什么。

根据魏斯曼的观点，一个视觉印象可以被不同的图画同样粗略地传达，所以可以被彼此不同甚至彼此不相容的精确描述同样粗略地传达。只有那些描述构成的集合，适当地描述了该印象。因此，他试图将一种讨论感觉印象的逻辑建构为一种命题集合的逻辑。若此类集合中的任何一个命题都是真的，则该集合本身被算作真的；若此类集合中的任何一个命题都是假的，则该命题本身被算作假的。一个集合会被它的任何一个子集合所蕴涵。到目前为止，有人可能会认为元素是“$P$”，“$Q$”，…，“$Z$”等命题的集合，就是“$P$ 或 $Q$ 或…或 $Z$”这个析取命题，但魏斯曼反对这个观点。他对析取句采取经典逻辑立场：一个析取句为真，仅当至少它的一个析取项为真。相较之下，他会认为，某些集合是真的，当它们的所有元素在真假值上都是不确定的（或有些是不确定的，有些是假的）。举例来说，“我那时看到许多星星”这个语句的真等同于一组“我那时看到 $n$ 颗星星”这种形式的命题集合，这组集合中的命题没有一个是真的或假的。

95 最后一点指出了魏斯曼计划的一种限制。若一种集合的逻辑是从一种命题的逻辑中建构出来的，则我们可能会希望，前者令人困惑的性质可以用后者较清晰的性质来说明。但是，魏斯曼要求基本命题具有令人困惑的性质。有些基本命题是非真非假的，否则每个集合就等于它的元素所构成的析取句，所以根本就没有崭新的观点。[42]因此，魏斯曼的首要任务是提供一种可以处理非真非假命题的逻辑，但他并未提供。

一种较有希望的观察是，命题集合的归属关系通常是不确定的。因为一个有着确定且多重关系的集合，只对应于一个印象，而该印象的内容是精确但不具体的。根据这个观点，与一个内容是含混的印象对应的是一个其归属关系是不确定的集合。即使所有的基本命题都是真的或假的，而且一个集合等同于其元素所构成的析取句，则一个具有不确定的归属关系的集合可能在真假值上被视为不确定的。因为，若只有假命题是该集合的确定元素，但某个真命题的归属关系是不确定的，则该集合在一个假析取句与一个真析取句之间是不确定的。无论如何，魏斯曼的形式观察，就像布雷克的观察一样，太不成熟以至于无法引出有意义的发展。

# 第四章　多值逻辑与真值度

## 4.1　概论

根据二值原则，说了某事的一个言谈不是真的，就是假的。被说出 96
的语句本身可能被相关于言谈语境（这种语境相关性会被默认）而归类为真或假。在现代逻辑的核心中，二值对形式系统的所有标准解释来说是必要的。对弗雷格、罗素以及早期维特根斯坦来说，逻辑上完美的语言是二值的。逻辑上完美的语言中的每个合式公式都是真的，或都是假的。

对含混语言来说，二值是有问题的，如同希腊人早就知道的那样。边缘语句似乎不可能被归类为真或假，不过通过边缘语句的言谈，某事物被说成如此。这可能导致寻找一个多于两个范畴的分类架构。或许第三个范畴是需要的，即“非真非假”或一长列形式为“真到如此这般的程度”的新范畴。这些新范畴在一种延伸意义下可以被称为“真假值”。因为我们大多数的或全部的推理是用含混语言进行的，所以基于经典逻辑系统具有二值分类架构，我们会很自然地探求具有新的多值分类架构的逻辑系统。无论如何，这样的类推可以一种以上的方式来发展。本章考虑的系统选择了二值逻辑的一个具体特征——真值函数性（truth-functionality）——来发展。

本章以下列方式来安排。4.2 节说明真值函数性概念，以及将真值函数性从二值逻辑推广到多值逻辑所依据的原理原则。4.3～4.6 节描述将
三值逻辑运用于含混性问题的早期尝试，以及它们所面临的困难。对二值 97

逻辑的批评若是合理的，则可以被推广到三值逻辑，而且将真值函数性推广到三值还会有自身导致的进一步问题。当含混性是讨论对象时，相较于有三值或有限大数量的值的逻辑，4.7 节提供了一个熟悉的基本原理来支持偏好有无限多值的逻辑。4.8 节具体说明将真值函数性推广到一种具有无限多值的逻辑的操作细节。4.9 节概述发展这类逻辑的早期尝试。4.10 节将无限多值的架构运用于连锁悖论。4.11 节将该架构运用于自然语言的某些结构；不过，相关的真值度概念被证明跟含混性问题没有明确的关系。4.12 节讨论高阶含混性，并论证高阶含混性会使大多数针对多值逻辑的研究跟含混性问题是不相干的。4.13 节展示，在多值逻辑中使用非数值式真值度来取代数值式真值度的尝试会遇到意想不到的困难，特别是在否定的例子中。4.14 节论证，将真值函数性推广到真值度的尝试在根本上就是错误的。作为一个附录，4.15 节概述了具有无限多值的逻辑公理化中的一些技术问题。

结论：含混性的本质不可能通过推广真值函数性的途径而被掌握。

## 4.2 真值函数性

现代逻辑与斯多亚学派逻辑的基础是命题逻辑。命题逻辑研究以下列语句算子为特征的推论形式：“并非……”（~）、“或者……或者……”（∨）、“……而且……”（&）、“若……则……”（⊃）、“……当且仅当……”（≡）。任何语句算子都会从简单陈述句来建构复杂陈述句。不过，并非所有的语句算子都会被研究。那些被选出来的语句算子，根据偏好的解读，具有一种特征，即真值函数性。若一个真值函数语句算子 * 被用来从一个更简单的语句 $p_1$，…，$p_n$ 来建构一个复杂语句 *（$p_1$，…，$p_n$），则 $p_1$，…，$p_n$ 的真假值决定了 *（$p_1$，…，$p_n$）的真假值。举例来说，若我们知道“它是热的”与“它是湿的”这两个简单语句的真假值，
98 则我们可以计算出“并非：它是热的，或它是湿的”这个复杂语句的真假值。这样的真假值依赖性被展现在这些算子的真值表中：

| $p$ | $\sim p$ |
|---|---|
| T | F |
| F | T |

| $p$ | $q$ | $p \vee q$ | $p \& q$ | $p \supset q$ | $p \equiv q$ |
|---|---|---|---|---|---|
| T | T | T | T | T | T |
| T | F | T | F | F | F |
| F | T | T | F | T | F |
| F | F | F | F | T | T |

假定二值原则，对用来组成复杂语句的语句来说，真假值的每一个可能排列组合是通过真值表的一行来表示的，我们可以从中解读出复杂语句在适当栏位中的真假值。不过，若语句 $p$ 有可能非真非假，则上述真值表没有提到关于这种可能性的任何事。对涵盖到的情况来说，上述真值表可能仍是正确的，不过它们没有涵盖所有的情况。[1]

一个语句算子是真值函数的，当且仅当，它有一个完整的真值表。若我们跟随弗雷格，而将一个语句的真假值视为它的指涉对象，则说这个算子 * 是真值函数的，就只是在说 *（$p_1$，…，$p_n$） 这个语句的指涉对象是 $p_1$，…，$p_n$ 这些语句的指涉对象的一个函数，正如复杂语句本身是一个更简单语句的一个函数一样。这个从 $p_1$，…，$p_n$ 的真假值到 *（$p_1$，…，$p_n$）的真假值的函数，将被视为这个算子 * 的指涉对象；所以，上述真值表展现了 ~、∨、&、⊃ 与 ≡ 的指涉对象。根据这个观点，语句算子的真值函数性是从“一个复杂表达式的指涉对象是由其组成元素的指涉对象决定的”这个条件得出的。因为弗雷格、罗素与早期维特根斯坦的逻辑上完美的语言满足这个条件，所以它们的语句算子都是真值函数的。

在自然语言中，并非所有的语句算子都是真值函数的。“……是一个偶然事实”这个语句算子不是真值函数的，因为，虽然“一场战争开始于 1914 年”与“2+2=4”有相同的真假值，但“一场战争开始于 1914 年是一个偶然事实”与“2+2=4 是一个偶然事实”却有着不同的真假值。对“$p$ 是一个偶然事实”来说，它的真值表不可能在 $p$ 为真的情况下被完全决定。在这样的一个例子中，复杂语句的指涉对象不由它的组成元素的 99
指涉对象决定，或者一个语句的真假值不是它的指涉对象。对传统的逻辑上完美的语言概念来说，这可能是或可能不是一个不可克服的困难。无论如何，在面对自然语言中的一个语句算子时，我们没有理所当然的权利去假设它是真值函数的。

真值表为有限的真值函数形式推论提供一种针对有效性的机械式判定。一个例子是**析取三段论**（disjunctive syllogism），即前提为 $p \vee q$ 与 $\sim p$，结论为 $q$。这个形式的例子是从“或者他向左走了或者他向右走了”与“并非他向左走了”到“他向右走了”的论证。析取三段论是有效的，因为没有一种对语句变元 $p$ 与 $q$ 的赋值方式会让前提都为真，但结论却为假，如同我们可以从真值表中迅速判定的一样。因此，符合那种形式（即用具体语句来取代语句变元）的任何一个具体论证，若具有为真的前提，则会有为真的结论。相似的是，排中律（即没有前提的结论 $p \vee \sim p$）是有效的，因为通过对它的两个语句变元赋值，它被赋予了真值。有着前提 $p \vee q$ 与 $p$，以及结论 $\sim q$ 的推论形式是无效的，因为对 $p$ 与 $q$ 的赋值为真会导致前提皆真但结论为假。所以，若具体的真语句被用来替代语句变元，则结果是那种形式的具体论证有为真的前提和一个为假的结论。

用二值真值表来确立有效性，依赖于二值原则的假设，尽管用它们来确立无效性不需要依赖于该原则。对于有效性，该方法必须考虑到相关形式的**每一个**论证。对于无效性，那种形式的**某个**论证具有为真的前提与一个为假的结论就足够了。

拒绝二值原则，就等于丧失了对基本逻辑算子之意义的说明，以及由二值真值表提供的论证有效性的机械式判定方法。不过，若对语句做真假二值的分类方式被多于真假二值的方式所取代，则我们会很自然地寻求一个涉及多于真假二值的真值表，以取代先前基于二值原则的真值表。这样
100 的真值表会根据复杂语句之组成元素的分类，将复杂语句归类到相关范畴下。因此，它们会为基本逻辑算子的意义提供一种新的说明，并且为涉及它们的推论形式提供一种新的有效性判定方式。[2] 这是多值逻辑的核心想法：推广的真值函数性。

若“真”与“假”作为范畴在新的分类中保有一席之位，则二值真值表可能被包含在新的真值表中。举例来说，包含一个真语句与一个假语句的合取句仍会被分类为假。新真值表只会增加行以涵盖以下这种合取句组合：该组合中至少有一个合取向具有真假二值之外的值。在这个意义下，先前的二值真值表会被视为不完整，而不是被视为不正确。即使

“真”与“假”被细分到几个新的分类中，新真值表也可能蕴涵旧真值表是正确的，亦即那些新旧真值表重叠的部分仍是正确的。

真假值概念的推广使真值函数性概念的推广是可能的。不过，将语句分类到两个以上的范畴下，这种分类就其本身来说不会承认以下主张：自然语言中的逻辑连接词在推广的意义下是真值函数的，即根据复杂语句的意义而对复杂语句所做的分类只依赖于对组成元素所做的分类。例如，假设“非真非假”被视为“真”与“假”的一个替代选项。若真值函数性的适当推广对条件句 $p \supset q$ 是成立的，则三分法下 $p$ 与 $q$ 的真假值决定了 $p \supset q$ 的真假值。这尤其显示，若任何一个其前件与后件都是非真非假的条件句是真的，则每一个这样的条件句会是真的。因此，若“$n$ 颗谷粒构成一堆”与“$n$+1 颗谷粒构成一堆”都是非真非假的，而且“若 $n$ 颗谷粒构成一堆，则 $n$+1 颗谷粒构成一堆”是真的，则“若 $n$+1 颗谷粒构成一堆，则 $n$ 颗谷粒构成一堆”也会是真的。这排除了以下观点：在这样的一个例子中，前一个条件句是真的（因为额外增加一颗谷粒只可能帮助构成一堆），但后一个条件句是非真非假的（因为连锁悖论可以被避开）。所以，推广的真值函数性是一个有争议的假设。

那些用多元分类取代真假二分的人有理由冀望推广的真值函数性是 101
成立的，因为他们会获得上面已注意到的优点：一种关于逻辑算子之意义的说明，以及一种对涉及那些逻辑算子的论证的有效性判定。不过，冀望推广的真值函数性成立的理由，并不总是支持相信它确实会成立的理由。甚至冀望推广的真值函数性成立的理由也是可废止的。有些使用语句三分法的人拒绝真值函数性的对应推广，并且弥补了在其他方面遭受的损失（例子会在下一章讨论）。遗憾的是，多值逻辑的支持者中，很少有人意识到他们需要提供理由来支持“在推广的意义下，基本逻辑算子是真值函数的”这个信念，鲜少有人完成这项任务。

在多值逻辑中，有效性概念也必须被推广。在二值逻辑中，一种推论形式是有效的，当且仅当，它从前提到结论维持真值。相同的是，它是有效的，当且仅当，它保持非假，因为非假就等于真。在多值逻辑中，这些有效性定义不是等价的；新的分类方式甚至可能不会保留真与假的范畴。因此，直到具体说明了一个有效性概念，才算提供了一个完整的多值逻辑。一种方式是**指定**某些值，并且将有效性定义为指定值的保持：若所有前提都具有指定值，则结论也一定具有指定值。若三值是真、假与中性值，则我们可以只指定真或指定真与中性值。一种推论形式可以在一种指定方式下被视为有效的，但在其他指定方式下却不是有效的。

指定值，有时被认为是从后门重新引进二值原则，因为每个语句会具有一个指定值或一个非指定值。不过，这并不会重新引进二值的真值函数性。举例来说，假设真是唯一被指定的值，并且“并非”会有下列真值表：

| $p$ | $\sim p$ |
|---|---|
| T | F |
| N | N |
| F | T |

因此，若 $p$ 是假的而 $q$ 是中性的，则两者都具有非指定值；但是，$\sim p$ 被
102 赋值为真，亦即一个指定值，尽管 $\sim q$ 被赋值为中性值，亦即一个非指定值。一个语句是指定值或非指定值，不会决定它的否定句是指定值或非指定值。[1] 此外，使用指定值不是在多值逻辑中定义有效性的唯一方式。值的排序可以被具体说明（“更真”），而一个论证被定义为有效的，当且仅当，结论的值至少跟前提的最低值一样高。另外，有效性本身可以被视为有程度可言。多值逻辑不会仅仅因为它的有效性概念而被它自己出卖。

有了这些适当的说明，我们就可以转向将多值逻辑运用于含混性问题的历史了。

## 4.3 三值逻辑：开端

最初设想出三值逻辑的人之一，而且是当代二值逻辑的先驱之一，他

① 假设“真”是唯一的指定值（换句话说，“假”与中性值是非指定值）。但是，若 $p$ 是假的（非指定值）且 $q$ 是中性值（非指定值），则前者的否定会是真的（指定值），但后者的否定仍是中性值（非指定值）。所以，一个语句是指定值（真）或非指定值（假或中性值），不会决定其否定是指定值或非指定值。——译者注

就是 C. S. 皮尔斯。他引进了标准的二值真值表，之后写下三值真值表，不过却从未发表。他的想法是，二值逻辑虽然不是完全不正确的，但只在一个有限的范围内有效，我们需要三值逻辑以达到完全的普遍性。有记载，在 1909 年 2 月 23 日的书稿中，他写道：“三值逻辑虽然没有完全反对排中律，但却承认每个命题‘*S* 是 *P*’或者是真的，或者是假的，或者 *S* 不可能明确地是 *P*，也不可能明确地不是 *P*，而是在是 *P* 与不是 *P* 之间。”回想起来，将皮尔斯支持三值逻辑的原理原则跟他对含混性问题的想法关联起来，是很吸引人的做法，但我们不可能确定他的想法是什么；他遗留下的笔记是断简残篇。不清楚皮尔斯对三值逻辑的信念有多稳固，他在书稿的某一页写道：“所有的这一切几乎近似疯言疯语。”[3]

关于多值逻辑的作品在 1920 年似乎已经出现，亦即波兰逻辑学家简·卢卡西维兹（Jan Łukasiewicz）发表的一篇文章。不过，他关心的不是含混性问题，而是自由意志问题。他认为宿命论可以被避开，仅当某些关于未来的陈述句（例如“明天会有一场海战”）还不是真或假。古希腊人也关心同样的问题，对他们来说，相比于连锁悖论，它是一个更常见的反对二值原则的理由。卢卡西维兹给未来偶真句赋予了一个第三值，并且 103
发展一个三值逻辑来适应。[4] 关于多值逻辑的数学研究获得了快速发展。它跟含混性的关联现在看起来更明显了，因为以下两个想法在 1920 年代是人们非常熟悉的：其一，一般而言，排中律在多值逻辑中是不成立的；其二，一般而言，排中律对含混语言不适用。尽管如此，两者的关联性还是很晚才被建立起来。虽然布雷克的适用一致性可能被视为是替代值的一种闭联集，但他没有提供适用一致性的真值表，除了否定（$\sim p$ 的适用一致性是 $p$ 的适用一致性的对反）。他没有假设推广的真值函数性。

## 4.4　三值逻辑：哈尔登

或许首先认真地尝试使用多值逻辑来处理含混性的人是瑞典逻辑学家舒瑞·哈尔登（Sören Halldén），他的尝试出现在他 1949 年出版的书中。书名是《疯言疯语的逻辑》（*The Logic of Nonsense*），书名本身听起来就像是语词上自我矛盾。纯粹的疯言疯语是完全让人无法理解的话。如何可能有一种逻辑来处理完全让人无法理解的话？无论如何，哈尔登立即详细说明了一个命题是“疯言疯语的”或“无意义的”是什么意思，他的意思只是：它是非真非假的。[5]一个命题是“有意义的”，当且仅当，它是真的或假的。哈尔登提供了说谎者悖论，即“这个命题是假的”，作为一个“无意义的”命题的例子。不同于那个时代的大多数学者，他严肃地看待连锁悖论。他建议，边缘例子的问题“有 100 根头发的人是秃的吗?”应该基于它是无意义的而被拒绝，因为它所有的可能答案都是“无意义的”命题。“有 100 根头发的人是秃的”与“有 100 根头发的人不是秃的”都不会是真的或假的。[6]这些边缘命题在通常意义下明显不是无意义的。若杰克是有 100 根头发的男人，则在哈尔登的意义下，“杰克是秃的”会是“无意义的”，但我们可以充分理解它；在另外的情境中，它实际上说的会明显地为真，而在其他情境中却明显地为假。根据哈尔登的评论，被呈现出来的重点是，一个这样的命题的“有意义”或“无意义”，通常是一件偶然事件。[7]“杰克是秃的”是不是无意义的，依赖于杰克头上的状态；它是不是纯粹的疯言疯语，则不依赖于杰克头上的状态。因此，用来吓人的用词“有意义的”与“无意义的”最好被放到适当的地方。

104 哈尔登修改逻辑以适应“无意义的”语言，方式是采用一个使用真、假与无意义的三值逻辑。在修改二值真值表时，他遵循一个简单政策。若每个组成元素都为真或假，则复杂命题会具有二值真值表中呈现的真假值。若任何一个组成元素是无意义的（N），则复杂命题也会是无意义的[8]：

| $p$ | $\sim p$ |
|---|---|
| T | F |
| N | N |
| F | T |

| $p$ | $q$ | $p \vee q$ | $p \& q$ | $p \supset q$ | $p \equiv q$ |
|---|---|---|---|---|---|
| T | T | T | T | T | T |
| T | N | N | N | N | N |
| T | F | T | F | F | F |
| N | T | N | N | N | N |
| N | N | N | N | N | N |
| N | F | N | N | N | N |
| F | T | T | F | T | F |
| F | N | N | N | N | N |
| F | F | F | F | T | T |

基于一个不同的原则，哈尔登引进了一个新的一位算子+。+$p$ 意指 $p$ 是有意义的。因此，若 $p$ 是无意义的，则+$p$ 是假的，而不是无意义的。除此之外，它真的：

| $p$ | $+p$ |
|---|---|
| T | T |
| N | F |
| F | T |

所以，~+$p$ 意指 $p$ 是无意义的。

哈尔登对标准算子的真假值指派方式对应于一个弗雷格式的想法，即一个复杂表达式的指涉对象是其组成元素的指涉对象的一个函数，而一个陈述句的指涉对象就是为真或为假。除非组成元素有指涉对象，否则该函数无法运行，所以复杂表达式有指涉对象，仅当它的所有组成元素有指涉对象。不过，在延伸意义上（为真、为假或无意义的），+的真值表把“没有指涉”（为真或为假）视为一种指涉方式，而这种做法与弗雷格的做法非常不同。因此，为其他真值表提供弗雷格式的想法作为基础，会是不一致的。我们不清楚这些真值表背后的其他根据会是什么。

令人惊讶的是，哈尔登发展了一种逻辑，而该逻辑的有效式跟经典逻 105
辑（对不涉及+的式子来说）的有效式是一致的。有人可能会预期排中律 $p \vee {\sim}p$ 是无效的，因为根据哈尔登的真值表，当 $p$ 是无意义的，$p \vee {\sim}p$ 是无意义的。不过，他对一个有效式的所有要求是它不可能为假，而不是它一定是真的，因为他把无意义的也视为一个指定值，跟真一样。虽然 $p \vee {\sim}p$ 不总是为真，但是它绝不会为假。更一般地说，若 $A$ 是经典逻辑中有效的，则哈尔登的真值表会让它为真，每当它的所有语句变元是有意义的，而在其他情况下，真值表会让它是无意义的；因此，在哈尔登的意义下，它是有效的。反过来说，若 $A$ 在哈尔登的意义下是有效的，则它会在经典逻辑中有效，因为当所有的语句变元是真的或假的，它会是有意义的，而不是假的，所以会是真的。针对哈尔登的指定值政策，其背后的原理原则是清楚的。若真是唯一的指定值，使得一个式子会是有效的，仅当它总是为真，则没有不涉及+的式子会是有效的，因为任何这样的式子都是无意义的，当它的某些语句变元是无意义的。甚至 $p \supset p$ 也会是无效的。不过，当然有些不涉及+的式子也应该被算作有效的。因此，无意义的必须也是一个指定值。

哈尔登讨论的结果是，没有一个从含混语句通过使用标准语句算子而构成的语句是逻辑上保证为真的，但经典逻辑中的任何重言式被保证不会是假的。尽管如此，这个为经典逻辑所做的辩护比看起来还是要更加受限。逻辑处理的是推理。我们期待逻辑会挑选出好的推论，不只是好的命题；我们对相信重言式不感兴趣，而比较关心怎样安全地从旧信念延伸到新信念。根据哈尔登的理论，许多经典的推论形式是无效的。

一个例子是离断律。运用离断律的一个例子是从（$p \vee {\sim}p$）$\supset +p$ 以及 $p \vee {\sim}p$ 推论到 $+p$。它的前提在哈尔登的理论下是有效的，因为没有一个会是假的，但它的结论在哈尔登的理论下却不是有效的，因为当 $p$ 是无意义的，$+p$ 会是假的。因此，哈尔登被迫限制离断律。例子适用与否依赖于算子+；若离断律的前提在哈尔登的理论下是有效式子，但不涉及+，则该论证的结论也会是有效的。哈尔登给有效式到有效式的推论提供了规
106 则。不过，我们也想从旧信念（例如，“若花园里有一堆沙，则建筑师已经开始工作了”以及“花园里有一堆沙”）推论出新的偶真信念（例如，“建筑师已经开始工作了”）。若“是正确的”就等于具有一个指定值，则我们关心的是结论会有一个指定值的推论形式，无论前提有什么值，也就是说，我们关心的是推论的有效形式。离断律缺少这种性质，即使将它限制在不涉及+的式子也是如此。若 $p$ 是无意义的且 $q$ 为假，则前提 $p \supset q$ 与 $p$ 都不是假的，尽管结论 $q$ 是假的。因此，即使是离断律的限制版本也被视为无效的。相似地，& 的消除规则——从 $p\&q$ 推论出 $p$（或 $q$）——也是无效的。若杰克不是一位哲学家，而且他是秃头的边缘例子，则“杰克是一位秃头哲学家”（“杰克是秃的，而且杰克是一位哲学家”）这个前提会是无意义的，尽管“杰克是一位哲学家”这个结论是假的。更一般地说，根据哈尔登的真值表，我们可以证明不涉及+的推论形式会保持非假，当且仅当，它的结论可以在经典逻辑中从前提推导出，而且前提只涉及那些也出现在结论中的语句变元。[9] 涉及不出现在结论中的语句变元的任何前提与保持非假无关。

根据哈尔登的真值表，保持非假不是一个非常有用的有效性概念。“秃的”的含混性不应该使从“杰克是一位秃头哲学家”到“杰克是一位哲学家”的推论是无效的。在哈尔登的真值表上，$p\&q$ 为真，保证了 $q$ 的真，而 $p$ 与 $p \supset q$ 的真也会保证 $q$ 的真。因此，有人可能会决定让真作为唯一的指定值，承认“在不涉及+的个别式子中，没有一个会是有效的”这个后果，不过会在“有更多的推论会是有效的”这个想法中得到安慰。我们想要我们的信念与断言是真的，不只是非假；无意义的是不够的。不过，保持真值的新判准不会恢复经典逻辑中的所有有效推论，甚至会让某些新的推论是无效的。举例来说，$\vee$ 的引进规则——从 $p$（或 $q$）推论出 $p \vee q$——在哈尔登的真值表中不会保持真值，因为当 $p$ 为真而 $q$ 是无意义的，该推论会有一个真前提与一个无意义的结论。更一般地说，根据哈尔登的真值表，我们可以证明，一种不涉及+的推论形式是保真的，当且仅当，它在经典逻辑中是有效的，而且结论中的每个语句变元也出现在某个
前提中，或者全部前提在经典逻辑中是不一致的。[10]从“杰克不是一位哲 107
学家”推论出“杰克不是一位秃头哲学家”，这个论证会有一个真前提，以及一个无意义的结论，若杰克是一位哲学家，而且是秃头的边缘例子。这个结果很难让人接受。[11]

哈尔登真值表的问题不在于指定值的选择。在类似说谎者悖论的例子中，哈尔登真值表的背后可能没有任何原理原则，而这会延伸到边缘例子。若杰克终其一生都不是一位哲学家，则“杰克是一位秃头哲学家”应该自始至终都是假的，而不是在他有浓密头发时为假，或者在他开始掉发时该语句会变成无意义的，然后在他明确是秃头时该语句才转变为假。“杰克是一位哲学家”这个语句是假的，这足以使“杰克是一位秃头哲学家”为假。相似的是，“杰克不是一位哲学家，或者是一位秃头哲学家”这个语句应该自始至终都是真的，而不是在他有浓密头发时为真，或者在他开始掉发时该语句变成无意义的，然后在他明确是秃头时该语句才转变为真。“杰克不是一位哲学家”这个语句是真的，这足以使“杰克不是一位哲学家，或者是一位秃头哲学家”为真。至少在含混性的例子中，包含一个假合取项的合取句是假的，而且包含一个真析取项的析取句是真的。这些原则指导着后来试图建构含混性多值逻辑的学者。

哈尔登对含混性的某些讨论可以跟他的三值逻辑分开来看。他引进了“若一种含混性质可以被归属，则它可以基于精确性质而被归属”这个想法。若我们知道某人有浓密头发，则我们可以推导出他不是秃的；若我们知道他头上没有头发，则我们可以推导出他是秃的。在此，“有浓密头发”与“头上没有头发”这两个概念不涉及“秃的”这个概念。各自可明确指出的性质所构成的集合，若不蕴涵秃的，则跟秃的是不一致的，而这个集合是秃的决策范围（decision-range）。根据哈尔登的观点，说 $x$ 具有一种含混性质 $F$ 是真的，当且仅当，$x$ 具有 $F$ 在决策范围中偏向 $F$ 的某种性质。说 $x$ 具有 $F$ 是假的，当且仅当，$x$ 具有 $F$ 在决策范围中反对 $F$ 的某种性质。因此，说 $x$ 具有 $F$ 是有意义的，当且仅当，$x$ 具有 $F$ 在决策范围中的某种性质。否则，$x$ 是 $F$ 的一个边缘例子。[12]给定所有在决策范围中的性质都是精确的，含混事实是被精确事实所决定的。若两个可能情境
108 在所有精确性质方面都是相似的，则它们在所有含混性质方面也会是相似的。用现代术语来说，含混性质随附（supervene）在精确性质上。一个意图推导出来的（但不是必要的）结论是，世界可以被完整地描述，而不需要求助于含混语言。[13]

## 4.5 三值逻辑：科纳

史蒂芬·科纳（Stephan Körner）从 1955 年开始，在一系列文章中用一个不同版本的三值逻辑来处理含混性。[14]他概述了一种“不精确概念的逻辑”，并将它应用到科学哲学上。不精确性来自概念的边缘例子，而概念是由例子来定义的。这样的一个概念 $F$ 会将事物分成正面合适个例、负面合适个例与中立合适个例；正面合适个例必定被选为 $F$ 的正面例子、负面合适个例必定被选为 $F$ 的负面例子，而中立合适个例可以自由地被选为正面例子或被选为负面例子。实际上，有一个预先选取的三值逻辑以及一个后选取的二值逻辑。在对概念之间的关系进行分类时，科纳将这两个阶段考虑进来。举例来说，所有 $F$ 的正面合适个例也可能是 $G$ 的正面合适个例，但这样的涵盖没有被下列选取所保留，该选取会让这两个概念（亦即 $F$ 与 $G$）的中立合适个例被选为 $F$ 的正面例子，但却被选为 $G$ 的负

面例子。

一个概念的三种合适个例对应于三种命题：真、假以及中立。真值与假值被视为稳定的值，而中立值则被视为暂时的值。我们可以自由地选取一个中立命题为真或假。这暗示了一种特殊做法来针对中立命题的可能值，即采取二值真值表。考虑对 $*(p_1, \cdots, p_n)$ 的三值真值表中的一行，以及所有对 $p_i$ 选取真值或假值的可能选项。若 $*(p_1, \cdots, p_n)$ 在所有可能选项的二值真值表中都是真值，则在三值真值表中的相应值被赋予为真值。若它在所有可能选项的二值真值表中都是假值，则它会被赋予为假值。若它在某些可能选项的二值真值表中是真值，而且在其他可能选项中为假，则它会被赋予为中立值。这样的结果就是下列真值表[15]：

109

| $p$ | $\sim p$ |
|---|---|
| T | F |
| N | N |
| F | T |

| $p$ | $q$ | $p \vee q$ | $p \& q$ | $p \supset q$ | $p \equiv q$ |
|---|---|---|---|---|---|
| T | T | T | T | T | T |
| T | N | T | N | N | N |
| T | F | T | F | F | F |
| N | T | T | N | T | N |
| N | N | N | N | N | N |
| N | F | N | F | N | N |
| F | T | T | F | T | F |
| F | N | N | F | T | N |
| F | F | F | F | T | T |

对于～与≡，科纳提供的真值表就像是哈尔登的。对 & 来说，差异仅出现在当一个合取项为假而另一个合取项是中立的时候。哈尔登让这样的合取句具有中立值，因为其中一个合取项是中立的；科纳让这样的合取句为假，因为合取句会是假的，无论中立的合取项被当作真的还是假的。给定早先对哈尔登的 & 真值表的批评，这个差异显示出科纳真值表的优势。对∨来说，差异仅出现在当一个析取项为真，而另一个析取项是中立的时候。哈尔登让这样的析取句是中立的，因为其中一个析取项是中立的；科纳则让这样的析取句为真，因为析取句为真，无论中立的析取项被视为真的还是假的。这个差异也显示出科纳真值表的优势。对于⊃，有类似的差异：当前件是中立的且后件为真时，哈尔登让这样的条件句是中立的，但

科纳则让它是真的。

科纳没有引进一个算子来对应于哈尔登的有意义的算子+。对他来说，把中立性视为一个暂时状态是有道理的。当 $p$ 是中立的，为了让 $+p$ 是假的，我们会让某个暂时的东西（亦即 $p$）拥有一个真假值。

对科纳的真值表来说，一个适当的有效性概念会是什么？若真值是唯一的指定值，则没有式子会是有效的，因为当一个式子的所有语句变元都是中立的时候，该式子也会是中立的。甚至 $\sim(p\&\sim p)$、$p\supset p$ 与 $p\equiv p$ 这样的式子都不是有效的。若真值与中立值都是指定值，则有效式的集合会等于经典逻辑的有效式集合，如同哈尔登的系统一样。不过，离断律会是无
110 效的，因为当 $p$ 是中立的，而 $q$ 是假的时，$p\supset q$ 且 $p$ 会有指定值，但 $q$ 却有一个非指定值。当真值是唯一的指定值时，离断律才是有效的，但其他经典的推论会是无效的，例如从 $p$ 到 $q\supset(p\&q)$ 的推论。[16]

科纳进路会遇到的进一步的问题是，若 $p$ 是中立的，则科纳的真值表也会使 $\sim(p\&\sim p)$ 是中立的。非矛盾律是无效的。不过，中立性是一种暂时状态。无论 $p$ 被选取为真值还是假值，在选取完之后，$\sim(p\&\sim p)$ 都会是假的。因此，根据科纳三值真值表背后的道理，在选取之前，它应该也被视为假的，但它却不是假的。问题在于，三值真值表中的一个合取句会在其合取项是中立的情况下是中立的，因为它没有说明合取项之间可能的内在关联，如同其中一个合取项是另一个合取项的否定。用另一个值来取代真值表上的那一栏，将无助于解决这个问题，因为一个中立合取项所构成的合取句本身应该是中立的。更确切地说，该真值表背后的道理会跟推广的真值函数性不一致。若一个复杂命题的真假值依赖于其中立的组成部分的所有可能选取为真或为假的结果，则该命题的真假值不会由其组成部分的真假值单独决定，因为它也依赖某一选取的结果与另一选取的结果之间的关联性。[17]

科纳三值真值表的结果是，把一个复杂命题的同一个部分的不同出现当作独立的。因此，当 $p$ 与 $q$ 是中立的，亦即被选取为真或假的情况是一样的，则 $p\&\sim p$ 被视为跟 $p\&\sim q$ 是一样的。值得注意的是，科纳有时接受这个结果。他明确地允许一个事物被选取为一个概念的正面例子，即使该事物已经被选取为那个概念的负面例子。[18] 所以，若 $p$ 代表“杰克是秃

的”，$p\&\sim p$ 可能确实会是真的，若杰克在 $p$ 的第一次出现时被选取为“秃的”的正面例子，而且在 $p$ 的第二次出现时被选取为“秃的”的负面例子。杰克会既是秃的又是不秃的，而且一个矛盾句会是真的。实际上，逻辑会被消灭，因为在科纳的逻辑系统中，只要同一个语词的不同出现被视为独立的，就没有推论形式会是有效的。[19]通过科纳提出的一个一般性规定，这个问题可以被阻挡住，根据那个规定，一个事物一旦被选取为一个概念的负面例子，就不能被选取为正面例子，而且反之亦然。这样的一个规定似乎是需要的，若选取不只是暂时的，但在重新引进同一语词的不 111
同出现之间的独立性时，这将逐步破坏科纳的三值真值表。更适合科纳哲学进路的一种形式技术可能是超赋值技术，我们将在下一章讨论这种技术。

## 4.6　三值逻辑：二阶含混性

哈尔登与科纳都没有为含混性提供一种可信的三值逻辑。事实上，他们的计划会面临更进一步且更一般性的困难。二值逻辑遇到的困难是，我们不可能将所有含混命题分类为真或为假；但是二阶含混性的现象会让三值逻辑学家同样很难将所有含混命题分类为真、为假，或为非真非假。当沙子堆积起来，我们不可能指出一个精确的点，使“那是一堆”从假变为真。我们同样也不可能指出两个点，其中一个使“那是一堆”从假变为中立，而另一个则使“那是一堆”从中立变为真。若二值不足够，则三值也不足够。

哈尔登与科纳都简述了这个困难。对哈尔登来说，问题有着更锐利的形式。若一个命题是有意义的，则说“它是有意义的”是真的，所以说它是有意义的是有意义的。若该命题是无意义的，则说“它是有意义的”是假的，所以说它是有意义的是有意义的。通过给予“有意义的”这个算子+的三值真值表，对 $p$ 来说，因为三值中的任何一个值都会使 $+p$ 有真假值，所以也会使 $++p$ 为真。因此，$++p$ 算是有效的。现在，哈尔登假设在真值与假值之间的边缘命题是无意义的；若 $p$ 是在假值（或真值）与无意义之间的边缘地带，则 $+p$ 会在真值与假值之间的边缘地带，所以会是无意义的；但是，$++p$ 会是假的。因此，$++p$ 是有效的，当且仅当，不存在二阶含混性。哈尔登描述了他的系统的一个语法修改，在其中 $++p$ 不会是可推导的，但是希望能避免额外产生的复杂性。他建议任何的二阶含混性都可以通过一个约定而被移除。[20] 这看似不是非常可信，因为在其中
112 提及的约定本身就是含混的。此外，若为了保留三值逻辑系统的简单性而通过一个约定来移除二阶含混性是适当的，那么为什么我们为了保留二值逻辑系统的简单性而通过一个约定来移除一阶含混性是不适当的？

科纳提及高阶含混性，只是为了承认其存在。对一个不精确概念来说，正面合适个例、负面合适个例与中立合适个例的三分法可能本身是不精确的。对"一个概念 $F$ 的中立合适个例"这个概念来说，有些东西可以是一个中立合适个例。[21] 这显示了我们离合适个例概念的字面意思有多远。若没有东西可以不在先前已被选取为"概念 $F$ 的正面合适个例或中立合适个例"这个概念的一个正面例子的情况下而被选为概念 $F$ 的一个正面例子，则一个恶性倒退会明显地威胁着。有些东西可以不在上述情况下而是一个概念的一个正面例子。

二阶含混性对三值逻辑造成了一种一般性威胁。若三值真值表定义标准算子，则（a）三值应该穷尽所有可能性（否则该定义就没有涵盖所有例子），以及（b）任何三值真值表应该定义某个算子（否则在意义上的某个限制会没被说明）。根据（b），引进哈尔登的算子+是合法的。根据（a），$+p \vee \sim +p$ 总是真的（因为 $+p$ 在其真值表上的每一行是真的或者是假的，而三值真值表从二值真值表延伸而来）。现在，支持三值逻辑的通常理由是"含混性会使排中律无效"这个信念。但是，若有理由相信含混性会使 $p \vee \sim p$ 不是普遍为真，则同样有理由相信二阶含混性会使 $+p \vee \sim +p$ 不是普遍为真。

在不诉诸特别的算子+的情况下可以构造出相似的论证。举例来说，考虑下列析取句：

$$(*)\ (p \equiv q) \vee (p \equiv r) \vee (p \equiv s) \vee (q \equiv r) \vee (q \equiv s) \vee (r \equiv s)$$

现在，琐碎等式 $p \equiv p$、$q \equiv q$、$r \equiv r$ 与 $s \equiv s$ 应该是真的。确实，根据（b），三值逻辑学家承认一个定义 $\equiv$ 的可能方式会造成这个结果。根据（a），

$p$、$q$、$r$ 与 $s$ 会具有三值中的一个值，所以至少其中两个会有一样的值。因此，根据真值函数性，在（ * ）中至少有一个析取项是真的。但是，现在令 $p$ 明确地为真，$q$ 明确地为假，$r$ 明确地为一个边缘例子，而且 $s$ 既 113
不明确地为真也不明确地为假，也不明确地为一个边缘例子（二阶含混性的一个例子）。（ * ）中的哪一个析取项是真的？这样的例子会违背（ * ），就跟边缘例子会违背排中律一样。

问题的答案不是用（例如）十七值逻辑来取代三值逻辑。先前用来反对三值逻辑的论证可以被普遍化，以反对 $n$ 值逻辑，其中 $n$ 是任意一个大于 2 的有穷数。此外，任何对 $n$ 的选择看起来都是任意的。所以，近期运用多值逻辑到含混语言上，倾向使用无限多值。以下将会看到这样的举动是否会探求到问题的根本。

## 4.7　多值逻辑：理论基础

想象一块颜色逐渐从白变黑的布。在变化过程中的每一刻，这块布的颜色会变得比前一刻更黑。黑是有程度可言的。这块布会比前一刻更黑，即使两者的差异太小，以至于肉眼无法察觉。给定这个过程中的时刻数量会跟介于 0 与 1 之间的实数一样多，则这块布的颜色深浅程度至少会跟介于 0 与 1 之间的实数一样多，有不可数的无限多。这样的数可以被用来测量深浅程度。现在，在这个过程的一开始，“这块布是黑的”这个语句是完全为假的，因为这块布是白的。到了整个过程的最后，这个语句是完全为真的，因为这块布是黑色的。[22]在整个过程中，这个语句会真到这块布黑的程度。真是有程度可言的。“这块布是黑的”为真，就是这块布是黑的；“这块布是黑的”会真到某种程度，而该程度就是这块布黑的程度。即使我们实际上不可能察觉所有程度上的差异，我们可以让语句的真值依赖于这块布实际具有的程度性质。因此，真值的等级至少会跟黑的程度一样多，至少跟介于 0 与 1 之间的实数一样多，有不可数的无限多。这样的数可以被用来测量为真的程度。这样的想法如此进行着。

任何在有限多值中的处理方式一定会将颜色变深变黑的连续过程划 114
分成彼此独立的有限多序列，这些彼此独立的部分对应于不同的值，而这些值是“这块布是黑的”这个语句在不同时刻中应该经历的。选取任何一个部分都似乎是任意的。真值度的连续性是一种吸引人的特征，因为它有希望避开这样的选择任意性。连续性的表象可以被正面看待。

若真值与假值的二分对真值度的连续性做出让步，则二值逻辑是否应该对无限多值逻辑做出让步？真值度被视为语句的真假值。对那些值来说，明显的候选项是介于 0 与 1 之间的实数，即［0，1］这个区间的值。当然，例子不可能证明该提议是正确的，但例子确实使该提议是一个很自然会去探索的方向。该提议至少具有简单与有魄力的优点。若该提议是逼近正确的，则最佳做法是发展它，作为一个清楚地可作为基础的模型，它过于简单与过于精确的特征可以在之后被移除。若该提议不是逼近正确的，则我们可以说，我们试图使之成功。因此，我们可以暂时采取真值度的想法，就像这个想法没问题一样；不过，问题很快就会出现。

## 4.8 多值逻辑：真值表

多值逻辑不只假设真值度是连续的，还额外假设主要的语句算子满足真值函数性的推广。当这样的语句算子被运用于复杂语句，通过简单语句而构造出的复杂语句的真值度就由简单语句的真值度决定。什么样的真值表是适合的？

引进一些符号会有助于之后的说明。语句 $p$ 的真值度是［$p$］，而我们假设它的值会是介于 0 与 1 之间的一个实数。当 $p$ 完全为真，［$p$］=1；当 $p$ 完全为假，［$p$］=0；当 $q$ 至少跟 $p$ 有一样为真的程度（至少一样的真值度），［$p$］≤［$q$］。

我们可以先考虑合取句。“这块布是黑的，而且我头疼”这个语句的
115 真值度如何依赖于“这块布是黑的”与“我头疼”的真值度？我们的任务是通过一个以［$p$］与［$q$］为输入值的函数来表达［$p$&$q$］。

关于合取句的真值度，有三个看似可信的假设。其一，一个重复合取项的合取句不会降低整个语句的真值度；“这块布是黑的，而且这块布是黑的”会跟“这块布是黑的”有一样的真值度：

$(\&_1)$ $[p] \leqslant [p\&p]$

其二，任何一个合取项会跟整个合取句至少有一样的真值度；若“这块布是黑的”不会真到某种程度，则“这块布是黑的，而且我头疼”也不会真到那种程度，因为后者只是增加某个东西到前者：

$(\&_2)$ $[p\&q] \leqslant [p]$ 而且 $[p\&q] \leqslant [q]$

其三，若每一个合取项都被至少跟它一样真的命题所取代，则新形成的合取句会跟取代前的合取句至少一样真；若这个房间至少跟这块布一样黑，而你头疼的程度至少跟我头疼的程度一样，则“这个房间是黑的，而且你头疼”至少会跟“这块布是黑的，而且我头疼”一样真：

$(\&_3)$ 若 $[p'] \leqslant [p]$ 且 $[q'] \leqslant [q]$，则 $[p'\&q'] \leqslant [p\&q]$

& 的真值度函数性是指“一个合取句的真值度会由它的每个合取项的真值度决定”这个假设，而这个假设是 $(\&_3)$ 的一个逻辑结果。

从 $(\&_1)$、$(\&_2)$ 与 $(\&_3)$，我们可以证明，一个合取句的真值度就等于它的所有合取项中真值度最小的合取项的真值度：

$(\&)$ $[p\&q] = \min\{[p], [q]\}$

证明如下。假设 $[p] \leqslant [q]$。根据 $(\&_2)$，$[p\&q] \leqslant [p]$。令 $(\&_3)$ 中的 $p' = q' = p$，于是 $[p\&p] \leqslant [p\&q]$，所以根据 $(\&_1)$，$[p] \leqslant [p\&q]$。因此，$[p\&q] = [p]$。相似的是，若 $[q] \leqslant [p]$，则 $[p\&q] = [q]$。无论是哪种情况，$(\&)$ 都是成立的。若真值度被限制在 0 与 1 这两个值上，则 $(\&_1)$、$(\&_2)$ 与 $(\&_3)$ 对经典逻辑的合取句都成立，而且 $(\&)$ 摘要了二值真值表。在这个意义下，多值逻辑的处理方式可被视为推广经典逻辑的处理方式。

合取句的处理方式可以被推广到全称量化语句。“每个事物都是 $F$”被当作论域中它的所有个例“$x$ 是 $F$”构成的合取句。于是，全称量化语句的真值度就等于它的所有合取项中真值度最小的合取项的真值度，或者 116
更正确地说，最大的下限。当论域无限时，若对每一个正实数 $\varepsilon$，一个全称量化语句的合取项会有一个个例，其真值度小于 $\varepsilon$，则它会是完全为假的，即使它没有一个合取项是完全为假的。

可以给予析取句类似的处置。($\&_1$)、($\&_2$) 与 ($\&_3$) 对应于下列三个可信的假设:

$$(\vee_1)\ [p \vee p] \leqslant [p]$$
$$(\vee_2)\ [p] \leqslant [p \vee q] \text{且} [q] \leqslant [p \vee q]$$
$$(\vee_3)\ \text{若} [p'] \leqslant [p] \text{且} [q'] \leqslant [q],\text{则} [p' \vee q'] \leqslant [p \vee q]$$

($\vee_1$) 与 ($\vee_2$) 相应地颠倒了 ($\&_1$) 与 ($\&_2$) 中$\leqslant$的两端，因为增加自身作为一个析取项，不会增加原有的真值度。($\vee_3$) 用$\vee$取代 ($\&_2$) 中的&，并且背后有相同的道理。从 ($\vee_1$)、($\vee_2$) 与 ($\vee_3$)，我们可以证明一个析取句的真值度就等于它的所有析取项中真值度最大的析取项的真值度:

$$(\vee)\ [p \vee q] = \max\{[p], [q]\}$$

这个证明与先前对 (&) 的证明类似。

析取句的处理方式可以被推广到存在量化语句。“有些东西是 $F$” 被视为是由它的所有个例所构成的一个析取句。于是，存在量化语句的真值度就等于它的所有析取项中真值度最大的析取项的真值度，或者更正确地说，最小的上限。当论域无限时，若对每一个正实数 $\varepsilon$，一个存在量化语句的析取项会有一个个例，其真值度大于 $1-\varepsilon$，则它会完全为真，即使它没有一个析取项完全为真。

否定、条件句与双条件句就没这么直观了。不像合取句与析取句那样，它们的真值度真值表不可能单独从相关的真值度比较中推导出来；其他数学关系必须被考虑进来。考虑双条件句。若 $p$ 与 $q$ 有一样的真值度，则 $p \equiv q$ 应该完全为真。若 $p$ 完全为真，且 $q$ 完全为假，或者反过来，则 $p \equiv q$ 应该完全为假。当更真的部分的真值度逐渐减少，而比较不真的部分的真值度逐渐增加，整个双条件句的真值度应该会增加，但以什么样的
117 速度增加？最简单的假设是，双条件句的真值度是，完全真（即 1）减去两个双条件项的真值度差距:

$$(\equiv)\ [p \equiv q] = 1 + \min\{[p], [q]\} - \max\{[p], [q]\}$$

跟之前一样，当真值度被限制在 0 与 1 这两个值上，我们会从 ($\equiv$) 回

到对≡的标准二值真值表。

条件句 $p\supset q$ 可以通过双条件句与合取句来定义，亦即 $p\equiv(p\&q)$。通过使用（≡）与(&)，我们能够计算 $[p\supset q]$，一个以 $[p]$ 与 $[q]$ 作为输入的函数，如下：

$$
\begin{aligned}
[p\supset q] &= [p\equiv(p\&q)] \\
&= 1+\min\{[p],[p\&q]\}-\max\{[p],[p\&q]\} \\
&= 1+\min\{[p],\min\{[p],[q]\}\}-\max\{[p], \\
&\quad \min\{[p],[q]\}\}
\end{aligned}
$$

因为 $\min\{[p],\min\{[p],[q]\}\}$ 被简化成 $\min\{[p],[q]\}$，而 $\max\{[p],\min\{[p],[q]\}\}$ 被简化成 $[p]$，所以我们会有下列式子：

$$(\supset)\ [p\supset q]=1+\min\{[p],[q]\}-[p]$$

因此

若 $[p]\leqslant[q]$，则 $[p\supset q]=1$

若 $[q]\leqslant[p]$，则 $[p\supset q]=1+[q]-[p]$

换句话说，若后件至少跟前件一样真，则整个条件句完全为真；若后件的真值度低于前件的真值度到某种程度，则整个条件句不会完全为真，而是真到那种低的程度。我们也可以通过双条件句与析取句来定义 $p\supset q$，亦即 $(p\vee q)\equiv q$。从（≡）与(∨)，我们可以知道 $[p\supset q]=1+[q]-\max\{[p],[q]\}$，这在数学上等值于（⊃）。要不然，我们可以从（⊃）开始定义，然后将 $p\equiv q$ 定义为 $(p\supset q)\&(q\supset p)$；于是，我们可以从（⊃）与（&）来重新定义（≡）。

对于否定，为了让定义比较简单，让我们假设语言中包含一个荒谬语句⊥(例如，"2=3" 或 "猪会飞")，使得 $[\perp]=0$。于是，我们可以将 $\sim p$ 定义为 $p\equiv\perp$ 或 $p\supset\perp$("若他道歉，则猪会飞" 就等于 "他不会道歉")。根据（≡）或(⊃)，我们会有下列式子：

$$(\sim)\ [\sim p]=1-[p]$$

无论如何，对~来说，这是最自然的真值表；若它确保一个语句越真，则 118

其否定就越假，而且反之亦然。此外，对⊃与～来说，当真值度被限制在0与1这两个值上，我们会从（⊃）与（～）回到标准的二值真值表。

先前提及的真值表是由卢卡西维兹基于其他理由而设计出来的。他让1是唯一的指定值；所以，一个式子是有效的，当且仅当，在任何对其组成的原子部分的真值度赋值下，它完全为真，而且一种推论形式是有效的，当且仅当，它的结论会完全为真，它的前提都被赋值为完全为真。[23] 不同于哈尔登与科纳，卢卡西维兹允许一个式子完全为真，当该式子的所有原子部分有中间的真值度，以至于有些式子是有效的。举例来说，$[p]$ 与 $[\sim\sim p]$ 总是等值的，所以 $[p\equiv\sim\sim p]$ 总是1，因此 $p\equiv\sim\sim p$ 是有效的。许多在经典逻辑中有效的式子，在卢卡西维兹的真值表中也是有效的，而且反过来也总是成立。不过，排中律失效了。若 $p$ 既不完全为真，也不完全为假，则 $p\vee\sim p$ 不会完全为真。若 $p$ 是半真的（$[p]=1/2$），则 $p\vee\sim p$ 也会是半真的（$[p\vee\sim p]=\mathrm{mix}\{[p],[\sim p]\}=\mathrm{mix}\{[p],1-[p]\}=1/2$）。对于 $p\vee\sim p$，我们顶多只能说，它的真值度从未低于1/2。

在边缘例子中，排中律失效似乎是很正常的。比较困扰人的是，非矛盾律会以一样的方式失效。$\sim(p\&\sim p)$ 总是会跟 $p\vee\sim p$ 有一样的真值度，所以仅当 $p$ 完全为真或完全为假时，它才会完全为真。当 $p$ 是半真的时候，$p\&\sim p$ 与 $\sim(p\&\sim p)$ 也是半真的。

在无限多值逻辑的真值表中，并非所有二值逻辑中的重言式都会至少是半真的。举例来说，当 $p$ 是半真的，则二值逻辑中的矛盾句 $p\equiv\sim p$ 会完全为真（因为 $\sim p$ 跟 $p$ 会真到一样的程度），所以二值逻辑中的重言式 $\sim(p\equiv\sim p)$ 会完全为假。“一个式子在二值逻辑中是一个重言式”这件事本身不会告诉我们它在无限多值逻辑的真值表的真值度为何。相同的是，“一个式子在二值逻辑中是一个矛盾句”这件事本身也不会告诉我们它在无限多值逻辑的真值表的真值度为何。

无限多值的架构会让一大堆其他算子具有合法地位。例如，一个非经典条件句→，以及与之对应的非经典双条件句↔可以被定义如下：

119 （→）$[p\rightarrow q]=1$，若 $[p]\leqslant[q]$

$=0$，在其他情况下

($\leftrightarrow$) $[p\leftrightarrow q]=1$，若$[p]=[q]$

$=0$，在其他情况下

给定经典数学的架构，$p\rightarrow q$ 与 $p\leftrightarrow q$ 总是完全为真或完全为假。$[p\rightarrow q]$ 与 $[p\leftrightarrow q]$ 不会是 $[p]$与$[q]$ 的真值度函数。

可以通过非经典条件句来定义算子>，意指“更多的”，如同在“下雨比下雪更多”这个语句中一样。$p>q$ 等价于$\sim(p\rightarrow q)$：

($>$) $[p>q]=1$，若$[p]>[q]$

$=0$，在其他情况下

当真值度被限制在 0 与 1 这两个值上时，$p>q$ 会等价于 $p\&\sim q$。

多值语义论允许简单式的定义不等价于任何日常语句。举例来说，若 $\alpha$ 是任何介于 0 与 1 之间的实数，则一个守恒语句 $C_\alpha$ 可以被定义为，在所有情况下都具有真值度 $\alpha$：

($C_\alpha$) $[C_\alpha]=\alpha$

于是，$C_\alpha\rightarrow p$ 说的是，$p$ 的真值度至少跟 $\alpha$ 一样，因为它会是完全真的，若确实如所说的那样，而它会是完全假的，若不是如所说的那样。举例来说，$C_{1/2}\rightarrow p$ 说 $p$ 至少是半真的，$p>C_{1/2}$说 $p$ 的真值度是比 1/2 还多（“总的来说，它是真的”）。与此相似，$p\rightarrow C_\alpha$ 说 $p$ 的真值度顶多跟 $\alpha$ 一样，因为它会是完全真的，若确实如所说的那样，而它会是完全假的，若不是如所说的那样。因此，$p\leftrightarrow C_\alpha$ 说 $p$ 的真值度恰恰就是 $\alpha$。用一个特殊符号 $J_\alpha$ 来表示那个算子会比较方便：

($J_\alpha$) $[J_\alpha p]=1$，若$[p]=\alpha$

$=0$，在其他情况下

特别是，$J_1$ 是一种确定性算子（definiteness operator）：$J_1p$ 是完全真的，若 $p$ 是完全真的，而在其他情况下是完全假的。

我们也可以将“平均”算子 $\sqcap$ 定义为意指一个复杂语句的真值度是其组成语句的平均真值度：

($\sqcap$) $[p\sqcap q]=1/2([p]+[q])$ 120

算子 $\sqcap$ 缺少一种特征，而该特征是在此考虑到的所有其他一位语句算子与二位语句算子都具有的，亦即一个复杂语句的真值度是 0 或 1，当这个复杂语句的每一个组成语句的真值度是 0 或 1。若 $p$ 是完全真的，而且 $q$ 是完全假的，或反过来，则 $p \sqcap q$ 是半真的。因此，即使 $p$ 与 $q$ 是完全精确的，$p \sqcap q$ 也可以具有中间的真值度。这使 $\sqcap$ 很难在直观上被解释。它有点像合取句与析取句的平均，但是如何可能有这样的算子？“$2=2 \sqcap 2=3$”是半真的。其中任何相关含混性必定来自 $\sqcap$ 本身：或许它是一个合取句与析取句的含混结合。现在，一个在合取句与析取句之间的含混言谈，一般会被视为是未完全定义的、晦涩的以及混淆的。不过，通过多值语义论的语词来定义（$\sqcap$），$\sqcap$ 是完全定义的。接受多值语义论的一般形式，就是承认 $\sqcap$ 这种算子的可理解性。遗憾的是，承认有可理解的东西不代表我们理解它。[24]

## 4.9 模糊集与模糊逻辑

卢卡西维兹的著作对含混性的研究没有产生立即直接的影响。不过，在晚期尝试发展**模糊集**（fuzzy set）概念的过程中采取了形式相似的做法。如同集合通常被认为的那样，元素与集合之间的归属关系是一件全有或全无的事。实际上，这假设了排中律。当我们用一个含混谓词（“堆的集合”）来定义一个集合时，这个假设可能看起来有点可疑。一种替代做法是发展一种集合论，集合中的归属关系是有程度之分的。在早期，亚伯拉罕·卡普兰（Abraham Kaplan）与赫曼·史肖特（Hermann Schott）在 1951 年做了这样的尝试，他们想着将之运用于经验科学。他们通过 0 与 1 之间的实数来测量经验集合中的从属程度，并且定义相应的交集、联集、补集与子集等概念。虽然卡普兰与史肖特的文章没有导致任何结果，但是 14 年后，电子工程师洛芙蒂·扎迪（Lofti Zadeh）有着较成功的表现，他在 1965 年的文章《模糊集》（“Fuzzy Sets”）中，独立发展出相似的想法，
121 并且有着较多的数学阐释，以及许多后继者。在 1970 年代，发表关于模糊性的文章之数量急速增加，模糊性成为颇具规模且自成一家的研究议题，并在 1978 年创立了自身的学术期刊《模糊集与系统的国际期刊》

(*International Journal of Fuzzy and Systems*)。

扎迪意图将模糊集运用于计算问题，像是图形辨识；这可以说明为什么他的著作如此受欢迎。举例来说，考虑如何编写一个程序来让计算机辨识手写的文字：一个潦草的形状可能在不同程度上符合 m、n 与 w 的图形。此外，若人类使用者给予一个计算机控制系统含混的信息或指示（例如，“车站在前方大约 1 千米远”“在经过一所大学后，马上左转”），则该计算机需要一个架构来处理含混性，而模糊集理论已经被认为是一个好的理论选项。我们甚至可以购买模糊控制的洗衣机。无论如何，所有这样的运用都是在经典逻辑与经典数学的架构下进行的。例如，一个模糊集就是一个经典函数，亦即从一个论域到［0，1］区间的函数：该函数将论域中的每个元素配对到该集合的从属程度。因此，这样的运用若真的成功，则不会证明经典架构是不适当的。此外，模糊集理论的许多细节似乎在运用中没什么作用。尽管如此，它的基本想法还是可以被概述如下。

标准的集合论概念被修改以被运用于有着从属程度之分的集合，其程度介于 0 与 1 之间。$X$ 与 $Y$ 的交集是集合 $X \cap Y$，其中一个东西的从属程度是从属于 $X$ 与从属于 $Y$ 中最小的那个。两个集合 $X$ 与 $Y$ 的联集是集合 $X \cup Y$，其中一个东西的从属程度是从属于 $X$ 与从属于 $Y$ 中最大的那个。与此相似，若一个东西从属于 $X$ 的程度是 $\alpha$，则它从属于 $X$ 的补集的程度是 $1-\alpha$（对给定论域来说）。这些定义在集合论上等价于卢卡西维兹的合取句真值表、析取句真值表与否定句真值表。

有人可能预期，条件句与双条件句会对应于集合的子集合概念与等价关系。不过，对模糊集来说，子集合概念的自然定义会是 $X \subseteq Y$，当且仅当，每个东西从属于 $Y$ 的程度至少跟从属于 $X$ 的程度一样，而等价关系是 $X = Y$，当且仅当，每个东西从属 $Y$ 的程度刚好跟从属于 $X$ 的程度一样。122
这些关系的成立不像从属 $X$ 或 $Y$ 的关系一样是有程度之分的。它们对应于非经典条件句与非经典双条件句，亦即先前的 $\rightarrow$ 与 $\leftrightarrow$。我们可以像定义模糊集之间的子集关系与等同关系那样来定义关系，而那会较好地将 $\subseteq$ 与 $=$ 分别对应于 $\supset$ 与 $\equiv$。不过，一个差异仍然存在。就像语言中由语句构成的合取句、析取句与否定句本身也是语言中的语句一样，条件句与双条件句也是如此；一个论域的许多子集之间的交集、联集与补集，本身就是该论域的子集，但子集关系与等同关系却不是：它们是这些子集之间的关系。[25]

扎迪原先的文章是关于模糊集的，而不是关于模糊逻辑的。尽管如此，很自然地假设若“堆”集合的从属关系是有程度可言的，则“那是一堆”的真值也会有程度可言。此外，模糊交集、模糊联集与模糊补集，对应于多值逻辑的合取句、析取句与否定句。约瑟夫·戈顾恩（Joseph Goguen）很快就根据模糊集理论推动了模糊逻辑的发展。[26]他不要求真值度的集合在［0，1］这个区间，但允许真值度的集合是任何集合，其中某种抽象的数学结构被定义在该集合之上；因此，真值度不需要是数值化的。我们将在 4.13 节讨论这个推广。真值度集合的选择应该依手上案例的具体情况而定。对许多例子来说，区间［0，1］的实数集是完全适当的。尽管那样，戈顾恩允许函数算子的定义不同于上述给出的那样，给定那些定义满足各种结构上的条件。举例来说，他提议，一个合取句的真值度被定义为这个合取句的合取项的真值度乘积。重复出现的合取项会导致逻辑上的变化；若“这块布是黑的”的真值度是 2/3，则“这块布是黑的，而且这块布是黑的”的真值度只会有 4/9。上述给出的计算结果似乎更加自然，而且将在本章后面的部分被使用到；它们满足戈顾恩的结构条件。我们不会试图描绘模糊逻辑的琐碎细节，但是某些跟含混性相关的主要想法会被挑出来说明。

## 4.10 连锁悖论的真值度处理方式

123 模糊逻辑允许我们对连锁悖论采取一种温和的处理方式。令 $p_n$ 代表“一个头上有 $n$ 根头发的人是秃的”。所以，一个连锁论证可以被推导如下：

$p_0$

$p_0 \supset p_1$

$p_1 \supset p_2$

…………

$\underline{p_{99\,999} \supset p_{100\,000}}$

$p_{100\,000}$

该论证通过使用100 000次离断律而推导出结论。第一个前提 $p_0$ 是完全真的，结论 $p_{100\,000}$ 被认为是完全假的。真值度理论的诊断是，当 $n$ 从0增加到100 000时，$p_n$ 的真值度会在无法察觉的步骤中逐渐减少。为了简单说明，我们可以通过让 $p_n$ 的真值度为 $1-(n/100\,000)$（其中 $0 \leqslant n \leqslant 100\,000$）来理解上述想法。因此，真值度从 $p_n$ 下降到 $p_{n+1}$ 就是1/100 000；反过来说，当头发一根根掉落，它代表一个人头秃的程度不断增加。所以，论证中的每一个条件句前提，前件的真值度会比后件的真值度只多了1/100 000。这意味着，根据（⊃），每一个条件句前提的真值度会是99 999/100 000。在论证的每一个中间步骤，从前提 $p_n$ 与 $p_n \supset p_{n+1}$［各自的真值度分别是 $(100\,000-n)/100\,000$ 与99 999/100 000］，利用离断律而推导出的结论 $p_{n+1}$，其真值度会是 $(99\,999-n)/100\,000$。中间步骤推导出的结论的真值度会在微不足道的步骤中下降。不会有一个东西是秃的分界点，因为所有的步骤都是一样的。[27]条件句前提的可信度已经被解释了，因为每一个条件句的真值度几乎都是完全真的，而其否定几乎都是完全假的。

在这个说明中，离断律是有效的吗？这依赖于有效性的定义。若有效性是指保持完全真的真值度，则离断律是有效的；若 $q$ 与 $q \supset r$ 的真值度是1，则 $r$ 的真值度也会是1。在这个意义下，连锁论证是有效的，但一个有效论证可以有几乎是完全真的前提，以及一个完全假的结论。另外， 124
若有效性是指保持真值度，则离断律是无效的；若 $q$ 与 $q \supset r$ 的真值度至少是0.999 99，则 $r$ 的真值度可能只到0.999 98。更不必说，连锁论证在后者的意义下会是无效的。我们可以引进一个模糊的有效性概念：一个论证的有效性是至少到 $\alpha$ 的程度，当且仅当，该论证的所有前提的真值度至少到 $\beta$，其结论的真值度至少会是 $\beta-(1-\alpha)$。无论如何，在这个意义下，离断律的有效性仍不算很高，因为离断律允许从前提到结论的真值度变化，其下降程度可高到1/2。若 $q$ 是半真的，而 $r$ 是完全假的，则离断律的使用会从 $q$ 与 $q \supset r$ 推论到 $r$，其真值度是从半真的前提到完全假的结论。因此，离断律顶多是一半有效的，而它的直觉有效性无法通过它的逼近有效性来解释。所以，将有效性定义视为保持完全真，似乎比较符合我们的直觉。虽然连锁论证是有效的，但它的条件句前提的微小假值度导致了结论的高假值度。[28]

根据这个理论，$\supset$是传递性的吗？$p_0 \supset p_1$，$p_1 \supset p_2$，…，$p_{99\,999} \supset p_{100\,000}$等条件句被算作几乎完全真的，但$p_0 \supset p_{100\,000}$却被视为完全假的。无论如何，若前面的条件句是完全真的，则后面的条件句也会是。条件句被串联在一起，会保持完全真，但不会保持几乎完全真。①

## 4.11 比较级语词与修饰语

模糊语义论已经被运用于自然语言中的各式各样的语词结构。若模糊语义论为这些语词结构提供了一种有解释力的说明，则那会是一个支持模糊语义论的论证。

比较级语词形成了一个核心个例，因为它们被用来引进真值度的想法。“这块布是黑的”比先前更真，因为这块布比先前更黑。总的来说，我们的任务是通过形容词“$F$”的语义论，给出“更 $F$ 的”（$F$er than）的语义论。我们如何能说明“一个熟知比较级结构且理解‘$F$’的说话者能够在未受进一步训练的情况下理解‘更 $F$ 的’”这个事实？[29]若“$x$ 是 $F$”的真值度就是 $x$ 是 $F$ 的程度，则 $x$ 比 $y$ 更 $F$，当且仅当，“$x$ 是 $F$”比
125 “$y$ 是 $F$”更真（有更大的真值度）。因此，有人可能尝试说，包含比较级语词的语句的真值条件会是：“$x$ 比 $y$ 更 $F$”是真的，当且仅当，“$x$ 是 $F$”比“$y$ 是 $F$”更真。现在，那还不是我们想要的，因为，若真值度要在递归语义论中扮演重要角色，则我们需要说明，包含比较级语词的语句会有什么真值度。无论如何，有一个简单提议：“$x$ 比 $y$ 更 $F$”是完全真的，若“$x$ 是 $F$”比“$y$ 是 $F$”更真，而在其他情况下，“$x$ 比 $y$ 更 $F$”是完全假的。[30]包含比较级语词的语句是完全真或完全假的要求，不全然是反常

① 若$\supset$是传递的且有效性是定义在完全真之上，则从 $p_0 \supset p_1$ 与 $p_1 \supset p_2$ 到 $p_0 \supset p_2$ 的推论会是有效的，亦即若前提是完全真，结论也会是完全真。但若有效性是定义在几乎完全真，则$\supset$不会是传递的，因为尽管每个前提（$p_0 \supset p_1$，$p_1 \supset p_2$，$p_2 \supset p_3$，…）都是几乎完全真，但其结论（$p_0 \supset p_{100\,000}$）却不是。——译者注

的。“$x$ 比 $y$ 更黑吗?”这个问题通常比“$x$ 是黑的吗?”这个问题更精确。当然，即使前一个问题也不是完全精确的；当 $x$ 与 $y$ 不是一样黑的，不清晰性可能会出现。这样的困难会在 4.12 节讨论。

形式上，比较级语词可以通过 4.8 节介绍的算子“更多的”（即>）来定义。“$x$ 比 $y$ 更 $F$”等价于 $Fx>Fy$，亦即“$x$ 是 $F$ 比 $y$ 是 $F$ 更多”。与此相似，“$x$ 至少跟 $y$ 一样 $F$”可被定义为 $F_y \rightarrow F_x$，亦即“若 $y$ 是 $F$，则 $x$ 是 $F$”，在此使用非经典条件句来说明。

跟比较级语词相关的是“非常地”与“浅……的”（-ish）这样的修饰语。模糊语义论可以给予它们一个说明，如下：当这块布的黑的程度是中等程度 $\alpha$，则程度大于 $\alpha$ 的黑是非常黑，程度小于 $\alpha$ 的黑是浅黑。当这块布的黑的程度是 0，它非常黑的程度也是 0，而浅黑的程度也是 0。当它黑的程度是 1，它非常黑的程度也是 1，而浅黑的程度也是 1（若“浅黑”被视为不排除“黑”）。为了达成这些目标，我们可以将“$x$ 是非常 $F$”这个语句的真值度定义为“$x$ 是 $F$”的真值度的平方，而将“$x$ 是浅 $F$ 的”这个语句的真值度定义为“$x$ 是 $F$”的真值度的平方根。根据这个简单说明，“非常浅 $F$ 的”等价于“$F$”。其他语词会有相当不同的样子。“半……”会有一个钟形的样子。“这块布是半黑的”是完全真的，当“这块布是黑的”是半真的；“这块布是半黑的”是完全假的，当“这块布是黑的”是完全真的或完全假的。相对应的等式也很容易找到。这种处理方式已经被推广到许多其他副词修饰语的处理上：相当、有点、稍微、或多或少、高度地、相当地、轻微地、极端地等语词。[31]

递归语义论也提供解释来说明任何这样的修饰语所构成的复合语词。举例来说，当“这块布是黑的”的真值度是 $x$ 时，“这块布不是非常非常黑的”这个语句的真值度会是 $1-x^4$。在如此解释下，许多自然语言中的 126
复合语词会有可疑的情况，例如：非常不非常黑的、浅浅黑的、极端地有点黑与高度地黑。该语义论当然会有许多人为造作的地方，但这不代表该语义论是没有价值的。对以英文为母语的说话者来说，若他们的判断证实了模糊语义论关于自然语言的那些论证是有效的预测，则那会构成证据来支持该语义论是朝正确方向前进的。支持该语义论的人可能希望找到一种方法来消除人为造作的部分，同时还能成功地说明这些现象（说比做容易；参见 4.13 节)。对某些重要推论规则的有效性，模糊语义论确实使之有效，而这符合说话者的判断。它使“更 $F$ 的”是一种传递但不对称的关系，并且让从“$x$ 比 $y$ 更 $F$”与“$y$ 是 $F$”到“$x$ 是 $F$”的推论是有效的。此外，模糊语义论对指定值的适当选择，会使从“$x$ 跟 $y$ 在高度上或多或少是一样的”与“$x$ 是高的”到“$y$ 相当高”的推论是有效的。

遗憾的是，适用于比较级语词与其他修饰语的真值度概念也适用于对含混性的分析，这还不是件明显的事。我们可以使用形式上的等价来让“更真”有点道理：“$x$ 是 $F$”比“$y$ 是 $F$”更真，当且仅当，$x$ 比 $y$ 更 $F$。当然，这种形式仅相对于非常有限的比较级语词。它不会告诉我们，什么时候“雪是白的”会比“雪是冷的”更真，它也不适用于复杂语句。为了完全的普遍性，我们需要这种形式的等价：$p$ 比 $q$ 更真，当且仅当，$p$ 多于 $q$。我们同意，这样的等价式确实给予了我们一些关于“更真”的理解。它会对含混性做出什么贡献？

让 $x$ 是世界上最高的人，而 $y$ 是世界上第二高的人。两人都是明显地高。两人都不太像是“高”的边缘例子。“$x$ 是高的”与“$y$ 是高的”是相当明确地为真的。尽管如此，$x$ 比 $y$ 更高；根据上述等价式，“$x$ 是高的”会比“$y$ 是高的”更真。因此，虽然“$y$ 是高的”是清楚且明确地为真的，但它仍未达到最大的真值度。[32] 让我们换个例子，一个角是锐角，当且仅当，它小于 90 度。所以，30 度与 60 度都是明确的锐角；“30 度是锐角”与“60 度是锐角”都是明确地为真的。“锐角”在所有相关方面都是精确的。尽管如此，30 度会比 60 度更加锐角；根据上述等价式，“30 度是锐角”会比“60 度是锐角”更真。若对“更真”这个语词的这些使用是有道理的，则它们跟含混性现象的关联性就是相当不清楚的。

127 涉及比较级语词的判断，我们需要的不多。我们可以约定“简月份”① 包含一月、二月、三月、四月、五月与六月。四月跟六月相比，哪一个更简？答案明显是四月，因为按照月份的排序，四月离其他非简月更远。在这个例子中，我们不需要含混性来造成这个结果。这样的比较级判断可以通过任何跟相似性维度有关联的谓词而产生，无论该谓词精确与否。[33]

---

① 原文是“jane month”。——译者注

若真值度概念是用比较级的方式来说明的，则完全真与完全假之间的真值度的发生绝不蕴涵含混性的出现。有些语句可以明确地真或明确地假，但却不需要在相关意义上完全真或完全假。对使用真值度来说明连锁悖论的学者来说，这造成了困难。根据他们的理论，任何能够具有中间真值度的语句集合都可以被用来建构一个连锁悖论。若某些语句能够有各种真值度，但却不涉及相关的含混性，则使用它们来建构连锁悖论就应该是可能的，尽管不涉及相关的含混性。例如，“锐角的”应该是一个可能导致连锁悖论的语词。但是，一个论证“锐角的”连锁论证不会是一个真正的悖论；我们可以轻易察觉到错误的推论步骤。对可适用于非悖论式的“锐角的”的连锁悖论的说明，无法准确定位含混性的来源。因此，通过试图使用比较级的方式来说明真值度，连锁悖论的真值度理论会被摧毁。那么，真值度可以被如何说明？

比较级语词的语义论跟含混性问题，比我们可能认为的还要不相关。[34]对一种真值度理论来说，最佳的发展前景依赖于放弃将之视为一种含混性理论的尝试。

基于说明的目的，4.12 节至 4.15 节将忽略刚才提出的问题：不是因为不重要，而是因为它们考虑的问题跟该问题是不相关的。

## 4.12　含混真值度

使用多值逻辑来分析含混性面临一个进一步的问题：高阶含混性现象。

掌握这个困难的本质是很重要的。考虑下列陈述句： 128

($\#_1$)“它是湿的”这个语句的真值度大于 0.729。

让我们假设 ($\#_1$) 的断言语境是关于天气的一个随意评论。问题不在于 ($\#_1$) 太精确而不可能正确地描绘这样的一个情境。问题反而是，($\#_1$) 是极端含混的。在许多语境中，该语句既不是明确地为真，也不是明确地为假。决定 ($\#_1$) 真假的尝试可能会失败，其理由就像决定日常含混陈述句的真假值的尝试一样，例如在边缘例子中的“它是湿的”这个日常含混语句。($\#_1$)中的数学语词可能是精确的，但一个语句的真值度概念却不是一个数学概念。它表征了一种从语境中的语句到实数的在经验上被决定的映射关系。即使统计上的研究显示，相关说话者的判断对决定($\#_1$)来说是相关的，该结果也会是含混的。我们通常不清楚谁应该被包含在研究中，以及不清楚该如何分类他们的反馈。真正的问题是，($\#_1$)的含混性没有被认可。

通过使用非数值化的真值度，这个问题也不会被解决。数值化的真值度是有问题的，但却是基于不同的理由。（参见 4.13 节）姑且不论($\#_1$)，让我们考虑下列比较级陈述句：

($\#_2$)“它是湿的”会比“它是冷的”更真。

($\#_2$)跟($\#_1$)含混的方式是一样的。在许多语境中，($\#_2$)既不是明确地为真，也不是明确地为假，决定($\#_2$)真假的尝试可能会失败，其理由就像决定日常含混陈述句的真假值的尝试一样，依此类推。需要被承认的是($\#_1$)与($\#_2$)的含混性。

为什么($\#_1$)与($\#_2$)的含混性应该难以被认可？若一种含混语言需要一种多值语义论，则那应该特别适用于一种含混的元语言。相应地，含混的元语言会有一种有着多值语义论的含混元元语言（meta-meta-language），照此类推到元语言的诸多阶层。这个问题（或解决方法）的细节无疑会非常复杂，但是原则上没有任何困难吗？

确实存在问题。多值语义论让经典逻辑是无效的。因此，若元语言被给予一种多值语义论，则经典逻辑下的推理在元语言中就不是完全有效的。
129 这个问题不只是概念上的。举例来说，让我们考虑一个包含条件句→的系统。若经典逻辑在元语言中是有效的，则我们可以推论如下：→是完全由（→）来定义的，使 $p \to q$ 是完全真的，若 $q$ 至少跟 $p$ 一样真（$q$ 的真值度至少跟 $p$ 的真值度一样），若非如此，则是完全假的；根据排中律，两者中的任何一个都成立。因此，$p \to q$ 是完全真的或完全假的，所以根据（~）与（∨），$(p \to q) \vee \sim (p \to q)$ 是完全真的。在元语言中使用排中律虽然不会让我们在对象语言中建立起排中律的普遍有效性，但确实使我们可以在对象语言中建立起排中律的一个特殊个例。对一种自然语言来说，元语言假设的一个例子会是：

($\#_3$)“它是湿的”至少跟“它是冷的”一样真，或“它是湿的”至少不会跟“它是冷的”一样真。

该论证会使用（$\#_3$）来让对象语言中的析取句是有效的，如下：

($\#_4$) 它至少跟它是冷的一样湿，或它不是至少跟它是冷的一样湿。

问题是：若原先对排中律的批评是令人信服的，则该批评也适用于（$\#_3$）与（$\#_4$），而且也适用于其他个例。根据多值语义论的进路，排中律的一个简单个例，例如“它是湿的，或它不是湿的”，会被既不是明确地湿，也不是明确地不湿的例子所反驳。不过，有时它既不是明确地至少跟它是冷的一样湿，也不是明确地不是至少跟它是冷的一样湿，而且“它是湿的”既不是明确地跟“它是冷的”一样真，也不是明确地不是跟“它是冷的”一样真。根据同样的推理，这样的例子应该使（$\#_3$）与（$\#_4$）是无效的。在这个例子中，或者在任何其他例子中，不会有**额外的**理由认为其中一个析取项或另一个析取项是完全真的，而我们不知道是哪一个。[35]

若我们在元语言中的断言要求真值度从完全真下降到半真，则（$\#_3$）会是可断言的。但是，这个举措不会使经典逻辑在元语言中有完全的效力，因为它会禁止我们自由地使用（例如）析取三段论：若 $p \vee q$ 且 $\sim p$ 是半真的，则我们不能推论出 $q$ 至少是半真的。

多值逻辑的辩护者顽强地抗拒承认高阶含混性，并且放弃在元语言中 130
使用经典逻辑。[36] 当然，我们可以将研究合式公式与实数之间的精确映射视为一个纯数学的练习，于是经典元逻辑会是不可反驳的，不过这样映射出来的结果不可能被认为适合经验语义学的含混映射特征。更重要的是，一位真值度的理论家可以把使用经典元逻辑来给出一个自然语言的多值语义论视为一个实用的过度简化。根据这个观点，这么做所得到的描述不会是完全正确的，不过可能会比二值语义论给出的描述更真。刚才看到的是，该描述会在自然语言逻辑的说明上出错。为了做得更好，真值度的学者必须使用一种非经典的元逻辑。

根据真值度的理论，对一种含混语言来说，什么逻辑才是适合的？它至少应该有这种特征：当在元语言中，跟针对对象语言的真值度语义论结合时，它应该允许我们证明，作为对象语言的一种逻辑的有效性。这个条件不是完全精确的，因为我们不总是清楚什么时候元语言的逻辑可以被视为跟对象语言的逻辑是“一样的”。不过，这个条件也不是空泛的，因为经典逻辑明显不符合这个条件。若我们在元语言中结合经典逻辑与针对对象语言的多值语义论，则我们可以证明经典逻辑对对象语言不是有效的。不幸的是，我们不清楚什么逻辑确实满足这个条件。我们可以设计一种特设的逻辑以满足这个条件，这种逻辑会有一个排中律的受限版本，对应于“所有含混性都是一阶的”这个假设，但是这样的假设被认为根本毫无道理可言。[37]

实际上，多值逻辑的研究使用了经典的元逻辑，所以不会有答案来回应我们提出的问题。可能的情况是，一种足够弱的逻辑，跟将多值语义论运用于含混语言的哲学动机是一致的，但是它太弱，以至于不可能推导出有意义的元逻辑结果。无论如何，多值逻辑构成了一个动机良好且严谨成
131 熟的含混性理论，这根本只是一个幻象。在多值逻辑上的严谨研究已经包含一些假设是跟任何从含混性问题而来的可信哲学动机不一致的。

## 4.13 非数值化的真值度

数值化真值度的使用可能看起来像是否认高阶含混性，因为数值化代表着精确性。不过，这个表象是靠不住的。一位真值度论者可以而且应该把对自然语言语句的数值化真值度赋值视为一件含混的事。若元语言需要一种非经典逻辑，则真值度论者无论怎样都会承认这一点，不管真值度是不是数值化的。

我们需要谨慎地处理细节。令［$p$］代表自然语言语句 $p$ 的数值化真值度。真值度论者可以主张，在一个特别的边缘例子中，“$0 \leqslant [p] \leqslant 1/2$”与“$1/2 \leqslant [p] \leqslant 1$”都不是完全真的；根据多值逻辑对析取句的解释，这两个语句构成的析取句本身不是完全真的。不过，按理说，“$0 \leqslant [p] \leqslant 1$”是完全真的，所以它不会等价于先前的析取句。虽然这样的一个理论预告了非常复杂的解释，但这跟不融贯是两回事。[38]

数值化真值度还会面临一个不同类的批评。比较通常会有的几个维度。举个例子来说，假设聪明才智有空间与语言两个方面。若 $x$ 在空间方面优于 $y$，但 $y$ 在语言方面优于 $x$，则“$x$ 是聪明的”可能在一方面被认为比“$y$ 是聪明的”更真，但在另一方面却不是更真。此外，这可以被认为是一种 $x$ 与 $y$ 是聪明的真值度特征：在真值度上，每一个在某一方面是大于另一个的。两个实数如何可能在某一方面大于另一个？根据这个观点，程度的大小需要相对于不同维度，而不是通过一种任意的数值指派而把它们混在一起。这个问题在以实数作为程度的使用上较不严重，但是在我们将实数的标准排序当作程度的唯一排序时就很严重了。[39]

允许多维度真值度的最简单的方式是，将它们视为介于 0 与 1 之间的序列，每个序列表征一个不同的维度。在上述例子中，第一个数可能 132
表征语言方面的聪明才智，而第二个表征空间方面的聪明才智，照此类推。真值度 $\langle\beta_1, \beta_2, \cdots, \beta_n\rangle$ 至少会跟真值度 $\langle\alpha_1, \alpha_2, \cdots, \alpha_n\rangle$ 一样，当且仅当，对每一个介于 1 与 $n$ 之间的 $i$ 来说，$\alpha_i \leqslant \beta_i$。因此，$\langle 0, 1, \cdots\rangle$ 与 $\langle 1, 0, \cdots\rangle$ 都不至少大于对方。其他概念可以相同的方式来推广，一部分一部分地做。$\langle 1, 1, \cdots, 1\rangle$ 在所有的方面都是完全真的，而 $\langle 0, 0, \cdots, 0\rangle$ 则是在所有方面都是完全假的。若 $p$ 的真值度是 $\langle\alpha_1, \alpha_2, \cdots, \alpha_n\rangle$，而 $q$ 的真值度是 $\langle\beta_1, \beta_2, \cdots, \beta_n\rangle$，则 $p\&q$ 的真值度是 $\langle\min\{\alpha_1, \beta_1\}, \min\{\alpha_2, \beta_2\}, \cdots, \min\{\alpha_n, \beta_n\}\rangle$、$p \vee q$ 的真值度是 $\langle\max\{\alpha_1, \beta_1\}, \max\{\alpha_2, \beta_2\}, \cdots, \max\{\alpha_n, \beta_n\}\rangle$、$p \supset q$ 的真值度是 $\langle 1+\min\{\alpha_1, \beta_1\}-\alpha_1, 1+\min\{\alpha_2, \beta_2\}-\alpha_2, \cdots, 1+\min\{\alpha_n, \beta_n\}-\alpha_n\rangle$，而 $\sim p$ 的真值度是 $\langle 1-\alpha_1, 1-\alpha_2, \cdots, 1-\alpha_n\rangle$。[40]

那个模型不是完全令人满意的。举例来说，该模型暗示真值度的一个部分表征了空间方面的聪明才智。但是，除非我们的语言允许我们只谈论聪明才智，否则它会包含许多跟那个方面完全无关的语句。“它是湿的”的真值度没有空间方面的聪明才智。那个语句在真值度上跟“她是聪明的”这个语句是不可比较的，这不是因为其中一个语句比另一个语句在第一个方面的真值度更大，在第二个方面的真值度更小；它们就是不能互相比较的。一种更极端的推广是需要的，即一种根本不依赖于数值的推广。戈顾恩的许多工作确实集中在所需的推广上。[41]

一个很自然的想法是，将非数值化的真值度概念视为初基的，而且上面定义的排序关系≤也是初基的概念。对“这个比那个更黑”这个判断来说，似乎不依赖于对这个与那个的黝黑程度做独立的测量，而这个论点可延伸到“这个是黑的”比“那个是黑的”更真的判断上。确实，通过参考这样纯粹的比较判断，真值度被引进。≤会是自反的、反对称的，以及传递的，但不是连贯的（connected）：对于某些真值度 $\alpha$ 与 $\beta$，既不是 $\alpha \leqslant \beta$，也不是 $\beta \leqslant \alpha$。根据一种非数值化的解读，1 与 0 可以仍被用来代表完全真与完全假。可以跟之前一样来定义合取句与析取句：

（$\&_4$）$\alpha \leqslant [p\&q]$，当且仅当，$\alpha \leqslant [p]$ 且 $\alpha \leqslant [q]$

133 （$\vee_4$）$[p \vee q] \leqslant \alpha$，当且仅当，$[p] \leqslant \alpha$ 且 $[q] \leqslant \alpha$

假设确实存在最大的下限与最小的上限，则上述式子详细说明了合取句与析取句的独特真值度。对→与↔的定义也可以给出一种非数值化的解读。

否定句与条件句会比较困难，因为它们是通过数值上的减除来定义的。若 $p$ 的真值度是非数值化的 $\alpha$，则没有理由说 $\sim\alpha$ 的真值度是 $1-\alpha$。我们可以假设一个算子 N，作用于非数值化的真值度，而让 $\sim\alpha$ 的真值度是 $\mathrm{N}\alpha$。N 会需要一些适当的特征，像是：

（$\mathrm{N}_1$）$\mathrm{N}\alpha \leqslant \mathrm{N}\beta$，当且仅当，$\beta \leqslant \alpha$

（$\mathrm{N}_2$）$\mathrm{NN}\alpha = \alpha$

不过，（$\mathrm{N}_1$）与（$\mathrm{N}_2$）并未在数值例子中具体说明一个独特算子；没有理由认为它们也会在非数值例子中确保独特性。无论什么条件通过≤而被加到（$\mathrm{N}_1$）与（$\mathrm{N}_2$）上，这个论点都会成立。[42]假设一个算子，不代表具体说明了这个算子。在非数值化的真值度上定义⊃也同样困难。戈顾恩并未解决这个问题；他用适当特征来详细说明算子的集合，但却未说明该集合中的**什么**元素会为自然语言中的否定句或蕴涵定义出非数值化的真值度。

有人可能希望通过利用元语言中的对象语言来解决问题。举例来说，我们可以说一个语句的否定是真的，当且仅当，这个语句不是真的；更形式地说：

（$\sim_1$）$T(\text{“}\sim p\text{”}) \leftrightarrow \sim T(\text{“}p\text{”})$

在此，真谓词 $T$ 的论断本身是承认真值度的。根据↔的定义，（$\sim_1$）是完全真的，若 $T$(“$\sim p$”)跟 $\sim T$(“$p$”)有一样的真值度；在其他情况下，（$\sim_1$）是完全假的。[43]因此，（$\sim_1$）会把 $\sim p$ 的真值度等同于 $p$ 不为假的真值度。相似的同构说明可以被用于其他算子。

（$\sim_1$）的问题是，它完全无法与在含混性的真值度理论中使用的元语言概念契合。举例来说，连锁悖论的分析提及真值度的微小减少，而这种 134
谈论真值度的方式相当不同于（$\sim_1$）中使用的真值度概念。[44]若这样的分析得到了该分析所运用的语言的语义论的支持，则该分析的语词必定出现在该理论中。起码，该理论应该详细说明，在什么条件下一个给定的语句 $p$ 的真值度会是一个给定的程度 $\alpha$。照理说，在什么情况下 $\sim p$ 的真值度是 $\alpha$，应该通过在什么情况下 $p$ 会有多少真值度来详细说明。在（$\sim_1$）的形式中，甚至没有要求 $[\sim p]$ 是 $[p]$ 的一个函数，因为它没有提及等式两侧的真值度该如何计算。

我们可以尝试通过元语言中的否定来详细说明 $\sim p$ 的真值度：

（$\sim_2$）$[\sim p]=\alpha$，当且仅当，$[p]\neq\alpha$

不过，片刻的反思会显示真值度论者必须拒绝（$\sim_2$），因为它是不融贯的。因为，根据（$\sim_2$），对每个除了 $[p]$ 之外的真值度 $\alpha$ 来说，$[\sim p]=\alpha$，所以最多只可能存在两个真值度。使用≤来取代（$\sim_2$）中的=也不会有帮助：

（$\sim_3$）$[\sim p]\leqslant\alpha$，当且仅当，$[p]\nleqslant\alpha$

因为（$\sim_3$）蕴涵 $[\sim p]\leqslant 1$，当且仅当，$[p]\nleqslant 1$，而这是不可能的，因为根据我们对 1 的定义，$[\sim p]\leqslant 1$ 且 $[p]\leqslant 1$。相似的提议也会面临相似的困难。

我们可以定义一个特别的否定¬，如下：

（¬）$[\neg p]=1$，若 $[p]\neq 1$
$=0$，在其他情况下

不过，¬缺少“$\neg p$ 的真值度会跟 $p$ 的真值度相反地改变”这种性质；在真值度上相对应的函数不会满足（$N_1$）。因此，¬不是 $\sim$ 的一个推广；基于许多理由，它不会是真值度理论寻找的东西。

扎迪曾尝试发展一种非数值化的“语言学”真假值理论。这些真假值是真的、假的、不真的、非常真的、不是非常真的、非常不真的，以及不是非常真的且不是非常假的。不过，该理论等于是一种对这样语词（并非所有的语词都是明显合于语法的）的数值化的模糊语义论。举例来
135 说，他提议，若 $p$ 的真值度是 0.6，则“$p$ 是真的”可能只有 0.3 的真值度。因此，它不可能在不依赖数值化真值度的情况下，解决建构一种真值度语义论的问题。[45]

多值语义论在非数值化真值度上的推广仍有非常大的问题。很容易具体说明这样的一种语义论可能会想要什么样的结构类型，问题在于详细说明那种结构的可信个例。真值度理论在解决该问题上并未多花心力。

真值度理论是否应该返回数值化的真值度？毕竟，若为了找出有多少比例的以英文为母语的说话者在一个给定语境中会同意一个给定语句，我们对他们做一个统计调查，则调查结果会是介于 0 与 1 之间的一个实数。我们可能不清楚那个数是什么，但是二阶含混性已经被接受了。这代表一个语句是完全真的，当且仅当，每个说话者都同意它。事实是，那个主张是明显地为假的。无知与错误确保了全体一致同意既不是真理的充分条件，也不是真理的必要条件，即使含混性不是讨论议题。因此，真值度理论家可能会被驱使而主张，调查统计中的说话者是理想地理性（以英语为母语）说话者，而调查结果是根据他们在认知上理想的环境中会同意的比例而来的。这样的一个理论涉及重大的许诺（理想的理性说话者与认知上的理想条件满足）。即使涉及的许诺是有道理的，但是“对每个语句，在每个语境中，认知上的理想条件是指，每个相关于那个语句真假值的事实在原始语境中可以被知道”不是一件明显的事。或许某些事情在本质上就不可能被知道，而且或许其中的某些事是有程度可言的。真值度理论并未证明事情不是如此。此外，如此产生的数值不会满足真值度函数性。若 53%的理想的理性说话者同意 $p$ 且 29%的说话者同意 $\sim p$，则这不代表 29%的说话者会同意 $p\&\sim p$，如同（&）要求的那样。

可以说结论是很残酷的：使用数值化真值度的语义论是不可信的，使用非数值化真值度的语义论是不完整的。

## 4.14 真值度函数性

在本章讨论中，使用真值度来处理含混性的进路的核心假设是，各种复杂语句的真值度是其组成部分的真值度的一个函数。虽然对这个真值度函数性主张的批评不是崭新的，但是其威力却尚未被充分认识。[46] 136

我们可以先考虑合取句。假设 $p$ 与 $q$ 的真值度是一样的。所以，$p\&q$ 的第一个与第二个合取项会分别在真值度上符合 $p\&p$ 的第一个与第二个合取项。根据推广的真值函数性，这代表 $p\&q$ 跟 $p\&p$ 会有一样的真值度。因为 $p\&p$ 的真值度会跟 $p$ 的真值度一样，所以 $p\&q$ 的真值度也会跟 $p$ 的真值度一样。现在想象某人逐渐苏醒。“他是醒的”与“他睡着了”是含混的。根据真值度理论，当前者减少真值度时，后者会增加真值度。在某一刻，它们会有一样的真值度，亦即一个中间真值度。根据刚才已经论证过的，“他是醒的，而且他睡着了”这个合取句也会有那个中间真值度。不过，那如何可能？根据定义，醒与睡着是彼此互斥的。“他是醒的，而且他睡着了”根本不可能是真的。我们想象中的那个人并非处在一个不清楚的区域，介于该合取句为真的情况与为假的情况之间，因为根本没有前者的情况。若中间真值度是关于含混性的，则它们描述的情况是一个语句在其中既不是明显地正确的，也不是明显地不正确的。因为讨论中的合取句是明显地不正确的，所以它不应该有中间真值度。它是明显地不正确的，虽然它的两个合取项都不是明显地不正确的；我们必须谨慎地将“对合取句可以说什么”与“对每个合取项可以说什么”区分开。[47] 因此，真值度函数性对合取句是失效的。

同样的论点可以运用于用“他不是醒的”取代“他睡着了”的例子。在某一刻，“他是醒的”应该是半真的，所以“他不是醒的”也会是半真的。于是，“他是醒的，而且他不是醒的”会被当作半真的。一个明确的矛盾句如何可能有除了 0 以外的真值度？

日常使用矛盾句（例如，“他是，而且他不是”）来描述边缘例子，可能会混淆直觉。所以，另一个例子可能会有帮助。考虑英格兰詹姆士一世在临死的时候，他同时也是苏格兰的詹姆士六世。在该情境下，可以说他的死让查尔斯一世同时继承两个王位。詹姆士的死绝不是瞬间发生的，死亡的时间点是很轻微地含混的。在某一刻，根据标准的真值度理论，“詹姆士是活的”与“詹姆士是死的”会有同样的中间真值度。因为“詹姆
137 士是英格兰王”跟“詹姆士是活的”会有一样的真值度，而且“查尔斯是苏格兰王”跟“詹姆士是死的”会有一样的真值度，所以，所有这些语句会有一样的真值度。但“詹姆士是英格兰王，而且查尔斯是苏格兰王”也会有那个中间真值度，如同“詹姆士是英格兰王，而且詹姆士是苏格兰王”一样。这是荒谬的。那些语句的真值度是 0，因为在英格兰王与苏格兰王的等同上，明显不会有差异。

若我们仅仅假设各个合取项之间的真值度几乎等同，则该论点仍可以成立，因为真值度理论按理说会主张，一个合取项在真值度上的微小差异只会造成合取句在真值度上的微小差异。因此，若 $q$ 跟 $p$ 在真值度上几乎等同，则 $p\&q$ 的真值度会几乎等同于 $p\&p$ 的真值度，所以也会几乎等同于 $p$ 的真值度。举例来说，假设“$n$ 颗谷粒构成一堆”大概是半真的。于是，若语境因素维持不变，则“$n+1$ 颗谷粒构成一堆”只会稍微更真一点，所以“$n+1$ 颗谷粒不构成一堆”会逼近半真。因此，“$n$ 颗谷粒构成一堆，而且 $n+1$ 颗谷粒构成一堆”算是逼近半真。这也是荒谬的；$n$ 颗谷粒足以构成一堆，但 $n+1$ 颗谷粒却不足以构成一堆，这是根本不可能的。真值度函数性迫使合取句的运用就像是含混的。一个合取句的真值度不是由它的合取项的真值度决定的。

析取句的情况在形式上是相似的，虽然有人认为真值函数性在析取句上的推广没那么荒谬。若 $p$ 跟 $q$ 的真值度是一样的，则根据真值函数性的推广，$p \vee q$ 会跟 $p \vee p$ 有一样的真值度，所以会跟 $p$ 有一样的真值度。因此，若“他是醒的”与“他睡着了”有一样的中间真值度（或几乎一样的中间真值度），则“他是醒的，或他睡着了”也会有一样的中间真值度，即使醒与睡着被视为互补的状态。特别是，“他是醒的，或他睡着了”不会被视为比“他是醒的，或他是死的”更真，无论他多么健康。让我们用别的例子来说明，考虑马克·布洛克（Marc Bloch）对中世纪理解自由与奴役之区分的说明，他说：“介于自由与奴役之间是一条通常不确定的线，即使这条线会基于时代而改变，或者基于阶级而改变，但是其

中一个核心特征恰好是，从不允许边缘区域，半自由的称号暗示了这样的 138
不自由仍然存在。”[48]边缘区域正是真值度理论需要的。这不代表有人可以是明确地自由或不自由的，但却不是明确地自由或不自由的。为了允许这种可能性，我们必须放弃析取句的真值度函数性。

条件句的情况不会有什么差别。若 $p$ 跟 $q$ 的真值度是一样的，则根据推广的真值函数性，$p \supset q$ 会跟 $p \supset p$ 有一样的真值度。因为后者（亦即 $p \supset p$）应该会被视为完全真的，所以前者（亦即 $p \supset q$）应该也是。根据这样的处理方式，在上述想象的情况中，下列条件句会被视为完全真的：“若他是醒的，则他睡着了”；“若他是醒的，则他不是醒的”，“若詹姆士是苏格兰王，则查尔斯是英格兰王”，以及其他诸如此类的条件句。基于相似的理由，大多数真值度理论的处理方式会将“若 $n$ 颗谷粒构成一堆，则 $n+1$ 颗谷粒不构成一堆”当作几乎完全真的，当它的前件大约是半真的。这是荒谬的。真值度函数性对条件句也是失败的。

否认真值度函数性不等于否认真理有程度可言。合取句、析取句与条件句的真值度可能不由其组成部分的真值度决定。但是，真值度函数性的失败确实让我们很难看出真值度如何可以在语义论中扮演重要角色。因为某种真值度函数性当然在大多数基本逻辑算子的语义论中扮演重要角色，而且并不是用真值度来描述的。此外，通过比较级的方式来引进的真值度，没有厘清真值度与含混性之间的关联性（参见 4. 11 节）；在该主题上的形式系统很难处理高阶含混性（参见 4. 12 节），而且也很难处理非数值化的真值度排序（参见 4. 13 节）。试图通过真值度来取代真假值，并将真值条件语义论运用于含混语言，其结果是失败的。

## 4. 15　附录：多值逻辑的公理化

我们会想要有一个可靠且完备的公理化系统，而且系统中的推论规则
可以推论出所有（且只有）在多值语义论中有效的论证。这是否可能，依 139
赖于形式语言的词汇与有效性的定义。举例来说，我们可以采取卢卡西维兹的无限多值逻辑，而以 1 为唯一的指定值、$\supset$ 与 ~ 是仅有的两个初基算子［$A \vee B$ 可以被定义为（$A \supset B$）$\supset B$，而 $A \& B$ 可以被定义为 ~ ( ~ $A \vee$ ~ $B$)］。

于是，根据少数几个公理，通过离断律与替代性原则，我们可以推导出所有（且唯一）有效的式子。[49]不过，若全称量化词与存在量化词被加到语言中，而且语言包含多位谓词，则有效式子的集合甚至不是递归地可数的：它不可能通过任何形式手段产生。[50]特别是，它（多值逻辑的公理化系统）不可能通过任何有着判断什么算是一个证明的机械程序的形式系统而产生。因为量化词对我们思考来说是很重要的，所以这是一种严格的限制。

即使在一个命题逻辑中，新算子的引进也会导致问题。考虑逻辑常元 $C_\alpha$。它们形成一个不可数的无限，因为 $\alpha$ 可以是介于 0 与 1 之间的任意一个实数；因此，没有语言能够用可数多的字母系统来全部包含它们。这样的一种语言可以包含每个介于 0 与 1 之间的有理数，即 $J_\alpha$。该语言也可以被假设包含→。但是会出现一个新困难：有效性不会是紧致的。也就是说，将会有包含无限多前提的有效论证，其结论不会是那些前提的任何一个有限子集的有效后承。一个例子是有着 $C_{1/2}\to p$，$C_{3/4}\to p$，$C_{7/8}\to p$，… 前提，而结论是 $C_1\to p$ 的论证。该论证的前提说，$p$ 的真值度至少是1/2，而且至少是 3/4，而且至少是 7/8……其结论说，$p$ 的真值度至少是 1。结论是可以从前提推导出来的，但却不可以从前提的任何一个有限子集推导出来。不过，若证明本身可以被检查，则证明一定是有限的，所以只会用到有限多的前提。对于这样一个允许所有（且只有）有效论证的证明系统来说，有效性一定是紧致的。因此，在一种包含 $C_{1/2}$，$C_{3/4}$，$C_{7/8}$，…，$C_1$，以及→的命题语言中，不会有可靠且完备的证明系统来处理该论证。[51]

某些模糊逻辑系统的可靠性与完备性的结果已经被发表出来，其中的可证明性跟真值一样，有程度可言。[52]它们的基础证明论概念并不是“某式子 $A$ 是可证的”，亦即 $\vdash A$，而是“$A$ 的可证明程度至少是 $\alpha$”，亦即
140 $\vdash_\alpha A$。一组前提的可证程度概念也可以被引进。举例来说，离断律在下列形式中是成立的：若 $\vdash_\alpha A$ 且 $\vdash_\beta A\supset B$，则 $\vdash_{\max\{0,\alpha+\beta-1\}} B$。可靠性定理（对单一式子）会被陈述如下：若 $A$ 的可证明程度至少是 $\alpha$，则 $A$ 在每个 $A$ 的真值度至少是 $\alpha$ 的模型中为真。完备性定理则是反过来：若 $A$ 在每个 $A$ 的真值度至少是 $\alpha$ 的模型中为真，则 $A$ 的可证明程度至少是 $\alpha$。一般常见的可靠性与完备性概念会在 $\alpha=1$ 的特殊情况下出现。所以，先前段落中

提及的结果限制了在这些界限中可以做什么。只有基于目前定义下的量化词与函数算子的无限多值系统，我们才能给出可靠且完备的证明系统。

这些限制对多值语义论会造成多大的困难？在理论层面，在这些限制不构成一个致命批评的情况下，这些限制会让它较不具有吸引力。不会有先验上的保证来支持，所有涉及一组给定逻辑概念的有效论证可以在一个形式系统中被掌握。举例来说，我们对自然数的理解，本质上涉及自然数的所有性质的二阶概念，也涉及所有自然数的一阶概念，所以可以在一个二阶逻辑中被适当表达。[53]不过，二阶逻辑不可能有可靠且完备的证明系统。有可靠且完备的证明系统的逻辑——例如经典初阶逻辑——在那个方面是更简单的，而简单性纯粹是一个理论上的优点。尽管有时真理是复杂的。

在实际层面，情况是相似的。一个可靠且完备的证明系统允许我们找出有效论证。不过，即使不可能有这样的系统，我们仍可以建构一个可靠系统，对大多数实际目的来说，它是完备的：所有可证明的论证是有效的，而且唯一不可证明的有效论证是非常罕见的论证。此外，在一种给定运用中，其涉及的词汇可能如此有限，以至于一个可靠且完备的证明系统是可以被提供给相关的多值逻辑部分的。例如，算子 $J_\alpha$ 具体说明准确的真值度；因为日常说话者很少那么做，所以推理的形式化可以在对象语言中免除算子 $J_\alpha$。[54]

因为人类的区辨能力是有限的，所以曾有人提议，我们只需区别有限 141
多的真值度。[55]因此，我们可以考虑卢卡西维兹的（$n+1$）值谓词逻辑，其中真值度局限在有理数 0，$1/n$，$2/n$，…，$(n-1)/n$，1 之上。这些逻辑确实会有可靠且完备的证明系统。[56]不过，这个提议似乎没有理论上的根据。人类区辨能力的局限性不关逻辑的事，真值度上的限制是逻辑上可能的；所以，这不应该对有效性造成任何影响。此外，即使是语句真值度上的实际变化，也不需要该语言的说话者能够区辨出来。若“这根树枝是长的”的真值度是这根树枝长的程度，则其真值度的变化是我们不可能区辨的。对某些实际目的来说，我们顶多可以把卢卡西维兹的有限多值逻辑视为趋近无限多值逻辑。[57]

# 第五章　超赋值

## 5.1　不完整的意义

142 含混性问题通常被认为是一个将一种只适用于精确语言的形式意义理论运用于含混语言的推广问题。一种要求一致的推广方法将是使含混语言精确，并且套用原初理论。有几个明显的批评。第一，一种含混语言可以有多于一种的方式使之精确。第二，上述的“可以”只是原则上的；实际上，我们甚至不可能有方法让我们的含混语言完全精确。第三，若一种含混语言被精确化了，则它的表达式会改变其意义，所以一种精确语言的正确语义描述是对含混语言的不正确语义描述。乍看之下，这些批评似乎彼此没什么共同之处。不过，一种思路暗示着，要求一致的推广方法在被修改调整后可以回应上述所有批评。

或许一种语言的含混性就在于，能够在原则上以多于一种的方式使这种语言精确。当然，并不是每一种用精确意义置换含混意义的方式都算一种让含混语言精确化的方式。相反，含混意义被视为是指涉关系的不完整描述。让该语言精确，就是使这些描述是完整的，而不会与原初意义相抵触。[1]举例来说，“堆”的意义与非语言事实应该会决定有些东西是一堆、其他东西不是一堆，并且决定还有些东西是开放的（可以是一堆，也可以不是一堆）。第一类事物是那些明确是一堆的个例，第二类事物是那些
143 明确不是一堆的个例，而边缘例子就是第三类事物。使“堆”精确，就是赋予它一个意义，使它在那些明显是的例子中为真，在那些明显不是的例子中为假，在那些边缘例子中或者为真或者为假。这样的一种精确化也

必须符合任何加诸语词意义的系统性限制。例如，若 $x$ 与 $y$ 是“堆”的边缘例子，而两者之间唯一相关的差异是 $x$ 比 $y$ 多一颗谷粒，则“堆”的含混意义已经获得确保，若 $y$ 是一堆，则 $x$ 也会是一堆。因此，“堆”的某些精确化会对 $x$ 与 $y$ 都为真，某些精确化会对 $x$ 为真但却不会对 $y$ 为真，而某些精确化对 $x$ 与 $y$ 都不为真，但是不会有一种精确化对 $y$ 为真但却不对 $x$ 为真。“堆”的原始含混意义不会被反映在任何一种精确化上，而是被反映在对它的精确化集合上。

我们需要的是这样一种方法，对原初含混语言的语义描述来说，该方法收集了许多用不同方式来使之精确的语义描述。通过考虑所有使含混语言精确的方式，我们可以回答上述提及的第一个批评。通过考虑全部的精确化方式，而不试图个别地详细说明它们，我们可以回答上述提及的第二个批评。第三个批评也可以被回答，因为一个含混意义的不完整性被反映在各种完整方式上。我们需要的这种方法是**超赋值**方法。

## 5.2 根源

超赋值方法及其在含混性上的运用，似乎源自科学哲学。在 1950 年代，通常假设科学词汇可以被划分为观察语词与理论语词。观察语词的意义来自它们与经验的关系，而该经验是通过实例证示来定义的；理论语词的意义则来自它们与观察语词之间的关系，以及观察语词彼此之间的关系，而理论语词是通过一种科学理论来定义的。含混性渗透到了观察语词中，因为我们都会同意，一种使用有限个别经验的实例证示定义，不可能解释一个语词是如何被运用于所有可能的未来经验的。更重要的是，即使观察语词被视为完全精确的，而且用一种被详细说明的科学理论来定义理论语词与观察语词之间的关系以及观察语词彼此之间的关系，理论语词的意义也不会因此而被确立。理论词汇顶多只能通过观察词汇来获得部分定 144
义：若理论词汇可以完全地用观察词汇来定义，则理论词汇根本就不会是理论的。对理论词汇的解释多于一种，而且这些解释都反映了所有理论与实例证示的关系。[2]我们称任何这样的解释为可容许的（admissible）。根据刚才简述的观点，所有可容许的解释（admissible interpretation）都是一样好的。虽然理论词汇有许多可容许的解释，而这许多解释会有不同的、来自观察词汇的含混性根源，但是理论词汇与观察词汇都可以被视为一种意义上的不确定性形式。通过将可容许性推广至任何满足所有在意义上的限制的解释，对理论不确定性的一种自然处理方式可以延伸至处理观察的含混性。[3]

一个可容许的解释是精确的。[4]每一个语言中的陈述句，在此解释下，会是真的或者假的。称这个相对应的陈述句的真假值指派为**赋值**。现在，考虑一个由理论词汇构成的科学陈述句。它是真的？还是假的？若每个可容许的赋值都使它为真，则我们可以无条件地说它是真的。与此相似，若每个可容许的赋值都使它为假，则我们可以无条件地说它是假的。但是，若有些可容许的赋值使它为真，而其他可容许的赋值使它为假，则没有答案，因为支持某个赋值的解释不会比支持其他赋值的解释更佳。在这种情况下，我们似乎倾向于说这个陈述句是非真非假的，尽管每个可容许的赋值会使它为真或为假。超赋值就是考虑所有可容许的赋值对一个陈述句的真假值指派：使之为真，若它在所有可容许的赋值下都是真的；使之为假，若它在所有可容许的赋值下都是假的；在其他情况下，它非真非假。现在很少有人支持这个科学的概念，而这是超赋值方法的来源，因为似乎忽略了观察对理论的依赖，以及忽略了意义对实在界本质的依赖。尽管如此，上述暗示的对不确定性的处理方式仍对含混性来说可能是正确的。

称一个陈述句为**超真的**，若它在所有可容许的解释下都为真；称之为**超假的**，若它在所有可容许的解释下都为假。超赋值论者主张真理是超真，而假理是超假。

亨利克·梅勒伯格（Henryk Mehlberg）在《科学的范围》（*The Reach of Science*，1958）中使用了超赋值这个想法，并将之运用于含混性，尽管
145 没有使用超赋值这个语词。他定义一个语词是含混的，“若它可以在不被误解的情况下以几种方式来理解”[5]。一个包含含混语词的陈述句“是真的（或假的，情况可能如此），若它在每个对它具有的含混语词的可容许解释下仍是真的（或假的）”[6]。含混语词的一个非科学例子是“多伦多”，因为可以用多于一种的方式来合理地描述它的指涉对象的时空边

界。因为“多伦多在加拿大”在每个可容许的解释下都为真，所以它是真的。因为“多伦多在欧洲”在每个可容许的解释下都为假，所以它是假的。因为“多伦多的树木数量是偶数”会在某些可容许的解释下为真，而在其他可容许的解释下为假，所以它是非真非假的。[7]

超赋值方法的有趣之处在于它如何处理复合陈述句。举例来说，考虑“多伦多的树木数量是偶数或者是奇数”这个陈述句。它会在每个可容许的解释下为真，所以它会是超真的。不过，“多伦多的树木数量是奇数”与“多伦多的树木数量是偶数”都不是超真的，因为它们会在某些可容许的解释下为假。根据梅勒伯格的看法，因为真理是超真理，所以一个真析取句可能没有真的析取项。[8]他区分了他所称的排中逻辑律与排中元逻辑律。排中逻辑律是研究中的对象语言所具有的“A 或非 A”这种形式的语架，它就是我们熟知的排中律。排中元逻辑律是元语言学原则，即对象语言中的陈述句“A”是真的或假的；它就是我们熟知的二值原则。超赋值论者否认排中元逻辑律，但接受排中逻辑律。[9]陈述句“A 或非 A”会在每个可容许的解释下为真，所以会是真的；陈述句“A”即使会在某些可容许的解释下为真，但在其他可容许的解释下为假，所以是非真非假的，其中“非 A”也是非真非假的。在这样的例子中，“A 或非 A”是一个真析取句，但却没有一个真的析取项。

梅勒伯格指出，不能逐项地评断一个解释的可容许性。[10]例如，考虑“若伊娃是一个女人，则伊娃是成年人”这个陈述句，当伊娃是女性但却是成年人的边缘例子。这个陈述句是明确地真的，该女子是成年女子。现在，“伊娃是一个女人”在“女人”的某些可容许的解释下为真，而“伊娃是成年人”在“成年人”的某些可容许的解释下为假。若结合这些解 146 释的结果是可容许的，则这个条件句会在至少一个可容许的解释下有一个真前件与一个假后件，所以不会是超真的。因此，结合这些解释的结果一定是不可容许的。我们可以将“伊娃是一个女人”与“伊娃是成年人”都解释为真，也可以将它们都解释为假，但是我们一定不会把前者解释为真，而把后者解释为假。对逻辑常元运用语义规则会得到一个相似的结果。根据某些可容许的解释，“伊娃是一个女人”是真的，而“伊娃不是一个女人”是假的；根据某些可容许的解释，真假值是颠倒过来的；但不会有一个可容许的解释使这两个语句具有相同的真假值。

梅勒伯格在这个议题上的讨论不是形式化的。一个对超赋值（在那个名字下）的更系统且严格的处理是在1960年代由贝斯·范·弗拉森（Bas van Fraassen）提供的。不过范·弗拉森没有将超赋值方法运用于含混性问题；他在寻找的是一种语义方法，以处理缺少指涉对象的专名以及自我指涉的语句（例如，说谎者悖论中的语句）。[11]在1970年代，有许多学者仔细地将超赋值方法运用于含混性上，他们是戴维·刘易斯（David Lewis）、汉斯·坎普（Hans Kamp）、迈克·达米特、基特·芬恩（Kit Fine）、玛莉安·普柘勒克基（Marian Przelecki）。[12]

## 5.3 逻辑与语义论

超赋值方法的一个显著特征是：复合陈述句的真值函数性是失效的。特别是，一个合取句或析取句的语义值是真、假或非真非假，不是由它的合取项或析取项的语义值决定的。以之前的例子为例，假设“伊娃是成年人”与“伊娃不是成年人”是非真非假的。如同已经注意到的，“伊娃是成年人或伊娃不是成年人”是真的；但“伊娃是成年人或伊娃是成年人”这个赘述是非真非假的，因为它就等于“伊娃是成年人”。不过，这两个析取句在其析取项的语义值上是不可区分的；任何一个都包含两个非真非假的析取项。相似的是，“伊娃是成年人与伊娃不是成年人”与“伊娃是成年人与伊娃是成年人”这两个合取句在其合取项的语义值上也是不可区分的，每一个合取句都包含两个非真非假的合取项；不过，前者是假的，而后者是非真非假的。请与多值语义论进路做对比，根据多值语义
147 论，一个合取句的真值度是其合取项的真值度的一个函数。（参见4.14节）当“伊娃是成年人”跟其否定句（即“伊娃不是成年人”）有一样的真值度时，这样的真值度函数性会迫使复述语句“伊娃是成年人，而且伊娃是成年人”跟矛盾句“伊娃是成年人，而且伊娃不是成年人”有一样低的真值度。在这些情况中，它也会迫使“伊娃是成年人，或伊娃是成年人”跟“伊娃是成年人，或伊娃不是成年人”有一样高的真值度。此外，超赋值会使“伊娃不是成年人，或伊娃是一个女人”为真，而使

“伊娃是成年人，而且伊娃不是一个女人”为假；真值度函数性进路会给上述两个语句指派中间的真值度。[13]

对条件句来说，有一个相应的差异。在想象的情况中，真值度函数性进路不可能区分“伊娃是一个女人，当且仅当，伊娃是成年人”与“伊娃是一个女人，当且仅当，伊娃不是成年人”，因为“当且仅当”的两端没有真值度上的差异。但是，每个可容许的赋值会使“伊娃是一个女人”与“伊娃是成年人”为真而且使“伊娃不是成年人”为假，或者使“伊娃是一个女人”与“伊娃是成年人”为假而且使“伊娃不是成年人”为真，所以超赋值会使“伊娃是一个女人，当且仅当，伊娃是成年人”为真，而且使“伊娃是一个女人，当且仅当，伊娃不是成年人”为假。

上述两个进路之间的差异使超赋值进路具有极大的优势。[14]超赋值进路能够体现直观上的重要区分，而真值度进路却没办法体现。类似的论证显示超赋值进路的这种优势也凌驾于其他形式的多值逻辑进路。举例来说，一种将语句分类为真、假与非真非假的三值逻辑，跟真值度进路会有一样悲惨的遭遇。

超赋值进路在逻辑上的影响是什么？为了回答这个问题，我们首先必须确定一个适合超赋值的有效性说明。有人可能会提议，若一个语句为真的条件是，每个可容许的赋值会使之为真，则类比来说，一个论证为真的条件是，每个使其前提为真的可容许的赋值也会使其结论为真。因为有效性是真理的必然保存，所以一个论证是有效的，当且仅当，必然地，每个
使其前提为真的可容许的赋值也会使其结论为真。这种性质可以被称为**局** 148
**部有效性**（local validity）。超赋值论者的问题是，超真在局部有效性的定义上不扮演任何角色。不过，他们把真等同于超真；因为有效性是必然保真，所以他们会把有效性等同于超真的必然保存。那相当于另一个定义，而根据该定义，一个论证是有效的，当且仅当，必然地，若每个可容许的赋值会使其前提为真，则每个可容许的赋值会使其结论为真，换句话说，必然地，若其前提是超真的，则其结论也是超真的。这种性质可以被称为**全面有效性**（global validity）。一个使“*A*”为真与“*B*”为假的可容许的赋值，会自动地使从“*A*”到“*B*”的论证不是局部有效的，但该论证仍可能是全面有效的，因为若“*A*”在另一个可容许的赋值下为假，则这不

是一个“$A$”是超真而“$B$”不是超真的例子。明显的是，一个局部有效的论证也会是一个全面有效的论证。在许多语言中，反过来也成立：任何全面有效的论证也是局部有效的。实际上，在任何语言中，对一个没有前提的论证来说，反过来也是成立的。但是，之后会提供全面有效但却不是局部有效的论证的例子。基于上述给出的理由，我们可以采取“超赋值论者将有效性等同于全面有效性”这个假设。我们之后也会指出将有效性等同于局部有效性的结果。[15]

在简单例子中，全面有效性会跟经典逻辑中的有效性是重合的，就像它跟局部有效性是重合的一样。举例来说，考虑包含否定、合取、析取、实质蕴涵、等同、全称量化词与存在量化词等逻辑常元的任何论证（除此之外，不包含其他逻辑常元）。前提与结论可能包含命题变元或谓词变元，而它们可能有任何适合其句法范畴的解释。若该论证是在经典逻辑中有效的，则因为可容许的赋值是经典的，所以任何使其前提为真的可容许的赋值也会使其结论为真；因此，该论证是经典上有效的，所以是全面有效的。反过来说，我们可以证明，若它不是经典上有效的，则存在一个对变元的精确真假值指派，使其前提是真的，而其结论是假的，所以既不是局部有效的，也不是全面有效的。在这种语言中，局部有效性、全面有效性与经典有效性是等同的。特别是，单一式子作为一个没有前提的论证的
149 结论是全面有效的，当且仅当，它是经典上有效的，据此，排中律是全面有效的。因此，超赋值论似乎继承了经典逻辑的威力。

超赋值虽然会使经典谓词逻辑是有效的，但也能使经典谓词逻辑往外延伸。为了表达对象语言中的超真，超赋值允许引进一个新的算子“确切地”：“确切地 $A$”是真的，当且仅当，“$A$”是超真的。举例来说，说某物既不是确切地是一堆，也不是确切地不是一堆，就是在说它是一个边缘例子。“确切地”可以被给予一种形式语义论，与对模态算子“必然地”给予的可能世界语义论非常类似。为了简单起见，这样的类比首先是参照简单的模态系统 S5 而发展出来的。对复杂式的进一步说明会放在 5.6 节。形式语义论的目的是通过数学语词来定义一组模型，使一个论证是有效的，当且仅当，这个论证会在集合中的每个模型中保真，因为那会为我们提供一个有效性的精确标准。

一个 S5 的模型是一个包含许多事物的结构，而这些事物可以被视为可能世界。在这样的一个结构中，每个世界联系着一个赋值：语句在世界中是真的或者假的。“非 *A*”在一个世界中为真，当且仅当，“*A*”在那个世界中不是真的；“*A* 且 *B*”在一个世界中为真，当且仅当，“*A*”在那个世界中为真，而且“*B*”在那世界中为真；照此类推。相比之下，“必然地 *A*”在一个结构中的一个世界中的真假值，依赖于它在这个结构中的所有世界中的真假值，而不只是在其中一个世界中的真假值；“必然地 *A*”在一个结构中的一个世界中为真，当且仅当，*A* 在这个结构中的每个世界中为真。依此类推，对包含“确切地”的语言来说，一个模型是一个包含许多点的空间，而这些点可以被视为可容许的解释。在这样的一个空间中，每个点联系着一个赋值：语句在点上为真或为假。“非 *A*”在一个点上是真的，当且仅当，“*A*”在那个点上不是真的；“*A* 且 *B*”在一个点上是真的，当且仅当，“*A*”在那个点上是真的，而且“*B*”在那个点上是真的；照此类推。“确切地 *A*”在一个空间中的一个点上的真假值，依赖于它在这个空间中的所有点上的真假值，而不只是在其中一个点上的真假值；“确切地 *A*”在一个空间中的一个点上为真，当且仅当，“*A*”在这个空间中的所有点上都为真。

在包含“必然地”的语言中，一个式子在 S5 语义论中是有效的，当且仅当，它在每个结构中的每个世界中都为真。因此，公理语架“若必然地若 *A* 则 *B*，且必然地 *A*，则必然地 *B*”的每个个例会在 S5 中是有效 *150*
的，因为当“若 *A* 则 *B*”与“*A*”都在一个结构中的每个世界中为真，“*B*”也会如此。此外，若“*A*”在 S5 中是有效的，则它会在任何结构中的每个世界中为真，所以“必然地 *A*”会在任何结构中的每个世界中为真，因此“必然地 *A*”在 S5 中也是有效的（必然性规则）。相当自然的是，必然真理的逻辑后承本身也是逻辑真理。“若必然地 *A*，则 *A*”（被称为 T 语架）也在 S5 中为真，因为，若“*A*”在一个结构中的每个世界中为真，则它在那个结构中的任何一个可能世界中都为真。必然成立的东西当然也会成立。S5 的特殊公理语架是，“若不是必然地 *A*，则必然地不是必然地 *A*”；它在 S5 中是有效的，因为语义论会使添加到“不是必然地 *A*”前面的“必然地”消失。基于相似的理由，“若必然地 *A*，则必然地必然地*A*”（被称为S4语架）也会在S5中有效。根据S5，某事是不是必然的，不可能是偶然的。

通过类比，包含“确切地”的语言中的式子是有效的，当且仅当，它在每个空间中的每个点上都为真。因此，“若确切地若*A*则*B*且确切地*A*，则确切地*B*”是有效的。若“*A*”是有效的，则“确切地*A*”也是有效的。相当自然的是，确切真理的逻辑后承本身也是确切真理。T语架“若确切地*A*，则*A*”是有效的。确切成立的东西当然也会成立。S5语架“若不是确切地*A*，则确切地不是确切地*A*”是有效的，就像S4语架“若确切地*A*，则确切地确切地*A*”一样。根据这种语义论，某事是不是确切的，不可能是不确切的。

到目前为止，我们只考虑了单一式子的有效性。不过，更重要的概念是论证的有效性。在此，“确切地”与“必然地”之间的类比会失效。一个论证在S5中是有效的，当且仅当，在任何的结构中，若它的前提在一个给定世界中为真，则它的结论也会在这个世界中为真。对于“有效的”，我们可以类比地定义：一个论证是有效的，当且仅当，在任何空间中，若它的前提在一个给定点上为真，则它的结论也会在这个点上为真。不过，这是局部有效性的形式类比。上述已论证过，超赋值论者应该把有效性视为全面有效性。因此，他们应该使用下列形式类比：一个论证是（全面地）有效的，当且仅当，在任何空间中，若它的前提在*每个*点上都为真，则它的结论也为真。

对单一式子来说，局部有效性与全面有效性会重合，所以“确切地”
151 与“必然地”之间的类比也会成立。不一致会出现在包含至少一个前提的论证中。若“*A*”是一个原子式，则从“*A*”到“必然地*A*”的推论在S5中不会是有效的，因为“*A*”可能在一个结构中的一个世界中为真，但却在同一个结构中的另一个世界中为假，以至于“必然地*A*”会在先前的世界中为假，而S5中的有效性要求每个世界都要保真。反过来说，从“必然地*A*”到“*A*”的推论当然会在S5中是有效的。相较之下，对“确切地”来说，全面有效性只需每个空间都保持超真（在每个点上都为真），所以，从“*A*”到“确切地*A*”的推论是全面（但不是局部）有效的，因为若“*A*”在一个空间中的每个点上为真，则“确切地*A*”也会在这个空间中的每个点上为真。反过来说，从“确切地 $A$”到“$A$”的推论当然会是全面有效的。

因为“$A$”与“确切地 $A$”是可以相互推导出来的，所以我们可能会预期“确切地”是一个多余的算子。然而，它并不是多余的，因为“若 $p$，则确切地 $p$”不是全面有效的，其中“$p$”是一个原子式。若“$p$”在一个空间中的某个点上为真，而不是在每个点上为真，则该条件句会有一个真前件与假后件。[16] 基于相似的理由，从“不是确切地 $p$”到“非 $p$”的推论不是全面有效的。这样的例子可以显示，经典逻辑中有效的规则，像反言论法、条件证法、通过例子来论证，以及反证法，都会在“确切地”的超赋值论逻辑中失效。在一个意义下，这是对经典命题逻辑的一种违背，但是这是在允许从论证到论证的推论规则的层次，而不是允许从式子到式子的推论规则的层次。例子如下：

(a) 反言论法　在经典逻辑中，若我们可以从“$A$”与辅助前提有效地推论出“$B$”，则我们可以从“非 $B$”与辅助前提有效地推论出“非 $A$”。在超赋值论逻辑中，反言论法是不成立的，因为虽然从“$p$”到“确切地 $p$”的推论是全面有效的，但从“不是确切地 $p$”到“非 $p$”的推论却不是全面有效的。[17]

(b) 条件证法（演绎定理）　这是获得条件句结论的一种标准证明方法。在经典逻辑中，若我们可以从“$A$”与辅助前提有效地推论出“$B$”，则我们可以单独从辅助前提中有效地推论出“若 $A$，则 $B$”。条件证法在超赋值论逻辑中不是成立的，因为虽然从“$p$”到“确切地 $p$”的推论是全面有效的，但没有前提的结论“若 $p$，则确切地 $p$”不是全面有效的。[18]

(c) 通过例子来论证（析取消去）　这是使用析取句前提的标 152
准方式。在经典逻辑中，若我们可以从“$A$”与辅助前提有效地推论出“$C$”，并从“$B$”与辅助前提有效地推论出“$C$”，则我们可以从“$A$ 或 $B$”与结合起来的辅助前提有效地推论出“$C$”。在超赋值论逻辑中，通过例子来论证是不成立的，因为虽然从“$p$”到“确切地 $p$ 或确切地非 $p$”的推论是全面有效的，就像从“非 $p$”到“确切地 $p$ 或确切地非 $p$”的推论一样，但从“$p$ 或非 $p$”到“确切地 $p$ 或确切地非 $p$”的推论却不是全面有效的。

(d) **反证法** 这是推导出否定结论的标准方式。在经典逻辑中，若我们可以从“$A$”与辅助前提有效地推论出“$B$”，并从“$A$”与辅助前提有效地推论出“非 $B$”，则我们可以从结合起来的辅助前提有效地推论出“非 $A$”。反证法在超赋值论逻辑中是不成立的，因为从“$p$ 且不是确切地 $p$”到“确切地 $p$”是全面有效的，就像从“$p$ 且不是确切地 $p$”到“不是确切地 $p$”的推论一样，但没有前提的结论“并非：$p$ 且不是确切地 $p$”不是全面有效的（它在逻辑上等同于“若 $p$，则确切地 $p$”）。[19]

条件证法、通过例子来论证以及反证法在自然演绎系统中扮演着重要角色，而这样的形式系统最接近我们非形式的演绎法。通过这些规则，前提会被消解，亦即，根据假设性推论，这些规则允许我们推论出确定无疑的结论。反言论法是另一种非常自然的演绎推论。因此，超赋值让我们的自然演绎思考模式是无效的。目前的例子都涉及算子“确切地”。若我们只有在使用这个特别算子时才必须谨慎，则我们的演绎思考模式就可能不是非常难懂的。不过，超赋值论者很自然地会试图使用他们的语义系统来解释其他语词。若他们的尝试成功了，则我们就很难理解我们的语言为什么会包含上述四个规则的反例。（参见 5.5 节）为了回复经典逻辑，超赋值论者可能会将有效性转换成局部有效性。那会回到经典逻辑，但代价是
153 将真理跟超真理视为等同的，因为有效性不再是保持超真。这个严重代价的重要性会在 5.7 节显现出来。

## 5.4 超真理的难以捉摸

根据超赋值论，“$p$ 或 $q$”有时会是真的，当“哪一个是真的?”这个

问题没有答案时。基于相似的理由，“有些东西是 $F$” 有时会是真的，当“哪些东西是 $F$?” 这个问题没有答案时。在这个意义下，超真理是难以捉摸的。

最引人注目的例子出现在连锁悖论中。考虑“堆垛难题”。任何可容许的赋值会对“堆”有一个截止点 $k$（多于 1 而少于 10 000）。根据该赋值，“$n$ 颗谷粒构成一堆”是真的，若 $n$ 大于 $k$，而在其他情况下是假的；特别是，因为“$k$+1 颗谷粒构成一堆”是真的，而“$k$ 颗谷粒构成一堆”是假的，所以“$k$+1 颗谷粒构成一堆，而且 $k$ 颗谷粒不构成一堆”是真的，因此，“对某个 $n$，$n$+1 构成一堆，而 $n$ 不构成一堆”是真的。因为上述存在量化语句会在每个可容许的赋值下为真，所以它是超真的。不过，对“对哪个 $n$，使 $n$+1 构成一堆，而 $n$ 却不构成一堆?”这个问题来说，没有答案是超真的，因为并非所有可容许的赋值都有同样的截止点。超赋值论对连锁论证的回应，亦即对从“对所有 $n$，若 $n$+1 构成一堆，则 $n$ 构成一堆”与“10 000 颗谷粒构成一堆”到“1 颗谷粒构成一堆”这个论证的回应，现在清楚了。该论证在经典逻辑中是有效的，所以是全面（以及局部）有效的。“10 000 颗谷粒构成一堆”这个次要前提是超真的，而“1 颗谷粒构成一堆”这个结论是超假的。尽管如此，每个可容许的赋值还是都会为主要前提提供一个反例，虽然在每个例子中，反例不会相同；所以，主要前提是超假的。简言之，该论证是有效的，但不是可靠的。[20]

处理连锁论证的超赋值方式在形式上是简洁的。问题在于超赋值论是否可以化解支持主要前提的直觉。许多人认为主要前提是可信的，正是因为对他们来说，似乎不可能有个数 $n$ 使 $n$+1 颗谷粒构成一堆，而 $n$ 颗谷粒却不构成一堆。他们会认为超赋值论的主张是难以置信的。超赋值论者也不应该说该主张不是意指他们认为的意思。对超赋值论者来说，当我们实际上使用含混语句时，他们的重点是为这些语句提供一种语义描述。对“对某个 $n$，$n$+1 构成一堆，而 $n$ 不构成一堆”这个存在量化语句来说， 154
若超赋值论说明的不是日常含混语句，则超赋值论的计划是失败的。

超赋值论者必须坚称“对某个 $n$，$n$+1 构成一堆，而 $n$ 不构成一堆”这个语句是在日常用法中为真的，并且使用超赋值的工具来解释看似违反直觉的表象。通常来说，一个真的存在量化语句会有一个真的个例；我们注意到，没有一个具有“$n$+1 构成一堆，而且 $n$ 不构成一堆”这种形式的语句会是真的，而且很自然地倾向于假设与该形式对应的存在量化语句也不会是真的。事实上，这里的解释是，我们忽略含混性，使得语义假设是适当的，仅当“一堆”不是含混的。这个解释的问题是，它假设了我们在一个不同的意义下没有忽略含混性。正是因为我们已经注意到“一堆”的含混性，使得我们怀疑任何具有“$n$+1 构成一堆，而 $n$ 不构成一堆”这种形式的语句可能为真。或许我们是如此混淆，以至于我们注意到含混性却忽略了其逻辑后承。无论如何，我们至少对超真理与日常意义下的真理之间的不一致感到怀疑。这种怀疑会在 5.7 节获得证实。[21]

## 5.5 超赋值的真值度

真值度的想法很容易跟“一个复杂句的真值度是其组成部分的真值度的一个函数”这个假设联系在一起，并且特别容易跟多值逻辑联系在一起。不过，刘易斯与坎普证明了，真值度的想法也可以通过超赋值来理解。[22]作为第一次尝试，假设“*B*”在每个可容许的解释下为真，在其中“*A*”也为真；换句话说，“若 *A* 则 *B*”这个实质条件句是超真的。于是，我们可以说，“*B*”的**真值度至少跟“*A*”一样**。若“*B*”的真值度至少跟“*A*”一样，但“*A*”的真值度不是至少跟“*B*”一样，则我们可以说“*B*”比“*A*”**更真**。举例来说，不同的可容许的解释会设定不同的精确标准来处理“年轻的”。但是，若亚当出生得比伊娃还早，则根据任何把亚当视为年轻的标准，伊娃也会被算作年轻的。根据任何使“亚当是年轻的”为真的可容许的解释，“伊娃是年轻的”也会是真的；因此，“伊
155 娃是年轻的”的真值度至少会跟“亚当是年轻的”的真值度是一样的。相应的条件句“若亚当是年轻的，则伊娃是年轻的”会是超真的。假设存在一个合理标准，而根据此标准，伊娃算是年轻的而亚当不算是年轻的。于是，“亚当是年轻的”不会至少跟“伊娃是年轻的”有一样的真值度，所以后者的真值度会大于前者。

第一个尝试是相当粗糙的。举例来说，我们有时可能想说“伊娃是年轻的”与“伊娃不是年轻的”是一样真的，在每一个至少跟另一个一

样真的意义下。根据上述定义，这是不可能的，因为“$A$”与“$B$”是一样真的，当且仅当，它们在同样的可容许的解释下为真，而矛盾不可能在同样的可容许的解释下为真（给定存在至少一个可容许的解释）。无论如何，“伊娃是年轻的”与“伊娃不是年轻的”在下列意义下可能被认为是一样真的：使前者为真的可容许的解释的集合会跟使后者为真的可容许的解释的集合一样“大”。这个想法预设了一种测量可容许的解释的集合之大小的方式。这样的一种测量方法可能被大胆地或轻率地假定。

一旦一个“更真的”概念准备就绪，这个概念可以被用来形构一个比较级形容词的语义处理方式。指导原则是：“$a$ 比 $b$ 更 $F$”是真的，当且仅当，“$a$ 是 $F$”的真值度大于“$b$ 是 $F$”的真值度。例如，“伊娃比亚当更年轻”是真的，当且仅当，“伊娃是年轻的”的真值度大于“亚当是年轻的”的真值度。更精确地说，“$a$ 比 $b$ 更 $F$［还要 $F$］”在一个可容许的赋值下为真，当且仅当，“$a$ 是 $F$”的真值度大于“$b$ 是 $F$”的真值度。一个相应的说明可以被提供给“至少跟……一样”。“$a$ 至少跟 $b$ 一样 $F$”在一个可容许的赋值下为真，当且仅当，“$a$ 是 $F$”的真值度至少跟“$b$ 是 $F$”的真值度一样。[23]刘易斯与坎普将比较级的处理方式推广至“相当”与“在一个意义下”这类修饰语，例如“相当聪明的”与“在一个意义下聪明的”。[24]

上述那种语义处理方式面临许多相关问题，而这些问题似乎是由使用一个固定的可容许的解释的集合导致的。我们可以对比真值度理论处理这类语词的方式，亦即在多值逻辑框架中会面临的相似问题。（参见 4.11 节）

（a）因为“更真”是通过**所有**可容许的赋值来定义的，所以从一个可容许的赋值到另一个可容许的赋值来看，“$a$ 比 $b$ 更 $F$”的真假值应该是稳定的。因此，该语义论对比较级语词与相关语词的预测应该会是绝对精确的。现在，“更高”确 156
实似乎比“高”更精确。但是，它似乎不是完全精确的；驼背与有着卷发的头可能会对“更高”产生边缘例子。一个比较级语词，例如“更聪明”，就是明显含混的。

（b）若“更真”是通过可容许的赋值来定义的，则“$A$”不会比"$B$"更真，当"$B$"在每个可容许的赋值下都是真的；所以，若"$A$"比"$B$"更真，则"$B$"不会是（超）真的。因为"戴维比索尔更勇敢"为真，需要"戴维是勇敢的"比"索尔是勇敢的"更真，所以它会跟"索尔是勇敢的"的真不相容。因此，"索尔是勇敢的，但是戴维比索尔更勇敢"不可能是真的。这会是荒谬的。勇敢的人不会全都一样勇敢（勇敢的程度不会都是一样的）。[25]

（c）考虑一个关于角的语词——"锐角"。它是精确的，因为"$a$是锐角"为真，若$a$的角度小于90度，而在其他情况下为假。"一个60度的角是锐角"是真的，所以会在每个可容许的赋值下为真。不过，一个30度的角会比一个60度的角更锐角。

（d）我们会预期，比较级语词的一种好语义论会被推广至"非常"这类修饰语。现在，若"非常"是通过可容许的赋值的工具来处理的，则"$a$是非常$F$"的真应该足以使"$a$是$F$"在每个可容许的赋值下为真。但是，"那是确切地暗蓝的"应该蕴涵"那是非常暗蓝的"，却不成立。

从（a）得到的教训是，"可容许的"本身应该是一个含混概念。所以，对该问题的解决方法依赖于一种处理高阶含混性的适当超赋值方式。这样的一种处理方式也可能提供方法来解决（b）～（d）。[26]更一般地说，对超赋值论而言，一个主要的挑战是处理好高阶含混性。因此，在简短回到（a）～（d）之前，我们必须为该现象提供一个超赋值论的说明。

## 5.6 超赋值与高阶含混性

一个超赋值会将一种语言的语句划分为三类集合：真语句集合、假语句集合，以及非真非假语句集合。这种划分的周全性在该方法的某些运用
157 下是足够可信的。举例来说，考虑下列观点：未来是开放的，除了目前被自然律与宇宙现况所决定的范围。根据该观点：一个包含未来时态动词的

陈述句在现在为真，若它在每个可能的未来中为真；它为假，若它在每个可能的未来中为假；在其他情况下，它为非真非假。因为每个可能的未来对应于一个二值的赋值，所以超赋值方法是适当的。无论它有什么优点，这个观点都会让三类语句集合的划分是相当自然的。含混性是一件不同的事情。从橘色到红色的一个连续色谱中，若寻找第一个红色段是没有希望的，则寻找第一个红色段是可以（试图）真的说它是“红的”一样也是没希望的。“我们对含混语词的马虎使用不会决定隐藏的边界”这个想法也反对了一对隐藏的二阶边界，即介于真语句集合与非真非假语句集合之间的边界，以及介于非真非假语句集合与假语句集合之间的边界，就像该想法反对了一个隐藏的一阶边界一样。在超赋值论者的语词中，一个赋值的可容许性本身就是一个含混概念。[27]

二阶含混性自身显现在一个包含算子“确切地”的对象语言中。若含混性只存在于一阶层次，则“确切地 $A$”会是精确的，所以“确切地确切地 $A$，或确切地不是确切地 $A$”会成立。但“确切地 $A$”会有边缘例子，否则就会有一个准确的二阶边界。因为“$A$”的边缘例子是“确切地 $A$，或确切地不是 $A$”这个语架的反例，所以“确切地 $A$”的边缘例子会是“确切地确切地 $A$，或确切地不是确切地 $A$”这个语架的反例。那个语架蕴涵 S5 语架“若不是确切地 $A$，则确切地不是确切地 $A$”，因为“若不是确切地 $A$，则不是确切地确切地 $A$”是没有争议的。[28]这代表在 5.3 节描述的超赋值论的语义论的简单形式是不适当的，因为它让 S5 语架是有效的。

三阶含混性同样也是可能的。若三阶含混性是不可能的，则每个东西会是确切地确切地确切地红的，或确切地不是确切地确切地红的：但是，应在哪里画出界线？同样的论点可以被推广到任何一个阶层。若（$n$+1）阶含混性是不可能的，则每个东西会是确切地确切地$^{n}$红的，或确切地不是确切地$^{n}$红的。“我们对含混语词的马虎使用不会决定隐藏的边界”这个想法也反对了一个介于第一个析取项的外延与第二个析取项的外延之间的隐藏边界。即使高阶含混性通过某种方式被经验因素排除了，那也不会使逻辑学家有资格认为处理它们是不可能的。因此，超赋值论者的逻辑 158
至少应该承认所有有限阶层的含混性。[29]

超赋值论者通常把可容许性视为是跟语言语义规则一致的。若该规则裁定出一个例子，则一个可容许的解释会以同样的方式来裁定；一个可容许的解释可能会裁定出一个例子，当语义规则不如此裁定时。因为一致性是逻辑概念，所以可容许性看起来应该像是一个精确概念。[30]高阶含混性显示这个想法是会误导人的。一种含混意义不像数学中的部分定义，因为部分定义是通过精确语词来定义的，尽管没有涵盖所有例子。若一个含混语词是受到语义规则规范的，则这些语义规则会以同样含混的语词来形构。此外，高阶含混性的界线是通过高阶语义规则的阶层来铺设的，这是不可信的。当可容许性不跟语义规则一致，超赋值论就会变成一个不吸引人的进路。无论如何，它可以适应于高阶含混性。可容许性可以被视为一种**合理性**。一个解释是合理的，若它不允许语言的误用（从一个日常理解的视角来说）。[31]误用概念是明显含混的，而且本质上是含混的。

在 5.3 节提到的“确切地”的形式语义论会让 S5 公理是有效的。因此，我们需要一种新的形式语义论来处理高阶含混性。在有着弱于 S5 的模态逻辑中，一个相似的问题会出现。在模态逻辑中，非形式的想法是：一个世界的可能性本身就是一件偶然的事。形式工具是在一个结构中引进一个定义，亦即可能世界之间的可通达关系；“必然地 $A$”在一个世界 $w$ 中为真，当且仅当，“$A$”会在 $w$ 可通达的每个世界中为真。类比地说，我们可以引进一种介于一个空间中的点之间的容许关系；“确切地 $A$”在一个点 $s$ 上为真，当且仅当，“$A$”会在每个被 $s$ 容许的点上为真。这边的非形式想法是：一个解释的可容许性本身就是一个解释问题。关于哪些解释是可容许的，每个解释会有自身的裁定。形式上说，一个点决定一个二值的赋值，以及一个由被容许的点所构成的集合。每个点应该容许自己；若容许关系本身不是一种反身关系，则“$A$”可能会在被一个点 $s$ 容许的每个点上为真，但却不会在 $s$ 上为真，在那种情况下，“若确切地 $A$，则 $A$”会在该点上为假。一个解释应该至少把自己视为合理的。

159 为了处理高阶含混性，容许被允许是非传递的。非形式上说，一个解释可能只容许那些本身就是合理的解释，因为它跟那些解释之间的差异并不大。若你认为我是合理的，而且我认为他是合理的，则你可能不会认为他是合理的，因为你和他之间的差异可能很大，即使你和我之间的差异不大，而且我和他之间的差异也不大。假设一个点 $s$ 容许一个点 $t$，而 $t$ 容许一个点 $u$，但 $s$ 不容许 $u$，并且“$A$”在 $s$ 容许的每个点上为真，但不在 $u$ 上为真。于是，“确切地 $A$”会在 $s$ 上为真，但不会在 $t$ 上为真，所以“确切地确切地 $A$”会在 $s$ 上为假，而 S4 原则“若确切地 $A$，则确切地确切地 $A$”也会在 $s$ 上为假。根据类似推论，S5 原则“若不是确切地 $A$，则确切地不是确切地 $A$”也会为假。确实，在缺少对容许加诸特别的限制下，有效式子只会是那些对应于弱模态逻辑系统 T 的定理，而那些定理只能从对“确切地”有效的 S4 与 S5 语架之外的其他原则推导出。[32]

可容许的解释的依赖性正是类比到弱于 S5 的模态逻辑系统中的可能性的偶然性。超赋值论增加的是一个可容许性概念。该概念需要小心处理才能成功地做到我们想做的事。解释具体说明可容许的解释的清单，包含它们自己；这样的解释可能有恶性循环之疑虑。幸运的是，循环性是可以避免的。一个 0 阶层的解释会使那些跟可容许性无关的语言表达式是精确的，不像“确切地”是跟可容许性有关的表达式。一个 1 阶层的解释详细说明哪些 0 阶层的解释是可容许的。更一般地说，一个（$i+1$）阶层的解释详细说明哪些 $i$ 阶层的解释是可容许的。一个 $\varpi$ 阶层的解释是一个无穷序列 $s_0s_1s_2\cdots$，其中每个 $s_i$ 是一个 $i$ 阶层的解释，而每一个 $s_{i+1}$ 阶层的解释详细说明 $s_i$ 是可容许的。一个 $\varpi$ 阶层的解释 $s_0s_1s_2\cdots$ 容许一个 $\varpi$ 阶层的解释 $t_0t_1t_2\cdots$，当且仅当，每个 $s_{i+1}$ 阶层的解释容许 $t_i$ 阶层的解释；使用非关系的语词来说，$t_0t_1t_2\cdots$ 是可容许的，当且仅当，每个 $t_i$ 都是可容许的。一个空间中的点是 $\varpi$ 阶层解释的一个形式类比。因此，每个点会接受自己，但我可以证明该定义没有将额外的限制加诸容许的结构。可以增加进一步的限制，但我们在此不会考虑这些限制。

对于先前对高阶含混性的说明，可能提出一个批评。将“确切地 * 160
$A$”定义为意指无限长的合取句：$A$，且确切地 $A$，且确切地确切地 $A$，且……。该定义确保了：若确切地 * $A$，则确切地确切地 * $A$，而且确切地 * 确切地 * $A$。通过形式语义学来看，令一个点 $s$ 容许 * 一个点 $t$，当且仅当，$s$ 容许 $t$，或 $s$ 容许一个会容许 $t$ 的点，或 $s$ 容许一个会容许一个会容许 $t$ 的点，或……。“确切地 * $A$”在一个点 $s$ 上为真，当且仅当，“$A$”会在每个 $s$ 容许 * 的点上为真。形式上说，容许 * 是一种传递容许的关系；

它当然会是传递的，即使容许不是一种传递关系。超赋值论者的进路现在可以通过可容许性＊，而不是可容许性而被运用。因为“确切地＊”这个严格概念会遵守S4公理，所以高阶含混性会消失。结果证明这是一个表象，反映了我们对确切性概念之宽松标准的使用。根据该批评，超赋值论者不可能将高阶含混性视为一个深奥的现象。该论点可以被用来反对超赋值论，也可以被用来反对“高阶含混性是一个深奥的现象”这个主张。[33]

超赋值论者甚至可以坚持“确切地＊”是含混的。它的含混性并不是明白地显现为它不能遵守某个使用它来论述的原则，但那说的正是，它不可能被用来测量自己的含混性。这就好像在说，一朵云刚好具有它刚好具有的长度。我们需要使用一个新算子“确切地!”来表达“确切地＊”的含混性，在不遵守“若确切地＊*A*，则确切地！确切地＊*A*”这个原则下。“确切地＊”的含混性对应到一个在元语言中，对原初语言“确切地”的含混性，而在引进“确切地＊”之前，我们不需要反映“确切地”的含混性。对于包含“确切地!”的新语言，其元语言可能相应地隐藏了一种含混性，而对它的描述会需要另一个算子“确切地!!”。这个过程可能不会有一个自然的停止点。

超赋值论者的另一个回应是：“确切地＊”是精确的，但加诸了一个任何语句都难以满足的限制。在一个从高到矮的连锁序列中，高的人会比确切地高的人多，确切地高的人会比确切地确切地高的人多，照此类推。每次叠加“确切地”都会减少满足该描述的人的数量，直到一个都不剩。
161 因为该序列是有穷的，所以这样的一个停止点终将到达。因此，没有人会是确切地＊高。这个结论跟常识并不冲突；不会有争议的是，许多人是确切地高。在宽松的谈话中，我们可以仅仅为了强调而叠加使用，忽略了在内容与语调上，“确切地确切地高”会比“确切地高”还强的事实，不过它仍是一个事实。

根据前一个回应，确切地＊高的人逐渐在不确切地＊高的人当中消失。根据后一个回应，不存在确切地＊高的人。在任何一个例子中，确切地＊高的人与不是确切地＊高的人之间都不存在精准界线。更一般地说，这两个回应在下列方面是一致的：两个现象之间不存在精准界线（两个现象是指：一个语词的完全直觉运用，以及该语词的比较不直觉的运用）。无论如何，这个结论被“含混性不经常涉及隐藏的边界”这个观点所推动。介于一个含混语词的完全直觉运用与该语词的较不直觉的运用之间的精准边界通常是隐藏的，尽管我们可以通过努力来发现两者之间的精准边界。

该困难出现在基特·芬恩的提议中，他说：“任何类似于一个边缘例子的东西都会被视为一个明确的边缘例子。”[34]假设该提议在精准划分边缘例子上是成功的。于是存在非常接近那条界线的非边缘例子，但这些例子会与边缘例子类似，表面上就像界线另一端的例子，所以被算作清楚的边缘例子，但这是一个矛盾。因此，这个提议不会成功。芬恩的提议扩展了边缘例子的范围，扩展了类似边缘例子的例子的范围，扩展了边缘例子的范围……①；该过程没有一个牢固的限制，使全部例子都会被涵盖进来。也有一个简单论点是，一个语词完全直觉运用的一个例子可能与一个边缘例子类似；即使直觉上都适用的例子，也可能招致质疑。

“一个语词完全直觉的运用”这个语词本身就是含混的。即使无限多次地重复使用超赋值论者的方法，也不会给它一个精确的意义。没有好的理由支持把它的含混性视为不同于其他语词的含混性。若其他语词的含混性涉及不确定性，则它的含混性也会涉及。超赋值论不可能消除高阶含混性。它必须在一种含混的元语言中行动。

## 5.7　真理与超真理

在承认高阶含混性下，超赋值论者承认超真理概念的含混性。超真理 162
是所有可容许的赋值下的真理，而可容许性概念是含混的。这个论点间接地引出了超赋值论者将真理等同于超真理的问题。[35]

一般来说，真理被认为具有一种去括号的性质，而这种性质引起了塔

① 在处理高阶含混性时，加入“确切地”算子不会解决问题，因为加入该算子不会把边缘例子区分为明确的边缘例子与不明确的边缘例子。按“任何类似于一个边缘例子的东西会被视为一个明确的边缘例子”这个想法来做，我们只会不断地扩大边缘例子的范围，因为边缘例子周围的例子都是类似的边缘例子，也会扩大类似边缘例子的例子的范围，以此类推。——译者注

斯基（Tarski）的注意。“卡斯凯什位于葡萄牙”是真的，当且仅当，卡斯凯什位于葡萄牙。更一般地说，“$A$”是真的，当且仅当，$A$。在此，“$A$”可以被研究中的对象语言的一个语句所替换；对象语言的一个真谓词已经被加到那种语言里，以推广到一个对它（真谓词）而言的元语言。“当且仅当”就是实质双条件句。除了去括号的性质之外，我们不清楚真理概念是否还有别的意涵，但在大多数语境中，真理被视为至少是去括号的，无论它是否有其他意涵。

超真理不是去括号的。若它是，则超赋值论者会被迫接受二值原则。考虑任何语句“$A$”。根据超赋值论者的逻辑，$A$ 或非 $A$。假设超真理是去括号的。因此：“$A$”是超真的，当且仅当，$A$；“非 $A$”是超真的，当且仅当，非 $A$。于是，这代表，根据超赋值论者的逻辑，“$A$”是超真的，或“非 $A$”是超真的；在后者的情况中，“$A$”是超假的。为了允许边缘例子中的含混语句是非超真也非超假的，超赋值论者必须否认超真理是去括号的。实际上，这正是否认“‘确切地’是一个多余的算子”这个元语言主张，而这个主张是超赋值论者已经否认的。

超赋值论者确实允许“确切地 $A$”蕴涵“$A$”，也允许“$A$”蕴涵“确切地 $A$”。[36] 以同样的方式，超赋值论者可能也允许“‘$A$’是超真的”蕴涵“$A$”，而且允许“$A$”蕴涵“‘$A$’是超真的”。若“当且仅当”被用来代表相互蕴涵，则去括号语架会有一种解读是超赋值论者可以接受的。这不是塔斯基的解读，因为根据塔斯基的解读，“当且仅当”是实质双条件句。更重要的是，相互蕴涵解读无法掌握去括号的想法。若真谓词确实
163 有去除括号的效果，则“‘$A$’是真的，当且仅当，$A$”这个实质双条件句，退去外壳之后就是，“$A$，当且仅当，$A$”这个重言式。超赋值论者否认超真理有这样的结果；可以有一种相互蕴涵解读，这根本是无关紧要的。

真理的一种去括号形式可以在超赋值论者的架构中引进。将括号以及对象语言语句的一个谓词“真的$_T$”加入对象语言，并且令“‘$A$’是真的$_T$”在一个解释下为真，当且仅当，$A$ 在该解释下为真。超赋值论者允许“$A$”是真的$_T$ 或“非 $A$”是真的$_T$，因为这无非就是允许 $A$ 或非 $A$。用芬恩的话说，“真的$_T$”的含混性会跟随给定语句的含混性。他建议“真

的$_T$”在概念上先于“超真的”，因为“超真的”是可以通过“真的$_T$”与“确切地”来定义的（一个语句是超真的，当且仅当，它是确切地真的$_T$），而且不可能反过来定义。[37]

真理$_T$是去括号的，超真理不是。在定义的次序上，真理$_T$是根本的，超真理是次要的。那么，为什么超赋值论者将真理定义为超真理，而不是定义为真理$_T$？这里的想法似乎是：真理$_T$不是一个确定条件，所以在一个客观语义论中没有地位。真理$_T$是不合格的，因为并非每个语句都是确切地真的$_T$或确切地不真的$_T$。但是，这样的不合格是基于一个没有希望的要求，亦即要求一种精确的元语言。一旦我们承认有高阶含混性，它就会使超真理是不合格的，就像一阶含混性会使真理$_T$不合格一样；并非每个语句都是确切地超真的，或都是确切地不超真的。[38]相较于把日常真理视为确切地确切的真理$_T$，不会有更好的理由支持日常真理就是超真理或确切的真理$_T$。有理由支持日常真理就是真理$_T$。虽然真理$_T$是含混的，但我们可以理解的真理概念也是含混的。或许日常真理概念应该被匹配到它适用的语句之含混性上。

一旦超真理应有的优势被视为虚幻的，将日常真理视为满足塔斯基去括号条件的真理$_T$就变得压倒性地可信。[39]即使在一个边缘例子中，它也允许一个含混语句或其否定是真的$_T$；因此，在日常意义下，它是真的或
假的。含混语句不是二值原则的反例。此外，若真理是真理$_T$，而不是超 164
真理，则有效性就是保持真理$_T$。这立即回到经典逻辑的有效式，而若有效性是保持超真理，则下列这些有效式必定被抛弃：反言论法、条件证法、通过例子来论证、反证法。[40]“确切地”的逻辑，不再是一种特殊逻辑，会变成在定理与推论规则上与一个弱的模态逻辑系统同构。超赋值论还剩下什么？

还剩下算子“确切地”，以及它的可容许的解释的语义论。不过，这个算子与语义论已经失去了它跟真理概念的特许关联。对任何可容许的赋值，我们都可以问它是否指派真理到语言中所有（且仅有）的真语句上，并且指派假理到语言中所有（且仅有）的假语句上。至多只会有一个赋值会有那种性质。于是，任何其他的赋值会指派错误的真假值给语句，所以它如何可能是可容许的？一个可能的回应是：没有一个解释是确切地具

有该可欲性质的。一旦确切性被跟真理区分开，那个回应就丧失了效力。若一个解释确实具有那种可欲性质，且它不是确切地具有那种性质，那为什么它会很重要？确实，该回应就像丧失了效力一样，也丧失了重要性。若我们不可能通过真理概念的工具来掌握确切性概念，那我们能完全掌握它吗？不会有一个对“确切性”的阐明分析可以期待。即使我们把该概念视为初基的，为什么它在哲学上应该是重要的？

我们可以使超赋值论者的想法是有道理的，若我们假设一个解释 $s$ 容许一个解释 $t$，当且仅当，若 $s$ 是正确的，则语言的使用者不可能知道 $t$ 是不正确的。根据这个观点，“确切地”意指“可知地”这类东西。虽然只有一个解释是正确的，但语言的使用者不可能知道所有其他的解释都是不正确的。含混性是一个认知现象。但那不是超赋值论者的观点。对于超赋值论，没有东西是清楚的。

# 第六章　虚无主义

## 6.1　绝望

连锁悖论看起来显示出含混表达式是空洞的，任何含混地画出的界线 165
都被推翻了。大多数含混性哲学假设了一个跟这个表象相冲突的实在界；含混表达式被指派意义，而根据该意义，连锁推理是不正确的。弗雷格采取了一个对立的观点：没有真正的界线可以被含混地画出；因为含混表达式不是完全有意义的，所以没有东西让连锁推理被推翻；含混表达式是空洞的。这样的一个观点是虚无主义者支持的观点。

虚无主义是站得住脚的吗？它有说服力吗？若它不是站得住脚的，则我们一定会希望它没有说服力。若它是站得住脚的，则它会是有说服力的，仅当没有其他理论是可行的，因为它是一个由绝望而引起的观点。在我们的语言中，几乎每个表达式都是足够含混的，以至于都受到连锁悖论的威胁，所以根据虚无主义者的标准，含混表达式是空洞的。因为虚无主义以外的替代理论都在其他章节讨论了，所以在此要讨论的主要问题是它的合理性。

若有些含混表达式是不空洞的，则这不代表所有含混表达式都是不空洞的。一种局部虚无主义可能是站得住脚的，或有说服力的，即使全面虚无主义不是。[1]将所有含混表达式归类为空洞的，可能等于智识自杀（亦即承认没有知识）；或许我们可以接受并容忍将一小部分含混表达式归类为空洞的。一种局部虚无主义会比全面虚无主义还要不那么绝望。我们可能会认为它是有说服力的，不是作为最后手段，而是回应那一小部分含混表达式的特征。若一个语词可以基于规范其用法的规则（因为规则的不完全性或不一致性）而是含混的，则或许只有不一致性才使它是空洞的。
166 支持局部虚无主义的最明显的例子是关于观察语词的。这些语词对我们有限区辨能力的依赖曾被认为涉及不一致性。这个主张会在 6.3～6.4 节研究。

## 6.2 全面虚无主义[2]

对所有试图说明连锁论证的问题出在哪里的理论都不满意，有人可能会被“连锁论证一点问题也没有”这个简单想法所引诱：一个典型连锁论证是可靠的，尽管其结论很奇特，但仍是真的。[3]这个想法的结果是明目张胆地背离日常信念；无疑的是，任何在理论上同意前者的人都会在实践上继续按照后者而行动。背离日常信念可能是一个反对那个简单想法的好理由。不幸的是，它也可能是一个反对每一个曾被提出的含混性理论的好理由。似乎没有含混语言的逻辑是完全符合常识的。确实，“连锁悖论揭露出常识的不一致性”不是一个不着边际的观点。关于含混性的真理必定是奇特的。因此，我们可能试图不考虑常识，并且询问那个简单想法，或任何类似的想法，能否提供一个理论上可靠的观点。

考虑 10 000 个人，根据财富的多少，由多至少排序。根据日常标准，第一个人是非常富有的，而最后一个人是非常贫穷的，但没有一个人会显著地比下一个人更富有。第一个典型连锁论证从“对所有的 $i$，其中 $i$ 是从 1 到 9 999，若第 $i$ 个人是富有的，则第 $i+1$ 个人也是富有的”这个主要前提与“第一个人是富有的”这个次要前提开始；其结论是“第 10 000 个人是富有的”。若这个简单想法是应该被相信的，则这个论证是可靠的：它是有效的，而且它的前提都是真的；所以，它的结论也是真的。根据日常标准是非常贫穷的第 10 000 个人，事实上是富有的。

片刻的反思显示出，那个简单想法是不应该被相信的。第二个典型连锁论证从“对所有的 $i$，其中 $i$ 是从 9 999 到 1，若第 $i+1$ 个人是贫穷的，则第 $i$ 个人也是贫穷的”这个主要前提与“第 10 000 个人是贫穷的”这个次要前提开始；我们会得到“第 1 个人是贫穷的”这个结论。这个简单想法支持后一个论证，就像它支持前一个论证一样。不过，这两个论证不可能都是可靠的，因为每一个论证的次要前提会跟另一个论证的结论是不一致的。没有人可以既是富有的，又是贫穷的（同时且在同样的方面）。否认那个明显的真理甚至不会有帮助，因为第三个典型连锁论证从 167
“对所有的 $i$，其中 $i$ 是从 9 999 到 1，若第 $i+1$ 个人不是富有的，则第 $i$ 个人也不是富有的”这个主要前提与“第 10 000 个人不是富有的”这个次要前提开始；其结论是“第 1 个人不是富有的”。这个论证与第一个论证不可能同时都是可靠的，因为两者的次要前提明显地跟对方的结论是矛盾的。

不加选择地信任连锁论证不会引导我们形成一致的观点，无论这种观点多么怪异。这不会让人惊讶。相信一个连锁论证的次要前提的常见理由，跟不相信这个连锁论证的结论的常见理由的种类完全一样。那些常见理由就是常识，不过这个简单想法涉及从常识退回。一个典型连锁论证仍可能被用在对常识的反证法上，但不是作为一个相信其结论的正面理由。这显示出，这个简单想法并未公平地对待其动机。初始态度是不满意对连锁论证的问题出在哪里的每一个诊断。[4]更具体地说，对每个将一个连锁论证的**主要**前提评断为有意义但却不完全为真的说法感到不满意。我们可以说，每个这样的说法都在某一点扭曲了相关表达式的含混性。对次要前提来说，目前这个态度是相当中立的，根据常识，接受次要前提顶多会被视为支持它的可错证据。该态度蕴涵的只是，一个典型连锁论证的次要前提不会比其结论还可能为真。[5]若第 1 个人是富有的，则最后一个人会是富有的；若最后一个人是贫穷的，则第 1 个人是贫穷的。所以，若有人是富有的，则每个人都是富有的；若有人是贫穷的，则每个人都是贫穷的。这些条件句似乎彼此是一致的。不同于贫富不均表象，我们生活在一个平等主义的世界。关于其他含混的简单谓词，相似的说法也会成立。其结果可以被称为**二分法观点**（all-or-nothing view）。[6]

二分法观点可以用一种平淡的方式来探索。就目前的例子来说，它有四个选项：(a)“富有的”与“贫穷的”适用于每个人；(b)“富有的”适用于每个人，而“贫穷的”不适用于任何人；(c)“富有的”不适用于任何人，而“贫穷的”适用于每个人；(d)“富有的”与“贫穷的”不适用

于任何人。(a)的问题是,“富有的”与“贫穷的”是反义词。(b)与
168 (c)的问题是使“富有的”与“贫穷的”之间有着不可信的不对称性。虽然(d)涉及“富有的”与“贫穷的”之间的不对称性,但是没那么不可信。“富有的”与“贫穷的”理应有相同的语义结构,尽管“贫穷的”比“富有的”更复杂。(d)可以被推广到“含混简单谓词不会对任何事物为真”这个观点,(b)与(c)不会有如此顺利的推广。只有一个可顺利推广的主张是在理论上有吸引力的。主张二分法的学者会支持(d)。此外,以“富有的”与“贫穷的”所造出的连锁论证可以轻易地被延伸到反事实情境。“我们生活在一个平等主义的世界”不会是一个偶然事实。因此,主张二分法的学者会说,“富有的”与“贫穷的”不可能适用于任何人。[7]

主张含混谓词是必然地不对任何事物为真,并不是主张含混谓词是在语义上有缺陷的。“是一个大于所有其他质数的质数”这个谓词必然地不会对任何事物为真,但它不是在语义上有缺陷的,因为它会出现在一个证明不会有该质数的可靠证明里的语句中。拥护一种必然不被具有的性质,不等于拥护根本没有这种性质。无论如何,主张二分法的学者不可能轻易抗拒“含混谓词是在语义上有缺陷的”这个进一步的主张。“富有的”这个语词通常是通过例子来说明的。该说明可能会成功,即使被指到的人碰巧破产了,但是这似乎至少要求初学习该语词的人可以设想一种可能情境,其中某人会有相当多的财产。相较于“大于所有其他质数的质数”,该语词的意义依赖于其组成部分的意义。若“富有的”被定义为“比大多数人富有”,则主要问题会转变成“大多数”这个含混量化词。连锁论证可以针对“大多数 $F$ 都是 $G$”来建构,其中 $F$ 事物与 $G$ 事物的比例会逐渐改变。若“大多数 $F$ 都是 $G$”这种形式的语句没有一个可能是真的,则“大多数”当然在语义上有缺陷,因为它如何可能被说明?因此,若“富有的”被定义为“比大多数人富有”,则“富有的”是在语义上有缺陷的,因为它具有一个在语义上有缺陷的组成部分(亦即“大多数”)。此外,若我们可以从我们理解“富有的”对每个人都是假的来解决问题,则不会有任何真正的边缘例子,所以“富有的”不太可能被当作含混的。虚无主义者最好提议把“富有的”当作在语义上有缺陷的。

一个语义上有缺陷的表达式不见得会被当作完全无意义的语词。若摩 169
西五经中的“摩西”没有指涉对象，则“摩西”是在语义上有缺陷的，但那不会使它成为只是一堆字母串。“摩西”是没有指涉的，但有个洞是其指涉对象应该在的地方。“摩西”是一个指涉失败的专名，而不是一个失败的动词。主张二分法的学者可能会对“富有的”说类似的事。它不代表性质，所以它是在语义上有缺陷的，但它不只是一堆字母串；它是一个失败的**形容词**。

对主张二分法的学者来说，理论上最不具有吸引力的选项是虚无主义，即把含混表达式视为空洞的观点。无论如何，从长远来看，该选择不会造成太大的影响。无论采取哪个选项，含混语词都不会显著地提升一种语言的指涉能力。增加必然真于（或必然不真于）任何事物的谓词到一种语言中，其中包含少量的逻辑语词，并不会扩大可定义性质的集合。[8]同样的结论会对其他种类的语词成立，例如，量化词。对主张二分法的学者来说，无论能说什么，都可以精确地说。这留下多少话给我们说呢？对确切性，讨论会集中在虚无主义上，但相似的评论也适用于其他二分法观点。

有些虚无主义者可能试图通过说日常信念是有用的（即便不是真的）来减少他们教条的不可信。日常信念帮助我们在世界中行动。这个说法也许可以，但“日常信念是有用的”这个语句明显是含混的。“日常”、“信念”与“有用的”都可能受到连锁悖论的威胁。根据虚无主义者的标准，“日常信念是有用的”不是真的。说日常信念有用，不会帮助虚无主义者。不只是“有用的”可能受到连锁悖论的威胁；若有用的是一个标准，则根据此标准来评断争议，虚无主义会立即消失。仅当真理是其标准，虚无主义才有机会。一个努力只说真话的虚无主义者不应该会说日常信念是有用的，或者说相信“日常信念是有用的”是有用的。

虚无主义者可能会诉诸约定来定义精确语词，并借此来为虚无主义辩护。仅当约定本身是用精确语词来描述的，辩护才能成功。我们需要精确根据，并从此根据开展约定。[9]那个根据是什么？数学与逻辑的语言不会是根据，因为经验概念是不能用这样的语词来定义的。若有任何东西能作
为根据，则它会是物理学的语言。但是，虚无主义者会发现，主张“物 170
理学的语言是完全精确的”不是一件容易的事。一个连锁论证可以用

“存在电子”这个陈述句来建构，先从实际情况出发，并且逐渐移向跟实际情况不相似的一序列反事实情况。若反事实的元素被抵制（尽管这在虚无主义者的论证中很常见），则可以建构关于实际世界的连锁论证。例如，当考虑到电子的边界且电子的变动足够小，“包含 1 个电子”似乎不是一个完全精确的、关于时空位置的谓词。若一个“有着 90% 的概率”这样的量化词被加入语言，则含混性会是混合的。对一个彻底的虚无主义者来说，这里没有多少话可说。

我们可以通过一个澄清的渐进过程来使用含混语言，以让我们的语言更少含混。这不会帮助到虚无主义者，除非其结果是获得完全精确的语言。若其结果只是比较不含混，则连锁论证的推论步骤必须相应地更加细微，但最后的结果仍跟之前的一样。当虚无主义者准备好主张某些经验词汇是完全精确的，那会是检视该主张的时刻。该问题也不局限于语言。我们的概念跟语词一样，容易受到连锁悖论的威胁。对虚无主义者来说，在“虽然我们的语言是含混的，但我们的思想是精确的”这个想法中找不到希望。

虚无主义者可能会接受精确性不可能在实践中被实现，但仍建议我们可以说得好像可以实现一样。我们假装我们的语词具有精确意义，虽然这种假装具有的精确意义并不存在。立即一个困难是：“我们”这个语词是受到连锁悖论的威胁的，所以根据虚无主义者的看法，“我们”是空的语词，因为哪些人算是我们当中的人是含混的，而且因为，对于我们当中的每一个人，其时空界线在哪里也是含混的。因此，一个非人的说法可能会更好：假装语词具有精确意义。但是，这个信息本身就是含混的。例如，“语词”这个语词会受到连锁悖论的威胁，因为哪些语词算是一个语词类是含混的，而且因为，对每一个语词的类，哪些算是那个类的个例是含混的，而对每一个语词类的个例来说，其时空界线在哪里也是含混的。所以，根据虚无主义者的看法，“假装”也是空的。无论如何，只是假装一
171 个语词具有某个或其他精确意义是于事无补的；真正需要的是假装语词具有某种精确意义。但是，对虚无主义者来说，具有这样一种精确意义的语词可能会被描述成空的。

先前的论证没有显示虚无主义是逻辑上不一致的。毕竟，就算是这个

极端的虚无主义论述，亦即“没有东西存在”，仍是逻辑上一致的。不过，并非每个逻辑上一致的主张都需要被严肃地考虑。以现在式的形式出现，“没有东西存在”不可能是一个真语句，因为若这个语句是真的，则它本身就是一个东西。基于连锁论证而形成的虚无主义形式会有点不一样，但是似乎同样不太可能得到真的表达式，无论在语言中还是在思想中。这样的一个表达式会是一个言谈、刻印文字、思想，或类似的东西；又一次，言谈、刻印文字、思想与表达式本身就会受到连锁悖论的威胁，所以，若虚无主义是真的，则这些语词都是空的。当哲学把自己从描述的世界中遗漏，哲学将会变得肤浅。

试图将虚无主义发展为一个正面教条，将会基于自己的教条而失败。虚无主义者顶多能提供的论证是，根据反证法来反对其他理论。若所有的那些论证都成功，则我们将会陷入困境。后面章节的任务就是论证，那些论证中至少有一个是不成功的。

## 6.3　局部虚无主义：外表

只有局部虚无主义会是一个站得住脚的立场。对接受一组连锁论证的有限集合的虚无主义者来说，若接受该组集合的理由是没有限制的，则它也不会是一个站得住脚的立场。举例来说，用连锁推理来反对“存在桌子”，但不用它来反对“存在电子”，这会是武断的，若接受前一个例子的理由跟接受后一个例子的理由类似。为了将某些含混表达式视为不融贯的，局部虚无主义需要一个内在的限制理由。

一个想法如下。对几乎任何一个含混表达式来说，一个适当的连锁序列是可以被建构出来的。为了正确地使用该表达式，我们被迫把该序列的第一个成员视为跟同一序列的最后一个成员不一样，但在该序列中没有这样一个中止点：我们被迫认为在它之前的第一个成员跟在它之后的第一个成员是不同的。因为没有被强制就是可允许的，所以两个人可以画出不同的界线，而这或多或少是任意的，并且这两个人都算是正确地使用该表达 172
式。但是，对一种受限的含混表达式来说，一个连锁序列可以被建构，以满足一个更强的条件。为了正确地使用该表达式，我们被迫把该序列的第一个成员视为跟同一序列的最后一个成员不一样，但在该序列的每一个点上我们都被迫**不**认为接续成员是不同的。面对该连锁序列，我们不可能正确地使用该表达式。该表达式以那种方式是在语义上不融贯的，通过相应的连锁悖论，在具体模式中构成了一个论点。这种不融贯性不会被推广到受限种类以外的含混表达式。

为什么一个表达式的正确使用应该禁止我们认为中止点前的成员跟下一个接续成员是不一样的？假设在某个层面，序列中的接续成员之间不存在**外表上的**差异，而且表达式“*F*”是否适用于某事物仅仅依赖于那个层面的外表。于是，有人会想论证，因为接续成员之间不存在相关于“*F*”的差异，所以若“*F*”适用于序列中的一个成员，则它必然也适用于序列中的下一个成员。举例来说，“看起来是正方形的”这个谓词是否适用于某事物，仅仅依赖于形状层面的视觉外表。虽然该事物是不是正方形的跟其外表无关，但它看起来是不是正方形的正是关于它看起来如何的。长方形的一个连锁序列可以被建构出来，从一个完美的正方形到一个长几倍于宽的长方形，该序列的接续成员对于正常观察条件下的正常观察者来说，看起来在形状上一样。邻近的长方形肉眼无法区别其形状；它们看起来就像是有一样的形状。这不就代表，若序列中的一个长方形看起来是正方形的，则接续的下一个也会看起来是正方形的吗？若如此，则连锁悖论的主要前提是被认可的，并非仅仅通过“看起来是正方形的”的含混性，而且还通过“‘看起来是正方形的’仅仅适用于外表”这个事实。对比一个由“似正方形的”这个含混谓词而来的连锁悖论；因为似正方形的就是（并非看起来是）粗略地是正方形的，所以似正方形的不是仅仅关于外表的。我们会有不同的理由假设：若两个东西在形状上看起来一样，而其中一个是似正方形的，则另一个也会是似正方形的。[10]

在本章的剩余部分，我们会检视几种让局部虚无主义者的论证更严谨
173 的不同方式，而这些方式似乎会基于相关的理由而失败。讨论中的含混语词，其融贯性是可辩护的，而无须诉诸非经典逻辑或非经典语义论。不过，局部虚无主义者论证的最后失败会涉及其他假设为假的情况，而那些假设绝不会局限于局部虚无主义者。

若两个事物有完全一样的形状，而其中一个是正方形的，则这代表另

一个无疑也会是正方形的。该建议是说，若这样一个逻辑上有效的推论的前提看起来像是真的，则其结论也会看起来像是真的。因此，若两个事物看起来有一样的形状，而且其中一个看起来像是正方形的，则这应该代表另一个看起来也是正方形的。通过重复运用这个推论到连锁序列上，我们可以从“第一个成员看起来像是正方形的”这个次要前提移向“最后一个成员看起来像是正方形的”这个结论。不过，第一个成员是一个完美的正方形，但最后一个成员是一个长几倍于宽的长方形。若“事物看起来如何”这个概念是融贯的，则次要前提是真的而其结论是假的。局部虚无主义者会做出如下结论：“事物看起来如何”不是一个融贯概念。

我们有限的区辨能力使连锁论证成为一个针对“看起来是正方形的”这个表达式的特别问题。若该问题是不可解的，则外表谓词是不融贯的，而且是基于一个内在受限的理由。该理由不会推广到每个我们提及知觉到的事物，仍缩小到每个我们说是含混的事物。它是针对那些其运用被认为仅仅依赖于“事物看起来如何”的语词。若在此得到的正确教训是，知觉不涉及纯粹外表的维度，则那是我们可能学会生活所凭借的东西。在大多数我们使用“看起来是正方形的”这个语词的情况中，我们可以使用“似正方形的”。当然，这两个语词不是等价的，否则使用“似正方形的”就不会比使用“看起来是正方形的”更好。在某些严重失真的例子中，一个似正方形的事物不会看起来是正方形的，或一个看起来是正方形的事物不是似正方形的（我们会如此说）。但是，这样的例子是罕见的；“看起来是正方形的”的失败可以基于实践目的而被处理。

不幸的是，对局部虚无主义者来说，上述针对“看起来是正方形的”的不融贯性论证不是无懈可击的。有人可能会质疑“看起来”会在演绎上封闭的假设：若一个逻辑上有效的推论的前提看起来像是成立的，则其结论也看起来像是成立的。当推论过于复杂而不可能被马上接受时，而且 174
当结论中引进了前提中没有出现的概念时，就存在反例的威胁。若“看起来”不是演绎上封闭的，则即使两个事物看起来有一样的形状，而且其中一个看起来像是正方形的，我们如何可以推论出另一个也会看起来像是正方形的？无论如何，从“这个与那个有一样的形状”与“这个是正方形的”到“那个是正方形的”的推论是足够简单以至于可以被马上接受的，而且它的结论中没有引进前提中没有出现的概念。在目前的例子中，作为讨论的基础，“看起来”的演绎封闭性会被接受，因为虚无主义者的论证犯了另一个谬误：在论证的语境中，它使用模棱两可的话来隐瞒真相。

令 $x_{i-1}$、$x_i$ 与 $x_{i+1}$ 是连锁序列中的三个接续成员。毫无无疑，对一个观察者来说，当她在比较 $x_{i-1}$ 与 $x_i$ 的时候，它们看起来像是有一样的形状，而且在同意“看起来”是在演绎上封闭的情况下，这代表，在那个语境中，对她来说，若 $x_{i-1}$ 看起来像是正方形的，则 $x_i$ 也看起来会像是正方形的。相似的是，毫无无疑，对她来说，当她比较 $x_i$ 与 $x_{i+1}$ 时，它们看起来像是有一样的形状，而且在同意“看起来”是在演绎上封闭的情况下，这代表，在新语境中，对她来说，若 $x_i$ 看起来像是正方形的，则 $x_{i+1}$ 也看起来会像是正方形的。不过，我们不可能以想要的方式把这两个条件句放在一起，因为前一个条件句的后件不蕴涵后一个条件句的前件。虽然对观察者来说，在比较 $x_{i-1}$ 与 $x_i$ 时，$x_i$ 可能看起来像是正方形的，但这绝不代表，在她比较 $x_i$ 与 $x_{i+1}$ 时，$x_i$ 看起来像是正方形的。一个长方形是否看起来像是正方形的，依赖于它跟什么东西做比较。一个正常的观察者很有可能把它看作正方形的，当它跟某个接近是正方形的东西放在一起，而不是当它跟某个不太像是正方形的东西放在一起时。[11]

虚无主义者可能试图通过假设每个长方形只被观察一次并且只被单独观察来规避语境变换问题。一个人看到 $x_i$，$x_i$ 看起来像是正方形的。于是，用 $x_{i+1}$ 来替换；现在 $x_{i+1}$ 看起来跟 $x_i$ 有一样的形状。不过，即使同意“看起来”是在演绎上封闭的，这也不代表 $x_{i+1}$ 现在看起来像是正方形的，除非 $x_i$ **现在**看起来像是正方形的。因为看起来的样子可能随时间而改变；
175 “看起来”的演绎封闭性有可能是有效的，仅当该前提与结论是关于同一个时刻看起来的样子。在什么意义下，$x_i$ 看起来仍像是正方形的，尽管现在不再被看到？我们可以允许，一个没被看到的东西看起来像是具有一种性质，当目前的视觉知觉提供某种根基来支持该事物具有该性质；在猎人经验丰富的眼中，在检视陷阱时，看起来就像是看到一只受伤的鹿。不过，“在这个意义下，一旦 $x_i$ 被 $x_{i+1}$ 替代，$x_i$ 仍看起来像是正方形的”是没有保证的。或许 $x_{i+1}$ 看起来可能不像是正方形的，而且看到它使得观察者怀疑，在她还没看到 $x_{i+1}$ 之前，非常像是正方形的 $x_i$ 在一开始是不是正方形的。

对虚无主义者来说，一个替代选项是使用一个倾向性的“看起来”概念。事物倾向地看起来的样子，不依赖在目前被看到的东西，而是依赖那些事物假若被看到，当前会看起来的样子，也许还要在正常情况下被看到。在比较长方形 $x_{i-1}$ 与 $x_i$ 之后，比较 $x_i$ 与 $x_{i+1}$ 并不会改变它倾向地看起来的样子。但是，这个替代选项只是变换了问题，因为在倾向意义下的“看起来”不可能被认为会满足演绎封闭性。假设 $x_i$ 倾向地看起来像是正方形的，而且 $x_i$ 与 $x_{i+1}$ 倾向地看起来像是有一样的形状。因此，当 $x_i$ 在正常情况下被看到，$x_i$ 当前会看起来像是正方形的；当 $x_i$ 与 $x_{i+1}$ 在正常情况下一起被看到，$x_i$ 与 $x_{i+1}$ 当前会看起来像是有一样的形状。这不代表，当 $x_{i+1}$ 在正常情况下被看到，$x_{i+1}$ 当前会看起来像是正方形的，即使我们同意“当前看起来”是在演绎上封闭的。因为论证的前提并没有说，当 $x_{i+1}$ 在正常情况下被看到，而且是在 $x_i$ 没有出现的情况下，$x_{i+1}$ 当前看起来的样子是什么。给定上述注意到的语境影响，在那些情况中，$x_{i+1}$ 当前可能不会看起来像是正方形的。因此，从论证的前提推论不出 $x_{i+1}$ 倾向地看起来像是正方形的。倾向地看起来不是在演绎上封闭的。

为了恢复演绎封闭性，虚无主义者可能更进一步从具体知觉语境进行抽象化。“考虑中看起来像是……”这个词组可能被用来代表“基于所有相关知觉，该判断是合理的……”——举例来说，在我们已经看到整个 176
连锁序列之后，在这个意义下，“考虑中看起来像是……”应该会满足演绎封闭性，因为它表征了一种平衡，而该平衡是经由在知觉信息上的反思而来的，并且在下列限制中获得：若命题应该被接受，则这些命题的逻辑后承也应该被接受。虚无主义者面临的困难是：$x_i$ 与 $x_{i+1}$ 考虑中看起来不像是有一样的形状。一旦我们已经看到整个连锁序列，我们就可以了解序列中的许多成员跟接续的下一个成员不会有一样的形状；$x_i$ 与 $x_{i+1}$ 可能是一组适当的例子，就跟其他组例子一样。判断 $x_i$ 与 $x_{i+1}$ 有一样的形状不会是合理的。

虚无主义者可能以不同的方式使用“考虑中看起来像是”的演绎封闭性。若 $x_i$ 是正方形的且 $x_{i+1}$ 不是正方形的，则这代表 $x_i$ 与 $x_{i+1}$ 没有完全一样的形状。根据演绎封闭性，若 $x_i$ 考虑中看起来像是正方形的且 $x_{i+1}$ 考虑中看起来不像是正方形的，则这代表 $x_i$ 与 $x_{i+1}$ 考虑中看起来不具有一样的形状。但是，$x_i$ 与 $x_{i+1}$ 考虑中看起来不像不具有一样的形状。对一个正常观察者来说，他能做的就是通过肉眼来区辨，而它们会有一样的形状，因为差异太小而不可能被察觉出来，只可能在连锁序列之外的地方出现差异。因此，若 $x_i$ 考虑中看起来像是正方形的，则 $x_{i+1}$ 考虑中看起来不像不是正方形的。但是，这不是虚无主义者需要的。为了从连锁悖论的一个阶段移向下一个阶段，我们需要的条件句是：若 $x_i$ 考虑中看起来像是正方形的，则 $x_{i+1}$ 考虑中看起来像是正方形的。[12] 为了填补这个缝隙，虚无主义者必须论证，若 $x_{i+1}$ 考虑中看起来不像不是正方形的，则正面地说，$x_{i+1}$ 考虑中看起来像是正方形的。虚无主义者应该会如此论证，通过诉诸“事物考虑中看起来像是某个样子，或者它们考虑中看起来不像是那个样子”这个一般性原则。无论如何，这个原则不是可信的。不可知论有时是合理的选项。当我们已经看到整个序列，判断“$x_{i+1}$ 是正方形的”可能不是合理的，而判断“$x_{i+1}$ 不是正方形的”也可能不是合理的。

虚无主义者可能会有点犹豫，因为“是不是正方形的是独立于心灵
177 的，而看起来是不是正方形的则不是独立于心灵的”。有时候，我们的信息就是太过局限，以至于不可能决定一个东西是不是正方形的，这迫使我们走向不可知论。因此，虚无主义者可能会试图挽救先前的论证，通过用“看起来是正方形的”这种性质来取代“是正方形的”这种性质。其结果可能会如下。

因为 $x_i$ 与 $x_{i+1}$ 是不可能用肉眼区辨出来的，所以在检视连锁序列之后，“$x_i$ 考虑中看起来像是正方形的，但 $x_{i+1}$ 考虑中看起来不像是正方形的”不会是一个合理判断。因此，若 $x_i$ 考虑中看起来像是考虑中看起来像是正方形的，则 $x_{i+1}$ 考虑中看起来不像是考虑中看起来不像是正方形的。这还不会是虚无主义者需要的。他们的计划是建构一个连锁悖论，从明显为真的命题“$x_0$ 考虑中看起来像是考虑中看起来像是正方形的”到明显为假的命题“$x_n$ 考虑中看起来像是考虑中看起来像是正方形的”。为了从这个连锁悖论的一个阶段移向下一个阶段，我们需要的条件句是：若 $x_i$ 考虑中看起来像是考虑中看起来像是正方形的，则 $x_{i+1}$ 考虑中看起来像

是考虑中看起来像是正方形的。为了填补已有的前提与那个条件句之间的缝隙，虚无主义者必须论证，若 $x_{i+1}$ 考虑中看起来不像考虑中看起来不像是正方形的，则正面地说，$x_{i+1}$ 考虑中看起来像是考虑中看起来像是正方形的。无论如何，虚无主义者不再需要诉诸“事物考虑中看起来像是某个样子，或者它们考虑中看起来不像是那个样子”这个不可信的原则来论证。诉诸更有限的原则就够了：事物考虑中看起来像是考虑中看起来像是某个样子，或者它们考虑中看起来像是考虑中看起来不像是那个样子。称这个原则为**考虑中看起来的透明性**原则。

考虑中看起来的透明性原则背后的想法是，虽然我们不可能决定某些问题的答案，但我们可以决定哪些问题已经被决定了。在数学中，这是常见情况：一个命题已知被证明、已知被否证，或者已知未被证明也未被否 178
证。不过，即使如此，该原则仍是理想化的。一个号称是证明的证明，其状态可能经历好几个月还不确定其真假，直到足够多的专家有机会检视该证明。在经验的事情上，考虑中看起来的透明性是相当不可信的。在物理学或历史学中，什么断言被证据所支持，通常不是一件清楚的事，而且对知觉上的证据来说，也是一样。对一个人是否有足够的证据来做一个断言，我们可能有理由对之采取无知的立场。在边缘例子上，有依据的可断言性（warranted assertibility）不是一件可决定的事。我们对自己的知觉状态可能是不透明的；给定语言转向，随处可决定的“有依据的可断言性”这个概念就是心灵的自我透明性。

作为排中律的一个例子，我们可以假设，$x_{i+1}$ 考虑中看起来像是正方形的，或者 $x_{i+1}$ 考虑中看起来不像是正方形的；但是，虚无主义者没有资格假设，若 $x_{i+1}$ 考虑中看起来像是正方形的，则 $x_{i+1}$ 考虑中看起来像是考虑中看起来像是正方形的，或者，若 $x_{i+1}$ 考虑中看起来不像是正方形的，则 $x_{i+1}$ 考虑中看起来像是考虑中看起来不像是正方形的。“考虑中看起来”不是透明的，而支持连锁论证之主要前提的论证是失败的。

“有依据的可断言性不是可决定的”可能被认为证明了我们的语言不是完全受到规则的掌控。这将随之而来，若规则是告诉一个人在所有情况中，若有话要说，要说什么的算法。对任何直陈语句，该规则会把所有情境划分为三种：断言是有依据的情境、断言的否定是有依据的情境，以及断言没有依据且断言的否定也没有依据的情境；其中任何一个集合中的情境会都清楚地在其中。这样的划分尚未做到。总是有些难以分类的例子要求好的判断力。当然，我们可以怀疑，规则的初基演算法概念是不是唯一可能的一个。

通过凝视某物看起来是不是正方形的，我们不可能总是能够辨识出来，就算是通过凝视它当前看起来是不是正方形的，也不可能。我可能判断它看起来像是正方形的，但之后合理地断定先前错误地描述了它；毕竟，它只是看起来像是正方形的。我可能犹豫地判断它看起来像是正方形的，但之后合理地断定我刚才太过谨慎了；毕竟，它确实看起来是正方形
179 的。凝视无疑是辨识某物是否看起来像是正方形的最佳方式，但这种最佳方式不会是一种不可能出错的方式。

局部虚无主义者可能想通过说一个事物的模样来重塑该论证。当 $x_i$ 与 $x_{i+1}$ 是一个连锁序列中相邻的接续成员时，$x_i$ 的模样与 $x_{i+1}$ 的模样是等同的。根据莱布尼茨律，等同的事物会有一样的性质。因此，任何关于 $x_i$ 的模样的性质都会是 $x_{i+1}$ 的模样的一种性质。现在，一个事物的模样不可能有“确实是正方形的”这种性质，因为该模样——不同于该事物——不是真正在空间中的。不过，它可以具有“在正常条件下，一个正方形事物具有的模样”这种性质，而该性质可以被称为像正方形性（square-likeness）。所以，$x_0$ 的模样是像正方形的，而 $x_n$ 的模样不是像正方形的。但是，根据刚才已经说过的，若 $x_i$ 的模样是像正方形的，则 $x_{i+1}$ 的模样是像正方形的。我们会有一个新的连锁悖论威胁着“像正方形的”，甚至是“一个事物的模样”这个特别概念。

为什么局部虚无主义者假设 $x_i$ 的模样与 $x_{i+1}$ 的模样是等同的？理由应该是：一个正常观察者不可能用肉眼来区辨 $x_i$ 与 $x_{i+1}$，当它们接续地呈现时。因此，$x_i$ 与 $x_{i+1}$ 之间的不可区辨性应该是一个充分条件来支持两者模样之间的等同；它当然会是一个必要条件。但这种不可区辨性不可能是任何事物等同性的必要且充分条件，因为不可区辨性不是一种传递关系，而等同性是一种传递关系。$u$ 跟 $v$ 是不可区辨的，而且 $v$ 跟 $w$ 是不可区辨的，这不代表 $u$ 会跟 $w$ 是不可区辨的。相比之下，若 $u$ 的模样跟 $v$ 的模样是等同的，而且 $v$ 的模样跟 $w$ 的模样是等同的，则 $u$ 的模样确实会跟 $w$ 的模样

是等同的。因此，局部虚无主义者的新论证依赖于“一个事物的模样”这个不融贯的概念；根本不需要提到“像正方形的”。这个结果的影响太过有限，以至于不可能满足局部虚无主义者。它不会威胁到上述讨论的“模样”，若我们对“模样”采取一个融贯的命题用法，则它也不会阻止我们发展一个事物模样等同性的概念，使事物之间的不可区辨性是必要条件，但不是充分条件。[13]虚无主义不会想要跟那一样的局部虚无主义。

## 6.4　局部虚无主义：颜色

外表的谓词本身不是吊诡的，因为甚至外表也不会是事物看起来的样 180
子。正方形与正方形的外表之间的缝隙，产生了一个介于正方形的外表与正方形的外表的外表之间的对应的缝隙。不过，有些语词的意义可能被认为会消除一开始出现的、介于实在界与表象之间的缝隙。若如此，则不会只是因为这些语词描述了外表，因为“看起来是正方形的”确实描述了外表。与此相反，是因为这些语词成功地挑出将实在界映射到表象的函数的固定点；也就是说，它们会表达那些实体就是表象的性质。这样的语词可被称为**观察的**。传统上，“红的”这个语词被认为是观察的。当然，在特殊光线下或对一个是色盲的观察者来说，非红的事物可能看起来是红的，而红的事物可能看起来不是红的。但是，在正常条件下，对一个正常观察者来说，某物看起来会是红的，当且仅当，该事物是红的。

虽然在不循环地说明正常条件与正常观察者是什么时有许多问题，但这些问题不会困扰虚无主义者，对虚无主义者来说，重要的是，应该有这样的条件与观察者，无论如何被具体说明。因为虚无主义者可以给一个在正常条件下观察的正常观察者呈现一个“红的”的连锁序列，而此序列中任何两个接续成员是如此相似，以至于无法通过肉眼来区辨。对序列中的每个成员，观察者被问到“它是红的吗?”。若每个可能的答案都导致荒谬性，则“红的”是不融贯的。

虚无主义者可能有许多方式来论证。其中有些方式是只诉诸“红的”是被用来描述表象的想法；在如此做的时候，他们犯了先前注意到的、关于“看起来是正方形的”的类似谬误。不过，对局部虚无主义者来说，他们也能使用一个更强的论证。

假设观察条件是正常的，观察者也是正常的。观察者理解“红的”这个语词；实际上，把那个嵌入“正常的”的定义中会比较方便。观察者仔细检查连锁序列。令 $x_i$ 与 $x_{i+1}$是接续成员。根据上述理论，在正常条
181 件下，事物是红的，当且仅当，它会被一个正常观察者辨识为红的。因此，在该情境中，下面的条件句应该会成立：

(1) 若 $x_i$ 是红的，则观察者知道 $x_i$ 是红的。

现在，假设观察者确实知道 $x_i$ 是红的。对这件事来说，一个必要（若不是充分）条件是，观察者把 $x_i$ 分类为红的，应该是一种正确分类红的事物的可靠能力的结果。这样的一种能力不需要是不可错的，因为错误分类可能在异常条件下发生。不过，它的可靠性确实蕴涵，在当前的正常条件下，它会对连锁序列中接续成员给出正确的分类。现在，一位倾向于把 $x_i$ 分类为红的但却不可能在颜色上区辨 $x_i$ 与 $x_{i+1}$的观察者，会倾向于把 $x_{i+1}$ 分类为红的，即使如此做的倾向可能没那么强烈，相较于 $x_i$ 的情况。除非 $x_{i+1}$是红的，否则这样的分类会是一个错误分类。因为 $x_i$ 是可靠地被分类为红的，这代表 $x_{i+1}$是红的，无论观察者是否将 $x_{i+1}$ 分类为红的。最后会得到下列条件句：

(2) 若观察者知道 $x_i$ 是红的，则 $x_{i+1}$是红的。

(1) 与 (2) 会蕴涵下列条件句[14]：

(3) 若 $x_i$ 是红的，则 $x_{i+1}$是红的。

(3) 正是我们需要的，以产生一个对“红的”的连锁悖论。虚无主义者已经展示了“红的”是不融贯的吗？

以下我们将假设 (2) 是正确的。支持它的论证当然需要更多的讨论，而这部分将会在第八章提供，其中 (2) 的一个推广会被采纳。因此，重点会在 (1) 上。对虚无主义者有利的是，基于与上述相似的理由，许多非虚无主义者接受类似于 (1) 的东西。因此，虚无主义者诉诸 (1) 不是乞题的。但是，一个反对 (1) 的批评隐藏在对 (2) 的支持辩护中。假设 $x_i$ 是红的，但观察者无法在颜色上识别出一个非红的事物。

于是，该观察者不会知道 $x_i$ 是红的，因为将 $x_i$ 分类为红的不会是一种局部正确分类红的事物的可靠能力的结果。尽管如此，对（1）的批评也不是真正需要的。因为，若虚无主义者是正确的，而“红的”是不融贯的，则我们会预期有说服力的论证既支持也反对像（1）这样的原则。为了拆 182 解该悖论，我们必须证明支持（1）的论证不是有说服力的，而不是证明反对（1）的论证是有说服力的。

支持（1）的论证大致会以下列方式进行。在“红的”具有边界的范围内，边界却不是自然形成的。我们可以轻易地稍微更宽松或更窄地使用这个语词，使这个语词的外延会更宽或更窄；这个语词不会因此而无法恰如其分地切割实在界，在任何它实际上成功做到的意义下。红色事物不构成一个自然类。与此相反，“红的”的外延正是通过我们会把事物分类为“红的”或“非红的”的倾向来固定的。更确切地说，我们使用这个语词的实况，指派给某些观察者在某些条件下的倾向一个权威的地位；我们称这些观察者是“正常的”。若某物是红的，则它会落到“红的”的外延中，而那是因为正常观察者在正常条件下将它分类为“红的”。因为这样的分类被保证是正确的，所以它们构成知识。因此，（1）是真的，论证大概是如此进行的。

若支持（1）的论证是成立的，则它应该也会在简单化的假设下成立，该假设说，某物是红的，当且仅当，在正常条件下，所有正常观察者总是会把它分类为红的。若只是因为它不允许日常错误的分类，则这个假设明显太过简单而不可能是真的，但它简化了一个应该有助于支持（1）的论证的方向。[15]假设 $x_i$ 是红的。因此，在正常条件下，所有正常观察者总是将 $x_i$ 分类为红的。这代表，在正常条件下将 $x_i$ 分类为红的时候，一位正常观察者总是知道 $x_i$ 是红的吗？根据支持（2）的论证，该观察者知道 $x_i$ 是红的，仅当那个分类是一种局部正确分类红的事物的可靠能力的结果。支持（2）的论证也假设了讨论中的正常观察者不可能在颜色上区辨 $x_i$ 与 $x_{i+1}$。一个正常观察者的颜色区辨能力不需要是完美的；有着好眼力的人类可能具有完美的颜色区辨能力，因为正是他们对“红的”这个语词的使用决定了该语词的外延。因此，在正常条件下将 $x_i$ 分类为“红的”的正常观察者，有时会在那些条件下也可靠地将 $x_{i+1}$ 分类为红的。

这样的一个分类不会自动是正确的。根据关于“红的”的操作性假设，将 $x_{i+1}$ 分类为红的是正确的，仅当在正常条件下，所有正常观察者总是将
183 $x_{i+1}$ 分类为红的。到目前为止，我们已经同意的是，在正常条件下，所有正常观察者总是将 $x_i$ 分类为红的，而且有些正常观察者偶尔会把 $x_{i+1}$ 分类为红的；这绝不代表，所有正常观察者总是会把 $x_{i+1}$ 分类为红的。在 $x_i$ 与 $x_{i+1}$ 之间的共识可能会开始消失，而分类为红的会变成一件跟概率相关的事。若如此，则“$x_{i+1}$ 是红的”不是真的，所以将 $x_i$ 分类为红的不会是一种局部正确分类红的事物的可靠能力的结果。在正常条件下正确地将 $x_i$ 分类为红的情况中，一位正常观察者不需要知道 $x_i$ 是红的。

即使在最简单、有助于论证关于“红的”被决定的方式的假设下，支持（1）的论证也会失败。支持（1）的论证在更现实的假设下会更糟，例如，在正常条件下的正常观察者有时候会误判红色事物。实际上，从（2）而来的反对（1）的批评，可以用支持（1）的论证中的语词来构造，并且指出那个论证失败的地方在哪里。局部虚无主义者只能通过用（2）会失败的语词来重塑（1），以回避反对支持（1）的论证的批评；但是，他们就会失去支持（3）的论证，而且他们想要的连锁悖论也会消失。

（2）的可信性暗示了说明颜色方式可以更加贴近现实。在正常条件下，正常观察者同时的颜色判断不仅仅倾向于为真，它们也倾向于是可知的。任何对颜色语词的说明都应该满足这个条件。所以，给定（2），该说明必定包含更多的东西在“红的”的外延中，相较于在正常条件下的正常观察者倾向于称为“红的”的东西，而且该说明必定包含更多的东西在“不是红的”的外延中，相较于这样的观察者倾向于称为“不是红的”的东西。因此，我们不会预期，颜色语词的外延会跟在正常条件下的正常观察者做出的外延是一样的。

（1）的失败可能被认为会威胁到“红的”的实用性。基于因果观察，语词的用意不就是让我们可以运用它吗？（1）失败了，因为有些红的事物不可能通过观察而被知道是红的。不过，讨论中的红色事物只是边缘地带的红色事物。（2）呈现的是，我们可以通过对非边缘地带的一个红色事物进行因果观察而知道它是红的。这样的知识足以让“红的”是实用的。

在同意（2）的情况下，一个正常观察者应该如何回应一个“红的”

的连锁序列中的接续成员在正常条件下是不是红的？很明显，最后一个 184
“这是红的”不应该立即接着“这不是红的”，因为，根据（2），若前一个回应已知是正确的，则后一个就是不正确的。正如在 1.2 节已经看到的，即使是“我不知道这是不是红的”这样的回应也是一个危险回应。不过，这种策略对观察者是开放的。因为，假设“*A*”是对序列中一个给定成员的正确回应，那么“据我所知，*A*”（“我不知道 *A* 不是真的”）就是对下一个成员的正确回应。[16] 所以，若我们知道“*A*”是对一个给定成员的正确回应，则我们就能知道“据我所知，*A*”是对下一个成员的正确回应。每当我们对一个给定回应感到怀疑时，我们可以叠加一个“据我所知”，直到我们对某个回应（例如“这不是红的”）感到有足够的自信心。那些不能忍受沉默的人总是有话可说。

在连锁悖论的研究中，局部虚无主义者可能尝试本章考虑以外的例子，但其结果现在应该是很明显的。与区辨认知能力相联系的概念本身不是吊诡的。通过像（2）这样的原则，我们区辨能力的限制跟认知现象一样可理解。这样的原则位于不精确知识的理论核心，这将在第八章展开。或许悖论的影响来自误解原则（2）背后的洞见；“观察者知道”被错误地从前件中省略了，或者被错误地加到后件中。这两个错误导致了连锁悖论，（2）本身不是吊诡的。这个诊断可以被推广到所有含混语词的连锁悖论，无论这些语词是不是观察语词。不过，在能够说明这些之前，我们需要理解含混语词的逻辑与语义学。下一章会开始这个任务。

# 第七章　含混性是无知

## 7.1　二值原则与无知

185 没人知道我是不是瘦的，我不是明确地瘦，我不是明确地不瘦。“瘦的”这个语词太过含混，以至于无法让“蒂莫西·威廉姆森是瘦的”这个言谈被确认为真或被确认为假，无论我的腰围如何被准确地测量，并且将测量结果跟其他人的统计结果做比较。我是“瘦的”的一个边缘例子。若你跟某人打赌，下一个进房间的人会是个瘦子，而我走进房间，则你不会知道你是否真的赢了。假设“蒂莫西·威廉姆森是瘦的”这个言谈是真的或假的。因为我们不知道蒂莫西·威廉姆森是瘦的，而且不知道蒂莫西·威廉姆森不是瘦的，所以我们对某事是无知的。“蒂莫西·威廉姆森是瘦的”表达了一个未知真理，或“蒂莫西·威廉姆森不是瘦的”表达了一个未知真理。给定我实际的测量结果以及其他人的测量统计结果，我们甚至不知道如何发现蒂莫西·威廉姆森是不是瘦的。按理说，我们不可能在蒂莫西·威廉姆森是瘦的的情况中知道，也不可能在蒂莫西·威廉姆森不是瘦的的情况中知道；在那个意义下，我们对某事必然无知。大多数讨论含混性的文献已经理所当然地把这些结果视为荒谬的。所以，大多数文献拒绝了原初的假设：“蒂莫西·威廉姆森是瘦的”是真的或假的。边缘例子被认为不涉及无知，因为没有事让我们知道，所以也没有事是我们无知的。根据这个观点，边缘例子的含混言谈不是二值的。

放弃“含混言谈是二值的”这个假设，这是建议我们解放自己去理
186 解含混性这个现象。已经有许多尝试去落实上述建议。在先前的章节，已经检视了其中几个最显著的尝试，而且这些尝试看起来是失败的。这些尝

试扭曲了应该要解释的现象。当然，我们可以无止境地尝试更复杂的解释，但“任何形式的技法最后都会解决难题”似乎会越来越不可信（高阶含混性特别难以解决）。我们开始认为，放弃“含混言谈是二值的”这个假设不会使含混性变得更容易理解。

我们若放弃含混言谈的二值性，则会付出高昂的代价。我们不再可以将经典真值函数语义论运用于含混言谈，甚至可能无法将经典逻辑运用于它们。尽管经典语义论与经典逻辑的简单性、解释力、过往成就，以及跟其他领域理论的整合程度远远优于其他替代理论。单单基于这些理由，坚持二值原则必定将被以某种方式适用于含混言谈，将任何冲突的表象归属于我们的无知，不是全然不合理的。不是每个反例都会使一个理论为假。那个看法可能最后不再是可信的，若某种对含混性的非经典处理方式真的有启发性。目前尚未找到这样的处理方式。

我们起码有好理由去重新检视一开始对二值原则的批评：在边缘例子中，假设无知的荒谬性。在本章，我们会检视并反对几个说法，这些说法试图指出假设无知的荒谬性。在下一章，我们将论证，基于一些关于知识的独立原则，边缘例子中的无知正是我们预期的。当那些原则被误解了，假设无知似乎是违反直觉的。不需要非建设性地坚持，在边缘例子中对二值原则的批评一定有哪里出错了。当表达清楚时，这些批评奠基在可辨识出来的谬误上。适当地被理解为一个认知现象，含混性没有提供修正经典语义论或经典逻辑的动机，特别是没有提供动机去否定二值原则。[1]

作为一个对含混性的认知主义理论的序言，7.2 节提供了一个动机不去否认边缘例子中的二值原则。7.3 节论证，想象含混性是一个非认知现象，会比我们可能预期的更困难。之后的章节阐释认知主义观点，并且回应批评。

## 7.2　二值原则与真

二值原则该如何被理解？二值原则没有说每个东西是真的或者是假 187
的，因为没有人会认为一滴水是真的或者是假的。该原则甚至不会被适用于每个有意义的语句，或者被适用于展现一个言语行动的语句，因为没有需要去假设一个问题或命令是真的或者是假的。它也不会被适用于每个符合语法的直陈句。若一位老师说一个简单的英文语句“He was there then”，而“he”、“there”和“then”的指涉关系尚不确定，则他并未说出一个有真假值的语句。二值原则主张有真理或假理，当且仅当，某事物被说是如此这般。

在相关意义下，说某物是如此，不总是断言它是如此。除了被适用于断言，真理与假理的概念也被适用于假设。若通过“并非 *P*”的言谈来说某事是真的，则是因为其中的一部分“*P*”，通过其言谈（亦即“*P*”）说某事是假的，而不是断言其为假。同样的情况也被适用于其他真值函数算子。

二值原则通常是关于一个命题（陈述句……）来阐述的。于是，该原则显示：每个命题是真的或者是假的。不过，在这种解读下，它并未直接相关于含混性问题。一位哲学家可能接纳命题的二值原则，而将含混性当作“一个言谈无法表达一个独一无二的命题”。根据这个观点，边缘例子中的一个含混言谈表达了某些真命题，以及假命题（超赋值论的一种形式可能会因此而产生）。在此不会承认一个对言谈的二值分类，或者承认我们对这样的分类是无知的。含混性问题是一个关于分类言谈的问题。当命题被视为真假值的承载者，争论一种二值原则形式就会失去争议的重点。

在一种相关的二值原则形式中，真假值的承载者（或许带着一点人为造作）是言谈本身。该原则明确地被限制于言谈的范围内，简单地说（带着一点人为造作），当言谈说某事是如此的时候。该原则可以被阐述为一个语架：

（B）若 *u* 说了 *P*，则 *u* 是真的，或 *u* 是假的。

188 在（B）中，“*u*”被一个言谈的名字所取代，而“*P*”被一个其文字说了某事是如此的直陈句所取代。因为被命名的言谈按理不是（B）的相关个例的组成部分，所以它不需要是中文。[①] 因为代替“*P*”的语句是（B）的个例的一个组成部分，所以必须是中文。[②] 虽然（B）中“说”这个概

① 原文是英文。——译者注

② 同上。

念不是完全精确的，但就目前来说，已经足够精确了。[2]

（B）中的真假概念可以通过亚里士多德的名言来阐述：“把是说成不是，或把不是说成是，是假的；而把是说成是，或把不是说成不是，是真的。”这些概念是塔斯基希望他的语义定义掌握的。[3] 亚里士多德的话可以用现在的术语来说明：

（T）若 $u$ 说了 $P$，则 $u$ 是真的，当且仅当，$P$。

（F）若 $u$ 说了 $P$，则 $u$ 是假的，当且仅当，不是 $P$。

“$u$”和“$P$”在（T）与（F）中扮演的角色跟在（B）中的一样。举例来说，“雪是白的”这个典型言谈说雪是白的；所以，它是真的，当且仅当，雪是白的，而且它是假的，当且仅当，雪不是白的。除了（T）与（F）所说的之外，可能有或可能没有更多关于真假的事可说，但对我们理解那些概念来说，（T）与（F）确实至少像是相当重要的。

现在，假设一个言谈 $u$——例如，“蒂莫西·威廉姆森是瘦的”——是（B）的一个反例。因此，通过说某事是如此，它必须核实（B）的前件。对代替“$P$”的某个语句——例如，“蒂莫西·威廉姆森是瘦的”，我们必须说：

（0）$u$ 说了 $P$。

（B）的后件也必须被证实为假，所以

（1）并非：$u$ 是真的，或 $u$ 是假的。

使用（0），我们可以拆开（T）与（F）的后件：

（2a）$u$ 是真的，当且仅当，$P$。

（2b）$u$ 是假的，当且仅当，不是 $P$。

现在，（2a）和（2b）允许我们置换（1）中的左右两边，所以

（3）并非：$P$，或不是 $P$。 189

根据德·摩根定理中的一条，一个析取句的否定蕴涵一个由其析取项的否定所构成的合取句。因此，（3）会产生

（4）并非 $P$，且并非不是 $P$。

（4）的第二个合取项跟其第一个合取项矛盾。根本不需要删除双重否定，（4）已经是自相矛盾的。经由对真与假的阐述，加上简单的逻辑推导，“二值原则有一个反例”这个假设已经直接导致一个矛盾。[4]

对一个英文语句，其中不包含依赖语境的表达式，（2a）和（2b）的个例可能被认为没有明确诉诸（T）与（F）。我们可以使用引号把特定话语圈起来，以形成指称词，并且把那些话语在延伸的意义下当作言谈。于是，（2a）可能说的是，“蒂莫西·威廉姆森是瘦的”是真的，当且仅当，蒂莫西·威廉姆森是瘦的，而（2b）说的是，“蒂莫西·威廉姆森是瘦的”是假的，当且仅当，蒂莫西·威廉姆森不是瘦的。我们可以像先前一样来论证。即使在此，（T）与（F）似乎也说明了（2a）和（2b）；因为它说了“蒂莫西·威廉姆森是瘦的”是真的，当且仅当，蒂莫西·威廉姆森是瘦的，而“蒂莫西·威廉姆森是瘦的”是假的，当且仅当，蒂莫西·威廉姆森不是瘦的。作为言谈的谓词，真与假是去括号的，当“说”是去括号的时候。话虽如此，但结论跟先前是一样的：假设二值原则有一个反例，会导致一个矛盾。[5]

关于该论证的逻辑，依序会做点评论。对（2a）和（2b）中的 $u$ 来说，真值条件与假值条件的陈述句被用来等同于（1）中二值原则的否定，加上（3）中排中律的否定。[6] 排中律的否定经由一个无争议的推论规则导致了一个矛盾；几乎每种被提议用来处理含混语言的逻辑都允许，一个析取句的否定蕴涵由其析取项的否定所构成的合取句。至于（4）的荒谬性，没有人会试着跟那些把矛盾本身视为可接受的人争辩。此外，从（1）、（2a）和（2b）到（3）的推论不应该是有争议的，当（2a）与（2b）中的双条件句被解读为两端会有一样的语义值时。一个表达式的语义值概括了该表达式的那些相关于语句的语义值的特征，该语句是由那个表达式与其他表达式，通过像是否定和析取等逻辑算子的结合而构成的。例如，若在真值度上处理我们的语义论，则（2a）应被解读为蕴涵“$u$ 是
190 真的”和“$P$”真到一样的真值度，而且对（2b）有类似的情况。若在可容许的解释中处理我们的语义论，则（2a）应被解读为蕴涵“$u$ 是真的”和“$P$”会在完全一样的可容许的解释下为真，而且对（2b）有类似的情况。在（1）中，用（2a）和（2b）中的右端取代左端，我们会得

到（3），所以这样的取代应该把（1）的语义值（真）保留到（3）（真），因为一个析取句否定的语义值只依赖于其析取项的语义值。因此，该论证的全部重任被放到（2a）和（2b）上，而经由它们，重任又被移到（T）和（F）上。[7]

支持（T）和（F）的道理是简明的。给定一个言谈说蒂莫西·威廉姆森是瘦的，使该言谈为真的正是蒂莫西·威廉姆森是瘦的，而且使该言谈为假的是蒂莫西·威廉姆森不是瘦的。不需要要求更多，也不能要求更少。若要求更多或更少的真值条件或假值条件，则会误解真理或假理的本质。

有人可能会回应，若 *u* 说了 *P* 是非真非假的，则"*u* 是真的"是假的，当"*P*"是非真非假的，以至于（2a）的两端在语义值上不会一样，而且（2a）与（T）都不会是真的。一个类似的回应也可以适用于（2b）与（F）。这个批评的问题是，它不满足支持（T）和（F）的道理。当 *u* 说了蒂莫西·威廉姆森是瘦的，除了根据蒂莫西·威廉姆森不是瘦的，它没有提供任何 *u* 可能不是真的线索，或提供任何 *u* 可能不是假的线索，除了蒂莫西·威廉姆森不是不瘦的。原初论证的全部论点是：假设（B）有一个反例，这是不一致的。因此，该假设会导致不一致性，亦即跟关于真理和假理的根本原则［例如，像是（T）与（F）］不一致，正是我们会预期的。这样的不一致性会削弱该论证，仅当这些不一致性揭露支持那些原则的论证有局限性，然而这些不一致性并未揭露这样的事。从假设（B）有一个反例来反对（T）和（F）的论证，完全忽略了支持（T）和（F）的道理。所以，反对该假设的论证未被削弱。

在一种形式语义论中，我们可以一致地称呼两种性质"t"与"f"，并且假设某些语句不具有这两种性质（或就那件事来说，同时具有这两种性质）。明显的是，这样的一个技法不会引起任何哲学家的兴趣。在用 191
"t"和"f"称呼的性质与真和假两种性质之间，尚未做出任何关联。若有人主张前一组性质是后一组性质的性质，则他必定准备好主张它们会受到同样规则的规范。若不是（T）和（F），还有什么原则规范真和假？

对含混语言采取形式进路——多值逻辑、超赋值论以及其他类似进路，明显是在一种被认为是精确的元语言中架构出来的。[8]所以，我们不可能在精确的元语言中说含混的对象语言中的言谈说了什么，因为若要这么做，则我们必须含混地说；对于那些含混言谈，我们只能做出精确评论。对这样一种元语言来说，因为这样的表达局限性使自己不可能提供对象语言中的言谈的意义，所以不太可能被视为对象语言的一个适当语义进路。当然，反对假设二值原则有反例的论证，不可能在这样的一种元语言中被表达出来。因为它需要我们说含混言谈说了什么，以表达（T）和（F）的相关个例；一种精确的元语言不会包含一个可以适合取代“*P*”的东西。因此。语义论的形式特征消解了该论证的威力。如此做的代价是，放弃语义论的核心任务：说对象语言中的言谈意指什么。毕竟，假设这样的言谈构成（B）的反例，就是假设这些言谈确实意指某些东西，所以原则上不会反对扩充元语言，使它能够说这些言谈意指什么。一旦元语言被扩充，反对假设（B）有反例的论证就可以被表达了。造出一种类似二值原则在其中失效的形式语义论，其实是将注意力从该论证移开，而不是回应该论证。

多值逻辑、超赋值论以及其他类似理论，也不反对（T）和（F）。不过，真正反对（T）和（F）的可能性并未被忽略。若是一个真正的反对，则我们需要让真和假（而不是真和假在形式上的模拟物）是讨论的焦点。对（T）和（F）的批评可能是，根本没有性质可以满足（T）[或（F）]，或者没有性质可能同时满足（T）[或（F）]和某个另外的限制，而该限制似
192 乎至少对真理（或假理）概念是重要的。现在，对当前每种处理含混语言的语义方式来说，（T）和（F）都是可满足的。唯一的问题是，满足（T）[或（F）]的东西是否可能因此而无法满足某个在真理（或假理）上的限制。这样的一个限制可能会是什么？在那些反对二值原则的人的著作中，很难找到一个明确答案。不过，我们可以怀疑在既有的文献背后是否真有这样一个限制。因为（T）和（F）对真理与假理的论述跟它们对言谈的论述一样含混。若一个言谈说“蒂莫西·威廉姆森是瘦的”是真的，当且仅当，蒂莫西·威廉姆森是瘦的，而且蒂莫西·威廉姆森是不是瘦的确实是含混的，则这个言谈是不是真的也是含混的。此外，若这个言谈是假的，当且仅当，蒂莫西·威廉姆森不是瘦的，而且蒂莫西·威廉姆森不是瘦的确实是含混的，则这个言谈是不是假的也是含混的。[9] 因此，一位

假设真理和假理的属性必须是精确的哲学家，可能也会反对（T）和（F）。[10]但是，那个假设是梦想有一种完全精确的元语言的另一种形式。如同先前注意到的，这个梦想会阻碍我们给出一种对含混语言的真正语义论；无论如何，前几章已经发现这个梦想是不可能实现的。我们必须接受，我们对真理与假理的论述，就像几乎所有其他言谈一样，具有含混性成分。因此，我们会有独立的理由反对跟（T）和（F）冲突的限制。在真理和假理的概念上，没有可信的限制已被发现会跟（T）和（F）冲突。所以，那些原则可以承担反对二值原则有反例的论证重任。

不过，该论证可能会让人惊讶。否认二值原则——在哲学中不是一种罕见的做法——实际上可以那么简单地被还原为荒谬性吗？进一步的说明会有所帮助。

（a）该论证确实不会支持对二值原则的每个否认都会被还原为荒谬性。它只跟否定一般性原则的某个特例有关系。所以，例如，它不会触及数学中的直觉主义。虽然直觉主义者否认一般性的二值原则，但他们不被允许提供特定的反例，正是因为从（1）到（4）的推论在直觉主义逻辑中是有效的。[11]他们有时拒绝用特例去断言二值原则，但他们从未否认它。[12]这不会削弱他们对二值原则的否定，因为“并非每个言谈都满足二 193
值原则”在直觉主义系统中不蕴涵“有一个言谈不满足二值原则”。含混性是一件不同的事。含混言谈在边缘例子中应该明显不是二值的，而且通常引起这个明显性的方式是对特殊例子的生动描述。若不是每个含混言谈都明显地满足二值原则，则对某个含混言谈来说，它明显不满足二值原则。对任何含混言谈来说，因为假设它不满足二值原则会导致一个矛盾，所以“不是每个含混言谈都满足二值原则”不太可能是一件明显的事。[13]

（b）该论证不会立即证明二值原则一定对特殊言谈是有效的，它只证明了二值原则一定不能被否认。接受该论证，与同时对二值原则在特殊个例上采取中立态度会是一致的吗？这样的一种态度可以通过所谓的弱否定（weak negation）来明确表达。该想法是，对“*P*”的弱否定“Ne *P*”是正确的，当且仅当，“*P*”这个断言是不正确的。“*P*”这个断言是不正确的，若日常的强否定“并非 *P*”是正确的，或对“*P*”采取中立态度是正确的。二值原则对特殊言谈来说可能是被弱否定的。对于（1），我们可以将之取代为“Ne：$u$ 是真的，或 $u$ 是假的”。对于（4），我们可以相应地将之取代为“Ne $P$，且 Ne 不是 $P$”，而这不是一个矛盾。

对弱否定的元语言是弱假理，可通过“Ne”来说明，就像（F）通过“并非”来说明假理一样。若 $u$ 说了 $P$，则 $u$ 是弱地假，当且仅当，Ne $P$。

诉诸弱否定，忽略了高阶含混性。若一阶含混性有时使断言一个言谈是真或假是不正确的，则二阶含混性有时使断言一个言谈是真或弱地假是不正确的。若 $u$ 是一个这样的言谈，则（通过弱否定的说明）Ne：$u$ 是真的，或 $u$ 是弱地假。但是，这个假设会重新产生从（1）到（4）的论证，其中“并非”被“Ne”取代（根据弱假理的说明）。其结论“Ne $P$，且 Ne Ne $P$”是一个矛盾，若弱否定是一种否定。

这个新论证可以通过引进第三种否定——弱弱否定——来解决吗？那将会开启一个无穷倒退，就像含混性有层级可言，涉及的否定也会有各式
194 各样的层级。此外，所有的这些否定都必须被视为初基的，因为当更弱的否定是通过更强的否定来定义的，此策略会失败。若有人试图使用“并非”来说明“Ne $P$”的真值条件，则他将会主张“Ne $P$”是真的，当且仅当，“$P$”不是真的（在讨论的例子中，给定“$P$”说了某些东西是如此）；但是，“Ne $P$”会跟“并非 $P$”有一样的真值条件，而且引进弱否定不会帮助我们解决先前的问题。替代方案是初基否定的无穷倒退；不过，这一点不可信。

（c）有一个更强的二值原则，尽管有时该原则也被称为“二值原则”，而该理论不会直接反对该原则应该会有一个反例。用现有的术语来说，该原则说：若 $u$ 说了 $P$，则 $u$ 是**确切地真**，或**确切地假**。按理说，$u$ 是确切地真，当且仅当，确切地 $P$，而 $u$ 是确切地假，当且仅当，确切地不是 $P$。若有人试图修改该论证以反对更强的二值原则会有一个反例，则他会得到的结论就不是（4），而是“不是确切地 $P$，而且不是确切地不是 $P$”。这似乎不是荒谬的。

新原则的问题是理解“确切地”意指什么。若它只是一个修辞上用来强调的设置，就像下标线一样，则我们当然可以理解它，但我们不会得到任何东西。新原则会等价于旧原则，而且假设它有反例可以推导出一样

的荒谬性；“不是确切地 $P$，而且不是确切地不是 $P$” 归根结底仍是一个矛盾。“确切地” 必须增加某些东西到它出现的语句内容中。它必须增加足够的东西，使得确切真理不会满足类似于（T）的原则，或使得确切假理不会满足类似于（F）的原则，否则类似于原初论证的论证就可以被用来反对新原则会有反例。确切真理应该比只是真理还多一点东西，而确切假理会比只是假理还多一点东西。但是，对一个言谈来说，除了为真之外，它还需要什么，以使它是确切地真？给定它不可能非真非假，它如何可能在凭借不是真之外而不是确切地真？这样的问题同样逼迫着“假的”，而不只是逼迫着“真的”。此外，“蒂莫西·威廉姆森是瘦的”无疑 195
是确切地真，当且仅当，蒂莫西·威廉姆森是确切地瘦，但“是瘦的”与“是确切地瘦的”之间的差异是什么？两者的差异是否像“是瘦的”与“是非常瘦的”之间的差异？“确切地”能否通过其他语词来说明？或者应该将之理解为初基的？

先前的章节检视了用形式语词来说明“确切地”的标准做法，我们发现所有的尝试都是失败的。或许我们可以通过边缘例子来说明它。我们指向蒂莫西·威廉姆森，并且说“他不是确切地瘦，也不是确切地不瘦”。某人确实可以用这样一种方式学会该语词，并且继续说“蒂莫西·威廉姆森是瘦的”这个言谈不是确切地真，也不是确切地假。现在从表面上看，“一个言谈 $u$ 不是确切地真，也不是确切地假”这个主张跟二值原则无关，就像“$u$ 不是必然地真，也不是必然地假”这个主张，或“$u$ 不是明显地为真，也不是明显地为假”这个主张一样。[14] 不过，虽然新原则不应该瓦解为原始的二值原则，但经典逻辑的架构（其中二值原则似乎是可信的）应该假设了这个新原则；为什么要讨论它？问题是，当“确切地”是通过例子来说明的时候，它是否需要一种意义，而根据该意义，“一个言谈不是确切地真，也不是确切地假”这个主张跟语义有关系。因为这不排除“确切地”需要的是一种知识意义的可能性，像是“可知地”。若为了排除那个可能性而做了进一步的约定，则“确切地”是否保有任何融贯的意义就不是一件明显的事。直到它可以这样的一种方式被适当地说明，使得我们清楚经典语义学和逻辑的原则与“一个言谈说了某事是如此，但却不是确切地真，或确切地假”这个假设之间的冲突，我们才根本不需要去反对这个假设。

当前的论点会跟（b）的那个论点很接近，因为所谓“*P*”的弱否定（“Ne *P*”）可以被解释为“不是确切地 *P*”，亦即通过“确切地 *P*”的强否定来说明。在这两个例子中，困难的是为该技术词找到一种融贯的非知识意涵。

（d）该论证不支持证明一个含混言谈不可能是非真非假，它只证明
196 了该言谈不可能说某事是如此，而且是非真非假。若一个含混言谈无法说任何事是如此，则它不会是（B）的反例。无论如何，我们都有好理由不将这样的一个失败归属于许多含混言谈，即使是在边缘例子中。

假设没有含混言谈说了任何事，就是采取一种全面虚无主义的形式，而该主义的不可信已经在 6.2 节提及。在此需要考虑的是一个更受限的观点，亦即边缘例子中的含混言谈无法说任何事。根据这个观点，说“蒂莫西·威廉姆森是瘦的”人是否有说到任何事，依赖于我当时的身体状态。现在，假设我有一个双胞胎兄弟，蒂莫西·威廉姆森 2，他的体积跟我的一样。这似乎代表“若蒂莫西·威廉姆森是瘦的，则蒂莫西·威廉姆森 2 是瘦的”这个实质条件句言谈会是真的。此外，该条件句的真假不依赖于我们的体积，而只依赖于“我们有一样的体积”这个事实。特别是，即使我们都是“瘦的”的边缘例子，该条件句似乎仍会是真的。因为它为真，所以它必须说了什么。该条件句说了什么事，仅仅因为它的前件与后件也说了什么事。它们不是断言，但我们已经注意到，并非所有的说话都是断言。若该前件或后件缺少内容，则整个条件句也会缺少内容。因此，“蒂莫西·威廉姆森是瘦的”是有内容的；它说了某事是如此。

即使我是一个边缘例子，我们仍知道“蒂莫西·威廉姆森是瘦的”这个言谈说了什么，因为我们理解主词“蒂莫西·威廉姆森”与谓词“是瘦的”，并且理解以那种方式结合的意义，而且我们注意到了任何相关的语境因素（例如，人类所构成的集合是一个适合用来做比较的集合）。此外，我们可以想象许多情境，在其中的某些情境中，该言谈是明显地为真的（因为蒂莫西·威廉姆森是明显地瘦的），尽管它只说了它实际上说的，而在其他情境中，该言谈是明显地为假的（因为蒂莫西·威

廉姆森是明显地不瘦的)，尽管它只说了它实际上说的。

可以对比边缘例子跟没有指涉成功的单称词。“这把匕首”这个语词可能不指涉任何事物，当说该语词的人正处于幻觉中。按理说，像“这把匕首很锐利”这个言谈，其中使用了该语词，该言谈在这个语境中没有说任何事，所以是非真非假的。那包含复杂的言谈；甚至“‘这把匕首很锐利’是真的，当且仅当，这把匕首很锐利”这个双条件句也没有说任何事，因为它在双条件句的右端使用了“这把匕首”这个语词。虽然 197
我们可以设想“这把匕首很锐利”在其中明显地为真，或明显地为假的情境，但这些情境不是该言谈实际上说的情境，因为它实际上没有说任何事。为了理解“这把匕首很锐利”这个言谈，我们必须知道关系代词“这”在给定语境中究竟指涉哪个东西；当指涉失败，就不存在这样的已知事实。对理解边缘例子中的含混言谈来说，不会有相似的困难。

(e) 当被运用于“说谎者难题”这样的语义悖论时，该论证不会有额外后果。假设一个言谈 $u$“这个言谈不是真的”说了 $u$ 不是真的。根据(T)，由此得出 $u$ 是真的，当且仅当，$u$ 不是真的。这是不可能的，所以 $u$ 没有说 $u$ 不是真的。$u$ 没有说任何事，或 $u$ 说了某事。这两个选项都可以探索，它们可能不如看起来那样差异很大。我们可以从某个“说”概念（例如“说$_0$”)开始，并且使用（T）和（F）来定义相对应的真理概念与假理概念：“真的$_0$”与“假的$_0$”。或许真理$_0$ 与假理$_0$ 不可能出现在被说$_0$ 的言谈中，但是我们可以发展出一个推广的概念——“说$_1$”，使真理$_0$ 与假理$_0$ 可以出现在被说$_1$ 的言谈中。接着我们使用（T）和（F）来定义推广后的真理与假理概念：“真理$_1$”与“假理$_1$”，照此类推。若 $u$ 中的“真的”被视为意指“真的$_i$”，则 $u$ 不会说$_i$ 任何事，所以不是真的$_i$。它确实说$_{i+1}$了 $u$ 不是真的$_i$，但所有这些代表 $u$ 是真的$_{i+1}$，当且仅当，$u$ 不是真的$_i$——所以 $u$ 是真的$_{i+1}$。不会有矛盾出现。更精致的进路也是可能的。在每个阶层 $i$，当我们将（B)、(T）与（F）中的“真的”、“假的”与“说”都加上下标，一个一致的理论就会出现。对像“蒂莫西·威廉姆森是瘦的”这样在边缘例子中的含混言谈，只有阶层 0 是相关的；因此，在（e）之前讨论的“真的”、“假的”和“说”可以被解读为“真的$_0$”、“假的$_0$”和“说$_0$”。虽然这些评论不算是处理语义悖论的一个完整方法，但它们确实指出当前对含混性的进路跟许多这样的进路是一致的。[15]

(f) 该论证不否认歧义性。若 $u$ 同时说了 $P$ 且 $Q$，则根据（T）：$u$ 是真的，当且仅当，$P$；而且 $u$ 是真的，当且仅当，$Q$；所以 $P$，当且仅当，
198 $Q$。无论如何，歧义性出现了。它主要是出现在语言类型的层次。“Flying planes can be dangerous”这一串语词是歧义的，因为这些语词可能构造出语法上不同的语句。①“bank”这个子母串是歧义的，因为这些字母构成语义上不同的语词。② 这样的歧义性跟含混性无关。一个语句的一个言谈不是任何其他语句的一个言谈，即使是听众，也不确定哪个语句被说出来。言谈是通过它们是哪个语句的言谈来区分的。只有在非常偶然的情况下，一个说话者才可能利用语言类型的歧义性来同时说两件事；在这样的情况下，同时存在两个言谈。但是，若说话者没有决定要说哪件事，并且说了适合这两件事的话，则没有任何事被说出来。没有情况会让歧义性威胁到（T）和（F）。我当前的“蒂莫西·威廉姆森是瘦的”这个言谈说了蒂莫西·威廉姆森是瘦的，它没有说其他事。

该论证的结果是，“边缘例子中的含混言谈既说了某事，又是非真非假的”这个假设是不融贯的。融贯地假设这些言谈是非真非假的，其代价是将这些言谈视为没有说任何事。形式语义论付出代价的方式是使用一种精确的元语言，在其中我们不可能说含混对象语言中的言谈意指了什么。因为我们不可避免地承认含混语言的实际使用，所以我们不可能永久地承担这个代价。在语言实践内外之间的迅速转换可能让议题更晦涩，它没有回应该论证。

## 7.3 全知的说话者

“边缘例子提出了二值原则的反例”这个想法是下列想法的一个展

① 上述英文语句可解读为“飞行中的飞机是危险的”或“开飞机可能是危险的”。关键点在于如何解读“Flying”的语法地位。——译者注

② “bank”有“银行”与“河岸”的含义。——译者注

现：在这样的情况中，没有事被隐瞒。因为含混言谈不是明显地为真，也不是明显地为假，所以它被认为不是真的或者假的。虽然各个说话者可能碰巧对许多事实是无知的，但他们的无知被认为跟边缘例子的本质无关。若是有关的，则含混性会是一个认知现象。

根据“没有事被隐瞒”这个观点，想象一个全知的说话者应该无妨，199
她知道关于边缘例子的任何事。这样的一个假设，其本身不会使我们承认二值原则或排中律。举例来说，按理说，若蒂莫西·威廉姆森是瘦的，则全知的说话者会知道蒂莫西·威廉姆森是瘦的，而且若蒂莫西·威廉姆森不是瘦的，则全知的说话者会知道蒂莫西·威廉姆森不是瘦的。蒂莫西·威廉姆森是瘦的或不是瘦的，不会是假设的一部分。因此，全知的说话者知道蒂莫西·威廉姆森是瘦的，或者全知的说话者知道蒂莫西·威廉姆森不是瘦的，不会是假设的一部分。[16]与此相反，举例来说，按理说，若蒂莫西·威廉姆森既不是确切地瘦，也不是确切地不瘦，则全知的说话者会知道蒂莫西·威廉姆森不是确切地瘦，也不是确切地不瘦。虽然 7.2 节提到怀疑“确切地”可以被提供一种适当的非认知意涵，但这些怀疑可以暂时被搁置。假设有一个全知的说话者，给我们提供一种不同的方式来展现从含混性的非认知观点来思考的困难。

你陪同一位全知的说话者，从一堆谷粒中持续地移除一颗谷粒。在每次移除谷粒后，你问：“仍有一堆谷粒吗?”全知的说话者没有被要求回答“是”或“否”；若她喜欢，她可以回答“那不确定”或“到 0.917 的程度”或“你问了一个错的问题”。若没话可说，她可以保持沉默。她不会说“我不知道”，也不会犹豫自己的回答是不是最好的。你可以要求她不含糊其词。她决定尽可能地合作，并提供相关的信息。

在前几次移除谷粒后，剩下的谷粒仍明确地是一堆。前几次你提问“仍有一堆谷粒吗?”，全知的说话者回答“是”；她可能也说了其他事，但无论她还说了什么，前几次移除后的回答为“是”。她不是一个故弄玄虚的人。当足够多的谷粒被移除后，她不会回答“是”。她不会说谎。对某个数 $n$，在 $n$ 之前的每次移除，她的回答为“是”，但在 $n+1$ 次移除之后，她不会回答“是”。你事先不知道“$n$”的值。不过，根据讨论中的观点，她的停止点不可能代表一条在真理与不那么真的真理之间的隐藏界线。这如何可能？

你持续对其他全知的说话者重复实行这样的实验，在完全相似的语境
200 中，安排完全相似的谷粒，然后以完全一样的方式移除谷粒。这样的反复实验是彼此独立的，全知的说话者之间没有串证之虞。若她们都停在相同的点上，则它明显地确实标示出某种先前隐藏起来的界线，虽然说它是介于什么之间的界线是一件微妙的事。因此，讨论中的观点必须主张，不同的全知说话者会在不同的地方停止。全知的说话者被认为具有某种辨识能力。在某些例子中，运用“一堆”这个语词是强制的；在其他例子中，运用“一堆”是被允许的，没有被强制。在后者的情况中，并不是所有全知的说话者都会回答“是”，而是有些全知的说话者会回答“是”。

你可以指导全知的说话者如何使用她们的辨识能力。例如，你可以指示她们要谨慎地使用辨识能力，使得她们会，相较于允许回答“是”的提问来说，对较少的提问回答“是”。她们仍会对前几次提问回答“是”，理由跟之前的一样：在那个阶段，运用“一堆”这个语词是强制的。现在，若两个全知的说话者在不同的地方停止回答“是”且两人都被指示要谨慎，则晚一点停止回答“是”的说话者违反了你的指示，因为另一个早一点停止回答“是”的说话者的行动显示出前一个说话者可以对更少的提问使用其辨识能力来回答“是”，相较于她实际所做的回答。不过，全知的说话者都是合作的。她们会尽可能地遵守你的指示。因为你的指示是可以被遵守的，所以她们会遵守。无论她们回答了多少次“是”，这都不像是她们可以更少次数地回答“是”，因为连锁序列是有限多的。她们将不违背你的指示。因此，若所有全知的说话者都是谨慎的，则她们会停在相同的地方。你事先不知道那会是哪里。它标示出某种先前隐藏起来的界线，虽然说它是介于什么之间的界线是一件微妙的事。

若你指示全知的说话者更宽松地使用其辨识能力，使她们会对可允许的提问回答“是”，则会出现同样的问题。基于同样的理由，在足够多的提问之后，她们仍会停止回答“是”：在那个阶段，运用“一堆”这个语词是被禁止的。现在，若两个全知的说话者在不同的地方停止回答“是”且两人都被指示要宽松一点，则早一点停止回答“是”的说话者违反了你的指示，因为另一个晚一点停止回答“是”的说话者的行动显示出前

一个说话者可以对更多的提问使用其辨识能力来回答“是”，相较于她实际所做的回答。但是，就像之前一样，全知的说话者不会违反你的指示。 201
因此，若所有全知的说话者被指示要宽松一点，则她们会停在相同的地方。你事先不知道那会是哪里。它标示出某种先前隐藏起来的界线。它可能是（或可能不是）真理与假理之间的界线。重要的是，它是语义上重要的，而且是一般说话者不知道的。

有些人现在可能会想要否认全知的说话者的可能性。如此做就是支持“含混性是一个认知现象”这个观点的一个强形式，因为这是把无知视为边缘例子的一种核心特征。

我们不知道如何以这样的一种方式来看待边缘例子，根据该方式，没有东西隐藏着不让一般说话者知道。一旦承认有隐藏界线，为什么介于真理与假理之间的界线是其中被隐藏的？毕竟，在 7.2 节，我们发现假设有中间例子是不融贯的。此外，非经典逻辑无法成为一个令人满意的含混性理论，而这为我们提供了返回经典逻辑的理由。根据排中律，蒂莫西·威廉姆森是瘦的，或蒂莫西·威廉姆森不是瘦的。因为“蒂莫西·威廉姆森是瘦的”这个言谈说了蒂莫西·威廉姆森是瘦的，所以根据（T）和（F），以及经典逻辑，该言谈是真的或者是假的。二值原则会对边缘例子成立。只是我们找不到含混言谈的真假值是哪一个。

目前尚未找到取代认知主义观点的融贯理论。不过，认知主义观点通常被认为有哲学上不能容忍的后果。7.4～7.6 节检视了其中的几个后果，并且展现这些后果不是不可容忍的，或根本不是认知主义观点的后果。更正面的发展会留到下一章。

## 7.4　含混性的随附

有些含混性理论根据定义直接排除认知主义观点。一个语词被说是含混的，仅当它可以有边缘例子，而一个例子被说是边缘的，仅当我们无法决定它是不是边缘的，而这不依赖于无知。因此，认知主义观点被认为蕴涵含混性实际上没有出现。

有争议的定义有限。我们需要表明，日常认为是含混的语词在上述 202

“含混的”的被定义意涵下如此。特别是，我们需要表明，日常认为是边缘的例子在上述“边缘的”的被定义意涵下如此。在不假设那些定义是正确的情况下，做出那些假设，就是乞题地反对认知主义观点。基于沟通的目的，更好的做法是通过提供例子来定义“含混的”和“边缘的”。我们可以都同意“瘦的”是一个含混语词，而且蒂莫西·威廉姆森是“瘦的”的一个边缘例子，接着在这些基础上争辩这些例子的背后本质。认知主义观点是：以例证而被视为含混性的现象来说，无知是其真正的本质。

认知主义者有时会被问：我们可以对什么事实无知？答案是明显的。在当前的例子中，我们对之无知的事实是：“蒂莫西·威廉姆森是瘦的”这个事实，或“蒂莫西·威廉姆森不是瘦的”这个事实。很自然，我们的无知阻碍我们知道上述哪个事实确实是一个事实，所以也阻碍我们知道我们对哪个事实是无知的。根据 7.2 节，通过使用“瘦的”这个语词而具有该特征的事实，正是我们会预期的。一般不会要求含混语词可以凭借其他语词来定义。

一个进一步的问题偶尔会被问：“蒂莫西·威廉姆森是瘦的”这个事实是什么类型的事实？这个问题是一个坏问题，因为它跟含混性无关。我们没有一个对事实的分类系统，更不必说一个精确的分类系统了。当有人提供一个分类系统，届时就会回答一个含混事实是哪种类型的事实。

反对认知主义观点的批评者使用那些完全可预知的做法，但对一个更深层的问题处理不当。他们可以使用“含混事实随附在精确事实上”这个想法。若两个可能情境在所有精确地具体方面都是等同的，则它们也会在所有含混地具体方面是等同的。举例来说，若 $x$ 与 $y$ 具有一模一样的物理重量，则 $x$ 是瘦的，当且仅当，$y$ 是瘦的。严格来说，$x$ 与 $y$ 是不是瘦的，可能依赖于相关参照点的物理重量，以及 $x$ 与 $y$ 的物理重量。简单地说，参照点会被维持不变，但结论中没有什么是依赖于参照点而被推导出的。一个更一般的随附论点是：

203 (*) 若 $x$ 在一个可能情境 $s$ 中具有跟 $y$ 在一个可能情境 $t$ 中一模一样的物理重量，则 $x$ 在 $s$ 中是瘦的，当且仅当，$y$ 在 $t$ 中是瘦的。

现在我们可以构造出一个对认知主义观点的批评。令我的确切物理重量为 $m$。根据认知主义观点，我是瘦的，或我不是瘦的。根据（＊），若我是瘦的，则必然地，每个确实具有物理重量 $m$ 的人都是瘦的。相似地，若我不是瘦的，则必然地，确实具有物理重量 $m$ 的人没有一个会是瘦的。因此，“是瘦的”是“具有物理重量 $m$”的一个必然结果，或“不是瘦的”是其必然结果。假设我发现我的确切物理重量是多少，因为我确实可以发现。于是，我似乎能够推论出我是瘦的，或推论出我不是瘦的。但是，我们已经承认，没有一个重量能让我决定我是不是瘦的。

这个对认知主义观点的批评，其根本理由不是，在一般被归类为边缘例子的情况中，我们可以知道所有的相关事实，其根本理由在于我们可以知道一组事实，而所有的相关事实随附在这组事实上，但却不能决定该例子。跟前一个主张不同，后者没有预设认知主义观点是错的。认知主义者跟其他人一样有理由接受（＊）这样的随附论点。不过，这个批评犯了一个更巧妙的谬误。

在（＊）这样的随附论点中，其涉及的那种必然性与可能性是形而上学的。*不可能*有两个含混地不同但却不是精确地不同的情境。假设我事实上是瘦的。根据（＊），“每个具有物理重量 $m$ 的人都是瘦的”是形而上学必然的。若我知道我的物理重量是 $m$，则为了推论出我知道我是瘦的，我必须先*知道*每个具有物理重量 $m$ 的人是瘦的。因此，该批评的可信性依赖于与下列推论类似的推论：因为随附推广是形而上学必然的，所以它们可以被*先验地*知道。从形而上学必然性到先验可知性的推论可能是一个诱人的推论；但是，如同克里普克（Kripke）强调过的，这是错误的。确实，形而上学必然性根本不可能以任何方式被认为是可知的。

考虑数学真理。数学真理都是形而上学必然的，它们不会被预设为都是可知的。一个典型例子是哥德巴赫猜想，它说每个大于 2 的偶数都是两 204
个质数的和。这个猜想尚未被证明，也尚未被否证；据我们所知，没有人类已知的论证方式可以决定它是真的，或决定它是假的。但是，对任何一个大于 2 的个别偶数，原则上可以在有限的时间内决定它是不是两个质数的和；若它不是，则该猜想是可反驳的。反过来说，若该猜想是不可决定的，则该猜想不会有反例，所以是真的。据我们所知，哥德巴赫猜想是人力所及之处不可知的、形而上学的必然真理。含混真理可能也是这样。对认知主义观点来说，“每个具有物理重量 $m$ 的人都是瘦的”这样的形而上学主张可以是不可知的，就像“蒂莫西·威廉姆森是瘦的”这个物理上的偶然主张一样。

我们不应该对下列事实感到惊讶：已知 $A$ 类事实随附在 $B$ 类事实上，这不会提供一个从 $B$ 类事实的知识到 $A$ 类事实的知识的路径。一个较熟悉的例子是：心理事实被假定随附在物理事实上。为了说明，假设我们知道痛觉随附在脑状态上。于是，若 $b$ 是某人处于痛觉的一个巨细靡遗的脑状态（以物理语词来描述），则“每个处在 $b$ 状态的人都感受到痛觉”是形而上学必然的。不过，没有预设我们可以仅仅通过侦测到某人的脑状态，并借助随附关系来发现他正处于痛觉中。“每个处在 $b$ 状态的人都感受到痛觉”当然不可能被先验地知道。或许我们可以后验地知道它，因为我们可以通过询问某人而知道他是否处在痛觉中，然后将这个知识与他的脑状态上的知识结合起来，以及心理状态随附在脑状态上的知识结合起来。以类似的方式，“每个具有物理重量 $m$ 的人都是瘦的”不可能被先验地知道，因为相比于通过询问他是不是瘦的，没有方式能获得“某个具有物理重量 $m$ 的人都是瘦的”这个独立的知识。

含混性的认知主义观点跟“含混事实随附在精确事实上”这个随附论点是一致的。下一节考虑另一个针对认知主义观点的批评，该批评有着不一样的根据，并且以不同的方式来运用随附概念。

## 7.5 意义与使用

205 针对含混性的认知主义观点，一个常见的抱怨是：它断绝了意义与使用之间的必然关系。语词意指它们意指的意义，因为当我们意指那些意义时，使用了它们；假定边缘例子中的事实（认知主义观点被指控做了此假定），就是不融贯地假设我们语词的意义画出的界线，但语词的使用没有画出的那条界线。① 该论点可以在完整言语行动的层次上被更好地说明，亦即通过语句，而不是单一的语词。若一个直陈句的意义可以暂时地被等同于它的真值条件，而它的使用等同于我们在不同的情况中倾向于同意与反对它，则该抱怨会是：含混性的认知主义观点使真值条件变动不定，莫名其妙地无视我们同意与反对的倾向。

根据认知主义观点，将一个直陈句的意义等同于它的真值条件，不是非常可信的。按理说，若我们对一个当前的含混语词，约定其未来的用法，则我们改变了它的意义，因为不知道这个约定的人无法理解它的新意涵。对认知主义者来说，该约定可能相对于所有可能世界，碰巧没有改变其外延。包含该语词的语句会在意义上改变，但在真值条件上却没有改变。不过，这样的新意涵不是反对者会关心的，因为新意涵对用法的依赖相对来说是清楚的。抱怨是关于真值条件的。

这个抱怨本身太过普遍而不可能有说服力。在我们同意与反对的倾向之外，环境因素可能在确定真值条件上扮演了一定的角色。假设在一个实验室中，一种新型的亚原子粒子被侦测到；这种粒子被称为“X 粒子”。我们可以让以下这个额外假设是有道理的：也存在一种更罕见的 Y 粒子，目前尚未被侦测到，其背后本质相当不同于 X 粒子，较相似于某些跟 X 粒子不同的粒子，不过这些同异是人力不可及的（人类不是万物的尺度）。若科学家确实侦测到一个 Y 粒子，则他们会错误地将它归类为 X 粒子。我们同意与反对“一个 X 粒子出现了”这个语句的倾向，没有区辨 206
出 X 粒子与 Y 粒子，但该语句的真值条件会受到两者之差异的影响。

反对者需要强调的是，尽管根据“一个 X 粒子出现了”的真值条件，存在介于 X 粒子和 Y 粒子之间的精确自然区分，但是根据“他是瘦的”的真值条件，不存在一个可能对应于上述精确自然区分的精确自然区分。瘦的事物不会构成一个自然类。在此的想法是：若自然界没有为我们画出

① 一般认为意义与使用之间有着随附关系，即意义上的改变会影响使用上的改变，但反之不然。因为认知主义观点主张事实上没有边缘例子（实在界是不含混的），亦即对任一个含混词来说，其外延与反外延是确定的（清楚画出了界线），尽管我们在使用上可能无法确定被视为边缘例子的个例是否适用相应的含混词（没有画出界线）。——译者注

一条界线，则若有画出一条界线，则我们是根据语词的使用画出的。所以，（我们主张）不存在一条界线，因为语词的使用留给我们的不是一条界线，而是一片污渍。

在允许自己被修改后的抱怨说服之前，我们应该检视画出界线的概念。从表面来看，“画出”只是一个用来代表“决定”的隐喻。说使用决定意义，就是在说意义**随附**在使用上。也就是说：同样的使用蕴涵同样的意义，所以意义上的改变势必会有使用上的改变。更形式的说法是：

> (#) 若一个表达式 $e$ 在一个可能情境 $s$ 中被使用，其使用方式跟一个表达式 $f$ 在一个可能情境 $t$ 中被使用的方式是一样的，则 $e$ 在 $s$ 中的意义会跟 $f$ 在 $t$ 中的意义一样。

(#) 会有各式各样的问题，例如，它忽略了环境对意义的影响（如同先前注意到的），以及包含两个表达式“被使用的方式是一样的”这个粗糙概念。无论如何，为了论证的目的，我们将假设（#）的某个修改版会是正确的。含混性的认知主义观点跟（#）和它的修改版是相当一致的。虽然认知主义观点不允许意义还原为使用的天真想法，但是它绝不蕴涵有可能在意义上不同却不会在使用上有相对应的不同。若“蒂莫西 · 威廉姆森是瘦的”有不同的真值条件，则我们同意与反对它的倾向也会有所不同。

虽然意义可能随附在使用上，但不会有一种计算法从后者计算出前者。真值条件不可能还原为同意和反对的统计数据。特别是，真理与假理之间的界线不等于“一致同意”与“没有一致同意”之间的界线，或者“大多数同意”与“没有大多数同意”之间的界线。令人遗憾的是，含混
207 性的研究被当作真理一致同意论的最后堡垒，而该真理论被运用于含混言谈不会比被运用于精确言谈更可信。我们当然可能错误地判断某人是瘦的，因为我们可能错误地判断那个人的身形与大小，还错误地判断了相关对照组的标准身形与大小。这些误判可能是系统性的；有些人可能看起来比实际样子更瘦，而且对于各种身形和大小的流行观点可能存在特殊的错误想法。在认知上的理想情境中，或在提供完全信息的条件下，可能会诉诸同意与反对的倾向，但是那只会让一般说话者陷入困境，因为他们处理

不完那么多的统计数据。或许一个认知上的理想说话者，她的同意与反对倾向在判断瘦的事情上不会犯错，于是这样的说话者可能会知道“蒂莫西·威廉姆森是瘦的”的真假值。归属于“瘦的”的日常基础是知觉上的，这样的基础本来就是可错的。

每种从使用来提取意义的已知方式都失败了，即使是在那些跟含混性无关的情况下。含混性的认知主义观点无法提供一种成功方式，而其他的竞争理论也无法提供。也没有任何理由假设必定存在这样一种成功方式。

仍有人可能会认为，认知主义观点会在说明意义与使用之间的关系上导致特别的困难。简单地说，在正常的知觉条件下，任何有能力的说话者都拒绝将我归类为瘦的，也拒绝将我归类为不瘦的。“蒂莫西·威廉姆森是瘦的”的真或假，如何可能随附在那样的使用上？

问题后面可能隐藏两个不同的顾虑。一个是：指派真或假给“蒂莫西·威廉姆森是瘦的”会违反以英文为母语的说话者的直觉。另一个是：因为该情境在使用层次上是完全跟断言和否认对称的，所以任何真假值的指派都会破坏这种对称性。这两个顾虑将会依序被讨论。

以英文为母语的说话者可能会感觉，同意或反对“蒂莫西·威廉姆森是瘦的”是错的。这样的感觉可能是他们不知道蒂莫西·威廉姆森是不是瘦的而导致的，使得他们不能做任何主张。为了排除这个假设，反对者必须假设以英文为母语的说话者会说类似于下列的话：“关于这件事没有事实”。实际上，反对者希望以英文为母语的说话者会自发地提出反对 208
者自己的含混性理论。反对者把责任推给以英文为母语的说话者。但是，即使后者确实说了前者想要的，那也不代表反对者的含混性理论就是正确的。毕竟，若每个以英文为母语的说话者反而说“关于这件事有事实，但是我不知道该事实是什么”，则没有人会假设这一点，以确立认知主义观点的正确性，而情况反过来也是一样。该争议是一个哲学上的争议，根据此争议，以英文为母语的说话者不是权威。事实上，这里只有哲学家发现的一个困难：区分含混性的认知概念和非认知概念。为什么要假设以英文为母语的说话者会对这个区分了如指掌？我们必须严肃看待他们对同意或否认“蒂莫西·威廉姆森是瘦的”的拒绝，但他们对其拒绝的解释不是他们语言知识的一个展现。一个坏的哲学理论不会通过把问题推给以英文为母语的说话者而变得更好。

另一个顾虑是关于情境的明显对称性的。不过，真理概念与假理概念并不是对称的。两者的不对称性从规范两者的基本原则中可明显看到，因为从（F）的否定用法来看，（F）本质上比（T）还要复杂。认知主义者可以以这种方式来看事情：若每件事在使用层次上都是对称的，则该言谈不会是真的，而且因为不会是真的，所以是假的（若它说了某事是如此）。在那个意义下，真理是首要的。在真理和假理的层次上，没有任何对称性可以被打破。

在某些例子中，对于意义与使用之间的关系，我们或许能够说得更具体。举例来说，假设我们具有一个（可错的）机制来辨识瘦的性质。虽然每个东西都具有或缺少该性质，但是该机制的可信赖性依赖于它不会在边缘例子上给出肯定回答，也不会给出否定回答。对这样的边缘例子来说，具有会产生回答的机制，其代价是：它的回答会有许多错误。相较于具有一个经常给出错误回答的机制来说，具有一个不产生回答的机制会比较安全。无论如何，给定该机制，我们可以问“哪种性质是这个机制最
209 能侦测的呢?”[17]。或许瘦的是该机制侦测到的任何性质的合取。若比起所有其他性质，该机制更能侦测到一种性质，则这种性质就是瘦的。

主要经由一个认知机制来侦测一种性质的主体，可能不会因为一类额外的信息而更容易侦测到这种性质，这类信息不可能被那个机制处理，即使那个新信息事实上是这种性质的一个可靠指示，因为该主体可能无法解读这类信息。我的确切重量可能事实上是瘦的充分条件，而知道前者仍不会使我们能够知道后者。尽管如此，瘦的仍可能是我们知觉认知能力最能辨识的性质，或者是几种这样的性质的合取。

这些推断不应该误导我们去认为一个因果指涉理论（causal theory of reference）对含混性的认知主义观点是很关键的。这些推断只说明了一个含混表达式的使用可能决定一种精确性质的方式。即使是对“瘦的”，其真理无疑也更加巧妙。含混性的认知理论使意义与使用之间的关系不会比它既有的情况更加难以理解。在最坏的情况下，除了一些含混的有用说明之外，可能根本没有理论。意义可能以不可能测量的无秩序方式随附在使用上。

## 7.6　理解

我们可以改进对含混性的认知主义观点的批评。若认知主义观点没有强迫我们意指什么超出了*使用*的范围，则或许它迫使我们意指什么超出了我们*知道*的范围。该批评的最清楚的形式就是：认知主义观点会使我们不知道我们意指什么。

我们不是那么清楚该批评的根本依据。7.5 节允许一个言谈的意义随附在表达式的使用上。可以将这个理论从语言推广到思想。[18]根据推广后的理论，一个浮现在心里的思想，其内容就像一个言谈的内容一样，随附在不需要参照内容的事实上。“蒂莫西·威廉姆森是瘦的”这个言谈与“蒂莫西·威廉姆森是瘦的”这个思想随附在同一个事实上。所以，若我认为我的言谈“蒂莫西·威廉姆森是瘦的”说了蒂莫西·威廉姆森是瘦的，则决定该言谈说了什么的东西会跟决定我认为该言谈说了什么的东西(亦即思想）是一样的。当同样的事实决定了我们意指什么与我们认为我们意指什么的时候，在两者之间没有缝隙。我知道我的言谈“蒂莫西· 210
威廉姆森是瘦的”说什么，所以该言谈为真，当且仅当，蒂莫西·威廉姆森是瘦的。[19]

我们用来决定瘦不瘦问题的方式在被运用于“蒂莫西·威廉姆森是瘦的”的时候会失败，就像我们用来决定相关数学问题的方式在被运用于哥德巴赫猜想的时候会失败一样。这不代表我们不知道“蒂莫西·威廉姆森是瘦的”的真值条件，或者哥德巴赫猜想的真值条件。只有极端的验证论者会把一个言谈的真值条件的实际知识奠基在它真假值的可能知识上，而且试图在这样的立场上实现自然语言的语义论，不过，这个尝试仍是一个没有希望的计划。

有些非验证论者可能会回答，认知主义观点让我们不知道含混语词的意义，不只是不知道其指涉对象。当然，我们不知道区分瘦与不瘦的物理界线在哪里；该批评是：我们甚至不应该知道区分瘦与不瘦的概念界线在哪里。我们在找不出明确界线的情况下，使用了一个确实在概念上区分清楚的语词。我们应该部分地理解该语词，就像我们部分地理解一个听过、使用过一次或两次的语词一样。但是，在后者的情况中，该语词的意义是被其他完全理解该语词的说话者所支持的，尽管没有人被认为完全理解了含混语词。针对认知主义观点的批评是：认知主义观点认为整个语言社群只是部分地理解了含混语词。我们没有资格说我们知道我们意指什么，因为我们没有资格假设我们知道我们用"'蒂莫西·威廉姆森是瘦的'说了蒂莫西·威廉姆森是瘦的"意指了什么。认知主义观点认为语言社群只具有一个完整意义的不完全知识。只具有一个不完整意义的完全知识不是更合理吗？

该批评基于弗雷格式模型，该模型将一个语词的意涵视为概念空间中的一个区域：掌握一个意涵，就是知道它在概念空间中的边界。空间中个别的点通过精确描述的方式来定位，就像"具有准确物理重量 $m$"这样的描述。因此，要求一个人知道哪些点会位于被一个像是"瘦的"的含混语词标示的区域中，就是要求一个人知道"任何具有准确物理重量 $m$ 的人是瘦的"这样的真理，或者知道"没有一个具有准确物理重量 $m$ 的人是瘦的"这样的真理。这个要求的不合理性已经在 7.4 节提到了；这样
211 的真理，其形而上学必然性不会支持知道这些真理的要求。概念空间的隐喻不会让这样的要求更合理。相反，它的非法功能通过把相当于形而上学上必然但不是先验的概念在概念空间中有一样的区域，瓦解了这两个概念之间的区分。大家都熟知的是，当一个命题被等同于一组该命题在其中为真的可能世界集合，亦即在可能世界空间中的一个区域，此时认知上的重要区分就消失了。一模一样的问题会出现，当该批评将一个意涵等同于概念空间中的一个区域，就像先前一样。

根据认知主义观点，我们对含混语词的理解不是部分的。"是否完全理解"不是通过持有一个形而上学必然真理的完整集合来判断的，而是通过是否完全导入实践来判断的。当我听到一个只被使用一次或两次的语词，我的理解是部分的，因为存在社群对该语词的使用比我知道的还多。我尚未得到完全的实践；在某种程度上，我仍是一个使用该语词的门外汉。确实，我可能认为自己是一个门外汉，知道该语词的用法比我已知的要多；相应地，我对该语词的使用会是不确定且谨慎的。这不代表，若我们以含混的方式来完全理解该语词（跟我一样），则虽然没有不确定与谨

慎，但我们的所有理解将会是部分的。在那个反事实情境中，我们应该都是使用该语词的专家。知道一个语词意指什么，就是完全导入实践，而该实践事实上确实决定了一种意义。[20]

为了导入实践，不必然要求倾向要完全符合其他专家。两个理解“瘦的”这个语词的人，相较于另一个人来说，其中一个可能愿意将该语词运用到稍微更宽一点的范围。粗略符合就足够了。或许没有两个说话者在使用“瘦的”的倾向上是完全一样的。这不代表两个说话者没有使用“瘦的”来意指一样的意义。因为个别说话者用一个语词来意指的东西，可能寄生在其公共语言的意义上。所有实践者的倾向共同地决定一种每个人都可通达的意涵。

当一个个体被导入实践时，其他个体一定已经是实践者了。因此，理解的增进似乎要求一个社群的存在。这个论证是一个用来反对私有语言之可能性的论证吗？很难说。虽然一个独立的个体不可能被导入实践，但没 212
有理由支持为什么一个人不应该启动一个实践，并且单独地进行。就目前所有说过的话来说，这样的一个实践可能等于一种语言的使用。在使用该语言时，该个体只有在创造该语词的意义下才能理解它。在任何进一步的意义下，理解该语词的问题都会出现，仅当其他个体试图学会该语言。但是，这不是说，“被有意义地运用于独立个体的语言”与“被无意义地运用于独立个体的语言”之间没有实质的区分。因为，说明该个体具有的东西是一种语言，这已经蕴涵它不是无意义的。虽然启动一个实践不像是导入实践，但所达成的事仍是实质性的。一般来说，这不是讨论使用一种语言要求哪些条件，或者一个独立个体是否能够使用一种语言的地方。就目前的目的来说，论证下列论点已经足够了：含混性的认知主义观点没有在使用一种语言与理解一种语言之间开掘一条令人不快的鸿沟。

## 7.7　可决定的案例

对认知主义如何说明边缘例子中的含混言谈来说，有些批评会跟“该言谈是真的或者假的”这个假设是一致的。反对者可能会基于以下这一点而否认这涉及任何不可知的真理：讨论中的真理，若是未知的，则是可知的。在讨论这样的批评之前，其所主张的不可知性必须被更严密地检视。

假设具有准确物理重量 $m$ 的人是“瘦的”的边缘例子。认知主义者没有特别的理由去否认，一个比我们可以想象得具有更强认知能力的存有可能知道具有准确物理重量 $m$ 的某人是不是瘦的。谁知道这样的一个存有可以知道什么？根据认知主义观点，边缘例子中的含混言谈是真的或者假的，而且我们人类不会知道如何发现它的真假值。这跟如下观点是相当一致的：对我们来说是边缘例子的边缘例子，对比我们可以想象得具有更强认知能力的存有来说不是边缘例子。相同地，认知主义者不会有特别的理由去断言，这样的一个存有可以知道具有准确物理重量 $m$ 的人是不是瘦的。外在于语言社群的存有，其认知能力根本不是重点。

213 认知主义者当然可以允许一个例子可能看起来像是一个边缘例子，但实际上却不是。显而易见的是，一个瘦子可以伪装自己，使自己看起来像是“瘦的”的一个边缘例子。比较不明显的是，我们可以确实找出一堆谷粒需要的最少数目：4。该建议是说，“一堆”是一个自然类语词，而且我们可以发现构成该自然类语词的真实本质。简单地说：要出现一堆，其必要且充分条件是，至少有 1 谷粒应该稳定地被其他谷粒支撑着。要构成这样的一个组态，最少的数目是 4。[21] 若我们接受该论证，则按理我们应该说，“一堆”不如过去所认为的那样含混，因为看起来像是边缘例子的例子实际上并不是。这会显示“一堆”不是一个好例子，而不会显示我们的含混性理论出了任何问题。我们可以用“一大堆”作为例子，而不是用“一堆”。

严格来说，曾有人建议，“秃的”只会对那些头上完全没有头发的人为真。根据这个假设，我们仍可以说明，为什么在提到头上只有一些头发的人的时候我们使用了该语词。这样宽松的言论是假的，但却是有用的；一个非常具体的假陈述句，但近乎是真的，通常会比一个真的但非常不具体的否定句更有用。[22] 对先前例子的评论在这里也适用，因为我们可以用“似秃的”作为例子，而不是用“秃的”。

在造出来的简单例子中，7. 5 节的考虑可能帮助我们决定什么可能以别的方式看起来像是边缘例子。举例来说，假设我们有一个语词“dom-

mal”，该语词的使用只受到两个原则的限制：每只狗都是一个 dommal，而且每个 dommal 都是哺乳类。一只猫是 dommal 吗？在使用层面，我们可能拒绝坚定地回答“是”或“否”。一只猫可能看起来像是“dommal”的一个边缘例子。但是，若我们接受 7.5 节假设的真理与假理之间的不对称性，则我们可以论证，因为我们的用法不足以使“一只猫是一个 dommal”这个言谈为真，所以它不足以使之为假（给定它确实说了某事）。若该论证是可靠的，则它会使我们知道一只猫不是一个 dommal。它毕竟不是一个真的边缘例子。我们对“一只猫不是一个 dommal”的知识依赖于使用层面的对称性知识。在更实际的例子中，后一类知识是意料之 214
外的。

认知主义观点会受到威胁，仅当这样的论证可以被推广到所有的边缘例子，因为它不再主张是在处理含混性的真实现象。推广上述论证不会有前景，因为它们利用的特征对讨论中的例子来说具有高度针对性。我们需要一个更系统的策略。

一个策略可能会被很快地忽略：约定策略。我们确实可以约定每个具有准确物理重量 $m$ 的人被算作“瘦的”。根据几乎任何一个观点，这样的一个约定会在那些该约定具有权威性的语境中改变“瘦的”的意义。我们需要知道的会比先前理解该语词所需要的还要多。对“瘦的”的外延来说，也可能会有些微的改变。这样子在意义上的改变可能是有益的，即使根据认知主义观点，一个切割点的准确位置有时对现有的目的来说也不会比“我们知道其位置”这个事实还重要。约定做不到的事情是，在旧的意义下，告诉我们任何关于已使用“瘦的”的言谈的真理或假理。我们不可能约定它们的真假值，就像我们不可能约定罗马皇帝的生日一样。基于某些目的，我们可能选择把它们当作真的，或者当作假的，但那不会使它们是真的，或者使它们是假的。约定不会为先前的问题提供答案；它们使我们提出新的问题，而且有时会提出更好的问题。

一个不同的策略是诉诸含混表达式的语境依赖性。举例来说，“瘦的”的外延应该会随着语境的改变而改变，而不需要约定，语境因素包含当前的目的、显著的参照集合、语词在对话中的先前用法等诸如此类的因素。有些东西构成一个边缘例子，若该语词在某些语境中适用于它自身；而不构成一个边缘例子，若该语词在其他语境中不适用于它自身。这里的建议是，一旦我们固定语境，我们就可以发现该语词是否适用于它自身。连锁悖论可以被认为是在利用语境变化，而这是每次对论证的让步使然。对“$x_i$ 是红的吗?”这个问题回答“是”，会增加某些东西到下一个问题“$x_{i+1}$是红的吗?”的语境中，并使得使用“红的”的适用条件更宽松，所以会使得我们更难不回答“是”。[23]

215 对这个新策略的批评是，它对语境的期待太多了。若一个人指控另一个人在地板上留下一堆沙，并且被告知那根本不是一堆沙，因为地板上只有几粒沙，则这个语境不需要使他们消除彼此的差异。在一个关于意大利社会结构的对话中，有人可能会问“有多少意大利农民是非常富有的?”；该语境不会使我们消除这个问题的答案，亦即关于意大利财富与收入的统计数据。例子可以无限制地增加。若经典逻辑与经典语义论适用于这样的例子，则我们需要认知主义的说明。

含混性与语境依赖性是不同的现象。“现在”这个语词不是含混的，仅仅因为它的指涉对象依赖于言谈的时间点。反过来说，含混性仍在，即使当该语境被固定住。原则上，一个含混语词可能不展现语境依赖性，无论那是什么。实际上，含混语词缺乏自然的边界，这使语境依赖性很难避免，但那是一个碰巧的重叠，而不是基于一个*先验*的法则。

若有人可信地主张含混言谈满足经典逻辑与经典语义论，则他必定诉诸无知。无论如何，目前还没有说多少话来解释*为什么*我们应该不知道含混言谈的真假值。这是下一章的任务。我将会论证，这样的无知正是独立地证成知识原则的东西，而这些原则是我们期待的。

# 第八章　不精确的知识

## 8.1　解释的任务

无知是人类的一个自然状态。其他物种的知识限制不是宇宙的限制， 216
人类不太可能有多大的不同。我们的知识，相较于我们的无知，更需要被解释。自我知识也不例外。我们不会预期其他物种能够知道关于我们的每一件事，我们也不应该预期我们能知道关于我们的每一件事。同样的预期也适用于我们对自己创造物的知识。在某个意义下，我们创造我们的语言，但这不代表我们可以看见语言的每个层面。为什么我们语词的边界不应该是我们不可能看到的？

对于解释无知，这样的一般性考虑不会帮认知主义观点消除整个举证责任。对大多数含混语词来说，跟无知一样，也存在需要被解释的知识。虽然我们不可能知道该语词在边缘例子中是否适用，但我们可以知道该语词是否适用于不是边缘例子的例子。认知主义观点可以合理地被预期去解释，为什么成功地用来获得后者知识的方法无法帮助我们获得前者的知识。本章提供这样的一个解释。

边缘例子中的无知会被吸收为一个更广泛的现象，即一种在各种不精确知识中出现的无知。不精确知识概念，就像含混性概念，最佳的介绍方式是通过例子来引介。视觉提供关于一棵树之高矮的知识，听觉提供关于一个声响之音量的知识，触觉提供关于一个表面之温度的知识，嗅觉提供关于一颗蛋是否过熟（腐败）的知识，味觉提供关于一杯饮料之成分的知识。记忆提供关于人行道之长度的知识，证词提供关于罪犯之物理特征 217

的知识。当然，例子可以无止境地一直列举下去。在每个例子中，涉及的知识都是不精确的。举例来说，我们粗略地看到一个房间里放了多少本书，但不是精确地看到：我们可以确定的是，房间里放了 200 本以上、20 000 本以下的书，但我们不知道精确数目。不过，不需要涉及数目的含混性。不精确性在于知识本身，而不在于被探索的对象。

8.2 节仔细检视不精确知识的一个例子，以显现它背后的结构。8.3 节汲取一个教训：不精确知识的每个例子都受到一个原则的控制，该原则要求知识允许误差区间（margin for error）。8.4 节将不精确知识的理论运用于含混性问题，使用误差区间原则来解释我们对边缘例子的无知。该节讨论了一些特征，这些特征使涉及含混概念的知识成为一种特别的知识，即不精确知识。含混语词是明确的，但在意义上不稳定；这种不稳定性是不精确性的独特来源。8.5 节将含混性描述成一个不可能跟其他可能概念区辨开的概念，并且借由我们对含混语词之意义的知识来调和这个情况。8.6 节更一般地将不精确知识跟不可区辨性的非传递性联系起来。8.7 节将不精确性概念推广到比知识更弱的认知态度，譬如合理信念。

## 8.2 群众

我在一座体育场中看见一群人。我在想，那里有多少人。很自然的是，我不可能只通过看就知道那里究竟有多少人。我的视力和判断数量的能力没有那么好，而且有少数人甚至可能从我站的地方看是看不到的。因为我当下没有其他的相关信息来源，所以我不知道那里究竟有多少人。不会有一个数 $m$，使我知道那里刚好有 $m$ 个人。尽管如此，我还是已经通过看而获得了一些知识。我知道那里不是刚好有 200 个人或者 200 000 个人，我不知道那里是否刚好有 20 000 个人。对许多数 $m$ 来说，我不知道
218 那里不是刚好有 $m$ 个人。更精确地说：对许多数 $m$ 来说，我不具有其内容是通过使用一个数 $m$（例如，20 000）来置换“不是刚好有 $m$ 个人”中的“$m$”所表达的知识。我们没有讨论以下这种知识：其内容是通过这样一个语句来表达的，在这个语句中，$m$ 由一个摹状词指称，例如“在体育场中的人数减掉 1”，因为我可能不知道哪个数会符合该摹状词。

最小数原则说，每个自然数的非空集会有一个最小数。这等于数学归纳法原则：若 0 具有一种性质 $F$，而且每当 $m$ 有性质 $F$，$m+1$ 也会有，则每个自然数都具有性质 $F$。我不知道那里不是刚好有 $m$ 个人，其中所有 $m$ 构成的自然数集合不会是空集，因为它包含自然数 20 000。根据最小数原则，该集合包含一个最小数 $n$。因此，

（1）我知道那里不是刚好有 $n-1$ 个人。

（2）我不知道那里不是刚好有 $n$ 个人。

“$n$”缩写了“最小数 $m$，使我不知道那里不是刚好有 $m$ 个人”这个摹状词。“$n-1$”缩写了一个相对应的摹状词。不过，根据上一段最后的说法，（1）和（2）跟被这样的摹状词所指称的数的知识无关；使它们为真或为假的是以下知识或缺乏以下知识：$n$ 或 $n-1$ 被一个“20 000”或“19 999”这样的自然数指称。这些摹状词决定哪些自然数应该置换它们（用术语来说，它们有宽的拘束域）。

我不知道那里究竟有多少人。我可以猜，但即使我猜对了，那也不算是知道那里究竟有多少人。若我判断那里刚好有 $m$ 个人，而且事实上那里确实有 $m$ 个人，则据我所知，那里实际上有 $m-1$ 或 $m+1$ 个人；我不知道那里没有 $m-1$ 或 $m+1$ 个人。此外，若我不是判断那里刚好有 $m$ 个人，但实际上那里有 $m$ 个人，则我不知道那里刚好有 $m$ 个人。无论是哪种情况，若那里刚好有 $m$ 个人，则我不知道那里刚好没有 $m-1$ 或 $m+1$ 个人。这些反思独立于“$m$”的值。不可能有一个数 $m$，使得那里刚好有 $m$ 个人，而且我知道那里不是刚好有 $m-1$ 个人，因为，若那里刚好有 $m$ 个人，而且我判断那里不是刚好有 $m-1$ 个人，则我只是猜测而已。任何人从我 219
的位置，通过看就能知道那里不是刚好有 $m-1$ 个人，当实际上那里刚好有 $m$ 个人，则他具有比我还好的视力（包含可以穿透各种障碍的 X 光视力），而且具有更强的判断数量的能力。对每个数 $m$，若那里刚好有 $m$ 个人，则我不知道那里不是刚好有 $m-1$ 个人。[1]

前面提及的反思是我的反思。我知道我的视力与判断数量的能力不足以让我通过看而知道那里不是有 $m-1$ 个人，当实际上那里有 $m$ 个人。我知道，对每个数 $m$，若那里刚好有 $m$ 个人，则我不知道那里不是刚好有

$m-1$ 个人。确实，对每个相关的自然数来说，我可能被认为具有这种严格个例化的知识。亦即，对每个这样的 $m$，我知道，若那里刚好有 $m$ 个人，则我不知道那里不是刚好有 $m-1$ 个人。举例来说，我知道，若那里刚好有 20 000 个人，则我不知道那里不是刚好有 19 999 个人。因为（1）与（2）中的数 $n$，是许多个例化后的知识中的一个，所以这也代表

（3）我知道，若那里刚好有 $n$ 个人，则我不知道那里不是刚好有 $n-1$ 个人。

不过，现在有一个矛盾威胁着我们。根据（1），我**确实**知道那里不是刚好有 $n-1$ 个人。若我将这个知识跟（3）中的知识结合起来，则我可以明显地推导出那里不是刚好有 $n$ 个人，因而知道那里不是刚好有 $n$ 个人，而这跟（2）相互矛盾。这里出了什么问题？

该论证可以被更明确地表达出来。通过反思我的视力、判断数量的能力以及从我知道的事情来推论的局限性，关于有多少人的知识，会限制在我可以增加的数量上。尽管这个论点不会被强调，但是“这样的过程不增加任何数量的知识到我已获取的知识上”确实是可信的。话虽如此，该假设可以合法地被建立在推论会出问题的例子中，其问题是：以一个逻辑上够好的方式，从我知道的事情推论出“不是刚好有 $m$ 个人”这个形式的所有命题，对“$m$”的每个相关值来说。在我完成这个任务的某个时
220 刻（体育场中的人数可以被假设在这期间没有改变）。（1）～（3）中的“$n$”可以相对于一个时间 $t$ 而被定义，在 $t$ 时已经获得这个反思平衡。因为以“$n$”定义的摹状词不会出现在讨论的知识内容中，所以这个过程不涉及循环或恶性倒退。$t$ 也可以被视为在（1）～（3）中获得知识的时间。因此，（3）说的是，我在 $t$ 知道，若那里刚好有 $n$ 个人，则我在 $t$ 不知道那里刚好有 $n-1$ 个人。关于这个当前（不是过去）无知的知识，没有任何不好的自我指涉或不合理，因为它奠基于关于我的视力与判断数量的能力的一般考虑，而不是奠基于尝试探究所有我当前不知道的命题。现在，若从我在 $t$ 知道的事情可以推论出不是那里刚好有 $n$ 个人，则根据假设，我在 $t$ 已经推论出那里不是刚好有 $n$ 个人，所以知道它了。因此，在 $t$：

(4) 若我知道某些命题，并且从那些命题逻辑上可以推论出那里不是刚好有 $n$ 个人，则我知道那里不是刚好有 $n$ 个人。

请注意：(4) 不是关于知识的一个一般性原则；它只是对我在一个特殊情境中的状态的一种描述［当然 (1)～(3) 也一样］。悖论是这样：相对于设想的普通可能情境，(1)～(4) 的每一个看起来都是真的，不过它们看起来是互相不一致的。

一个想法是：我可能知道我的前提，并且能够推论出我的结论，但不因此而知道它，因为，虽然前提很可能足以被视为已知的，但其结论却不是。两个命题的一个逻辑后承可能比那两个命题的任何一个更不可信。因此，(4) 可能不是真的。基于几个理由，上述想法是一个没有希望的诊断。

(a) “从我们知道的事做出推论，一般来说，不是推广我们知识的一种方式”，这种假设是违反直觉的。

(b) 知识与概率之间的关联性尚未被辨识出来。不会有少于 1 的概率程度，其本身会由真信念来构成知识；在一个公正的彩票游戏中，正确地相信自己的彩票不会中奖的悲观彩票持有者不知道自己的彩票不会中奖，无论彩票被卖出多少张。

(c) 讨论中的概率是哪一种？为了形成知识的标准，相信程度似 221
乎也依赖于主体，而世界中的倾向却不依赖。若我们考虑我知道的事的条件概率，则我知道的事会有概率 1，而该批评会失效。

(d) 例子中没有东西不允许以下这个假设：给定实际上那里有 $n$ 个人，存在一个相关的概率意涵，使我的视力与判断数量的能力不足以让我知道那里没有 $n-1$ 个人。于是 (3) 中条件句的概率会是 1，因为给定前件，其后件条件句的概率会是 1。但是，对 (4) 的批评仍会失效，因为从前提到结论的概率下降不可能出现。若两个前提蕴涵一个结论，而其中一个前提的概率是 1，则其结论至少会跟另一个前提一样

（有一样的概率值）。

（e）我们总是可以引进一个知识#概念，其中知道#一个命题就是去知道它，或知道从那些可以推论出它的命题。我不知道#那里究竟有多少人。我们可以用“知道#”（代替“知道”）来进行这个论证；（4）当然会是正确的。[2]

鉴于（a）～（e），该悖论不应该把问题归属于推论无法推广知识。

另一个想法是，含混性本身是问题所在。若含混性是问题所在，则该例子在含混性问题上不可以被当作一个独立的反对理由。无论如何，在不诉诸含混性的认知主义理论下，我们将会论证含混性在目前的例子上不是问题所在。不精确知识的一些（并非所有）例子依赖于含混性。

最小数原则有时被认为在含混性出现时不是有效的。构成一堆谷粒的最小数是什么？指责是：（1）～（4）中的“$n$”无法指涉任何一个数。它被定义为“最小的数 $m$，使我不知道那里不是刚好有 $m$ 个人”。在此，唯一可能的相关含混语词是“知道”。它确实在某种程度上是含混的，存在知识的边缘例子。问题是：这种含混性是不是悖论的根源？若是悖论的根
222 源，则该悖论会消失，给定“知道”通过任意的约定来使之精确。实际上，我们不可能预期消除所有“知道”中的含混性，但是我们不需要如此做。我们所需要的是能解决现有语境中“我知道那里不是刚好有 $m$ 个人”这种形式的每个边缘例子的约定，因为我们可以运用最小数原则来定义“$n$”，使得（1）与（2）为真。举例来说，让我们接受“相对于‘知道’，所有相关的边缘例子会被谨慎地解决”这个原则，由此提高“知道”的标准。一个相应的规则可以被接受，以解决任何“边缘例子”的相关边缘例子，照此类推。当然，这样的约定不会促进我的视力或判断数量的能力。现在，谨慎地约定，若可以，则会强化“若那里刚好有 $m$ 个人，则我不知道那里不是刚好有 $m-1$ 个人”这个条件句的真，因为这些约定使得，在“知道”的新意义下，知道“那里不是刚好有 $m-1$ 个人”更难。此外，我对该条件句的态度已经是知识的一个清楚例子，而不是一个边缘例子，所以我应该在新意义下也知道它。因此，（3）在新的解读下仍是真的，而（4）也一样。所以，明显不一致的命题（1）～

(4)，当做出这些约定后，仍是真的。因为该悖论不会消失，若我们让“知道”精确，而且没有其他语词是含混的，则含混性不是问题的根源。因此，以下我们可以合法地将“知道”当作精确的。

悖论的推理需要被更仔细地检视。当（4）被运用时，从哪些命题可以逻辑地推论出那里不是刚好有 $n$ 个人？主要前提是，“若那里刚好有 $n$ 个人，则我不知道那里不是刚好有 $n-1$ 个人”这个条件句。该推论形式是，从“若 $A$，则非 $B$”与“$B$”推出“非 $A$”。因此，“$A$”是“那里刚好有 $n$ 个人”，而“$B$”是“我不知道那里不是刚好有 $n-1$ 个人”。若我使用该推论来获得其结论的知识，则我必须知道其前提，如同（4）所要求的。（3）说了我知道主要前提。我也必须知道次要前提“$B$”，亦即（1）。也就是说，悖论的推理假设了：

（5）我知道我知道那里不是刚好有 $n-1$ 个人。

相互不一致的命题是（2）～(5)，而不是（1）～(4)。

有人可能会暂时认为，因为根据“$n$”的定义，我知道（1）是真的， 223
所以（5）是真的。但是，那会弄错在（5）中由“$n-1$”缩写的摹状词的角色，把它视为“最小数 $m$ 的前一个数，使我不知道那里不是刚好有 $m$ 个人”这个摹状词。我当然知道，对每个数 $k$ 来说，若 $k$ 满足该摹状词，则我知道那里不是刚好有 $k$ 个人。但是，那不是（5）说的事。整个论证是关于被数字所指称的数的知识的，而不是关于被上述摹状词所指称的数的知识的；只在这个理解下，（3）才是可信的。（5）说的是，若一个数满足由“$n-1$”缩写的摹状词，则我知道我知道那里不是刚好有那个数量（被一个数字所指称）的人。用术语来说，摹状词必定被给予最大的可能拘束域。若（5）以别的方式被解读，则该推论当然会是有问题的。因为我不知道什么数满足由“$n-1$”缩写的摹状词，所以我对摹状词的反思不会使（5）为真。

明显为真的命题是（1）～(4)。相互不一致的命题是（2）～(5)。很明显，我们该做的事情是：接受（1）～(4)，并且拒绝（5）。这代表拒绝 KK 原则；KK 原则说：若我知道某事，则我知道我知道它。我知道那里不是刚好有 $n-1$ 个人，但我不知道我知道不是刚好有 $n-1$ 个人。[3]

在我们采取这个提议之前，我们应该检查它确实会解决问题。我们通过为（1）～（4）与（5）的否定提供一个一致性证明，可以做到这件事。这能通过一些情境的一个简单模型做到，在其中一个情境中（1）～（4）是真的，而（5）是假的。我们不意图该模型是现实的，它显示的是解决悖论的结构。虽然该论证可以用纯形式的语词来实现，但以非形式的方式来呈现，其结构会更有启发性。

对每个自然数 $m$，令 $s_m$ 是一个情境，其中刚好有 $m$ 个人在体育场。因此，对任何数 $k$（替换“刚好有 $k$ 个人”中“$k$”的数字 $k$ 的结果），“刚好有 $k$ 个人”在 $s_m$ 中为真，当且仅当，$k=m$。现在，真假值可以被递归地指派给不同情境中的复合语句。“非 $A$”在 $s_m$ 中是真的，当且仅当，“$A$”在 $s_m$ 中不是真的。“若 $A$，则 $B$”在 $s_m$ 中为真，当且仅当，“$A$”在 $s_m$ 中不是真的，或“$B$”在 $s_m$ 中是真的。“我知道 $A$”在 $s_m$ 中是真的，当且
224 仅当，“$A$”在 $s_{m-1}$（若它存在）、$s_m$ 与 $s_{m+1}$ 中都为真。我知道该命题，当且仅当，它在我处的情境以及每个与此相似的情境中为真，除了体育场中的人数有差别之外。

对任何正数 $m$ 来说，很容易检查“若那里刚好有 $m$ 个人，则我不知道那里不是刚好有 $m-1$ 个人”这个条件句在每个情境中都是真的。因此，“我知道‘若那里刚好有 $m$ 个人，则我不知道那里不是刚好有 $m-1$ 个人’”也会在每个情境中为真。特别是，（3）会在每个情境中为真。此外，在这个简单模型中，我知道所有自己已知事物的逻辑后承，因为若一个逻辑上有效的论证的每个前提在 $s_{m-1}$、$s_m$ 与 $s_{m+1}$ 中都为真，则其结论也会在其中为真。因此，（4）也会在每个情境中为真。因为“那里不是刚好有 $n-1$ 个人”，除了在 $s_{n-1}$ 情境中为假，会在每个情境中为真，所以“我知道那里不是刚好有 $n-1$ 个人”，亦即（1），除了在 $s_{n-2}$、$s_{n-1}$ 与 $s_n$ 中为假，会在每个情境中为真。因此，“我知道我知道那里不是刚好有 $n-1$ 个人”，亦即（5），除了在 $s_{n-3}$、$s_{n-2}$、$s_{n-1}$、$s_n$ 与 $s_{n+1}$ 中为假，会在每个情境中为真。相似的是，“我知道那里不是刚好有 $n$ 个人”，除了在 $s_{n-1}$、$s_n$ 与 $s_{n+1}$ 中为假，会在每个情境中为真，而它的否定（2）正是在那三个情境中为真。因此，（1）～（4）在 $s_{n+1}$ 中都为真，尽管（5）在 $s_{n+1}$ 中为假。[4]

该模型显示上述提议的悖论解法是一致的。为了修复一致性，否认KK原则就够了。事实上，该模型证明了我们可以一致地结合（1）与（2），以及从（3）和（4）推论出来的不受限全称命题：

（3+）对每个数 $m$，我知道若那里刚好有 $m$ 个人，则我不知道那里不是刚好有 $m-1$ 个人。

（4+）对每个数 $m$，若我知道某些命题，并且从那些命题可以逻辑地推论出那里不是刚好有 $m$ 个人，则我知道那里不是刚好有 $m$ 个人。

这里要强调的是：（3+）和（4+）意图描述我在 $t$ 的状态，而不是规定关于知识的一般性原则。在一个实际例子中，若我不算是知道无限多个命题，则我们会给 $m$ 强加一个上限。

通过结合（3+）、（4+）与KK原则，悖论的推理会产生出来。直接诉诸数学归纳法原则，也可以重新造出悖论的推理，而不需要最小数原则。225 我确定知道那里不是刚好有0个人。但是，若我知道那里不是刚好有 $m-1$ 个人，则根据KK原则，我知道我知道那里不是刚好有 $m-1$ 个人；所以，根据（3+），我知道一个有效演绎论证的前提，其结论是：那里不是刚好有 $m$ 个人；因此，根据（4+），我知道那里不是刚好有 $m$ 个人。根据数学归纳法，对每个自然数 $m$，我知道那里不是刚好有 $m$ 个人。那是不可能的，因为在体育场的人是有限多的。如同描述的例子所示，我不知道那里不是刚好有20 000个人。严格来说，这个上限意指，我们可以不诉诸数学归纳法，因为我们可以在不使用数学具体规则下一步一步地到达荒谬性。诉诸最小数原则也同样是不必要的。尽管如此，这些原则还是方便地标示出这两个版本之间的不同优势，并且加快了两者的进展。这两个论证不可或缺的是KK原则。它才是问题所在。

KK原则的失效不是件新鲜事。不过，标准反例涉及缺少知识概念，或没有反思自身的知识，因而不知道自己知道什么的知者。现在的例子是相当不同的。当前例子涉及一个具有知识概念，且取得反思平衡的主体，其中反思平衡是关于讨论中的命题。不过，我仍在不知道我知道的情况下知道。

我们的知识充斥着KK原则的失败，因为我们的知识充满着不精确性。关于体育场人数的问题，可以相对于感官知觉的例子而被复制，因为几乎任何这样的例子都会给出关于某种数或量的不精确知识。在许多例子中，数量会位于一个连续级上，就像我看到一棵树并具有关于它高度的不精确知识。那不会对该论证造成任何困难，因为连续级被分割成数个小单位；我具有的、关于树高度的不精确知识是树有多少英寸高，精准到最接近的 1 英尺（约 0.3 米）。该论点被推广到不以当前知觉为来源的知识，例如记忆和证词。不精确知识会扩散，部分因为来自过往知觉的不精确知识会传递下去，而部分因为不精确知识进一步添加不精确性到自身。在每
226 个例子中，问题的可能答案是如此接近，以至于若一个给定答案实际上是正确的，则我们不知道它的邻近答案不是正确的，而且我们可以知道我们的辨识能力是有局限的。该论证会像之前一样进行着。

8.3 节的目标是描述不精确知识的一个模型，而根据此模型，KK 原则的失败看起来是完全自然的结果。

## 8.3 误差区间

假设在 8.2 节描述的情境中，那里刚好有 $i$ 个人，而我具有“那里不是刚好有 $j$ 个人”这个真信念。若 $i$ 与 $j$ 之间的差异太小，则即使那里刚好有 $j$ 个人，我可能仍会轻易地相信那里不是刚好有 $j$ 个人。“若那里刚好有 $j$ 个人，则我不应该相信那里不是刚好有 $j$ 个人”会是假的。我的视力和判断数量的能力是有局限的。但是，我的真信念“那里不是刚好有 $j$ 个人”不是可靠地为真，这过于冒险而不可能构成知识。若 $i$ 与 $j$ 之间的差异足够大，而且我的信念是以正常方式形成的，则“若那里刚好有 $j$ 个人，则我不应该相信那里不是刚好有 $j$ 个人”可能会是真的。然后，我的真信念可能可靠地为真，并且构成知识。[5] 在其他因素不变的情况下，我知道，不是那里刚好有 $j$ 个人，当且仅当，$i$（实际上的人数）与 $j$ 之间的差异足够大。多大才算足够大？这依赖于情境：我的视力和判断数量的能力，阻挡部分人群的障碍物，以及光线是否充足。

在我们的知识是不精确的地方，我们的信念是可靠的，仅当我们允许一个误差区间。“一个一般性条件在一个具体例子中成立”这个信念有误

差区间，若该条件也会在相似的例子中成立。所需的相似程度与类型依赖于情境。对给定的认知能力来说，可靠性随着区间范围的增大而提升。认知能力越正确，被需要达到某可靠程度的区间就越窄。因为一个信念构成知识，仅当它是足够可靠的，所以“一个一般性条件在一个具体例子中成立”这个信念构成知识，仅当该条件会在相关层面，在所有足够相似 227
的例子中成立，以达到所需的可靠程度。该条件成立的知识是可得的，仅当它确实在所有足够相似的例子中成立（无论是否可知）。若它在一个例子中成立，而有另一个与之足够相似的例子，但它在这另一个例子中却不成立，则在这两个例子中，“它成立”不算是知识。它不可能在误差区间内已知是成立的。

误差区间原则是下列形式的原则：“*A*”在所有与在其中“‘*A* 是已知的’为真的”例子相似的例子中为真。哪个误差区间原则成立，依赖于情境；我们不可能先验地具体说明所需的相似程度与类型。不过，我们可以陈述一个误差区间的元原则：当知识是不精确的，某个误差区间原则成立。这个元原则必然是不具体的，但不是琐碎的。特别是，它不会因为“不精确知识”的定义而成立，因为该语词是通过例子来定义的，而不是参照误差区间原则而成立的。相反的是，不精确知识是普遍且容易承认的认知现象，其背后的本质原来可以通过误差区间的成立来说明。

所需的相似程度不需要以相同的语词被具体说明，就像那些用来表达讨论中的知识的语词一样。举例来说，我可以通过看来知道房里有 5 个人。那个信念会在任何与实际情况在人数方面有差异的情况中为假。不过，它构成知识，而且知识的来源跟我对体育场中有多少人的不精确知识是同类型的。它确实受到误差区间原则的控制。若我通过看而知道房间的某个特征（例如，包含 5 个人），则该房间在任何差异只在于一些分子的位置不同于实际情况的例子中仍具有该特征。我可以知道房间里刚好有 5 个人，因为在相关的误差区间内的任何例子中仍刚好有 5 个人。

不精确知识的一个特例是，“*A*”本身就是“*B* 是已知的”这种形式的命题。就像我们在判断人数上不是完全正确的，我们在判断信念的可靠性上也不是完全正确的。针对“*B* 是已知的”，而不是针对“*A*”的一个误差区间原则来说，“*B* 是已知的”在所有与在其中“‘*B* 是已知的’是 228

已知的”为真的例子相似的例子中为真。如同往常，相似程度与类型依赖于情境，例如，依赖于判断数量的能力；“*B* 是已知的”与“*B*”可能需要不同的误差区间范围。若“*B* 是已知的”是真的，但有一个与之足够相似的例子，在这个相似例子中它为假，则“*B* 是已知的”不会是已知的。在误差区间内，它不可能被知道。因此，KK 原则的失效是我们不精确知识的一个自然结果。根据误差区间的元原则，我们对我们知识的知识受到误差区间原则的主宰，而根据误差区间原则，我们可以推论出 KK 原则为假。

假设“‘*B* 是已知的’是已知的”在一个给定例子中为真。根据对“*B* 是已知的”的误差区间原则，后一个命题会在所有与给定例子相似的例子中为真。但是，根据对“*B*”的误差区间原则，“*B*”会在所有与“与给定例子相似的例子”相似的例子中为真。实际上，我们知道的知识要求两个误差区间。更一般地说，每个知识的叠加会加深所需的误差区间。原则上讲，知识可以叠加任意次数，但构成知识的例子的范围会比叠加次数较少所构成的知识例子的范围更窄。

相信通常被比喻为以“射向真理”为目标。该比喻不是相当适当，因为真理是一个单一点（实际真理），就像一颗子弹，尽管被相信的命题涵盖一个像标靶一样的区域（可能是真例子的一个集合）。确实，我们（具有信念的人）的任务可能被视为在墙上画出边界，而一台机器会向墙上发出一颗子弹。该信念是真的，若该子弹命中被标示出来的区域，而在其他情况下为假。若真理代表命中，则知识代表肯定命中。[6] 也就是说，弹着点会在被标示出来的区域内，而且不会靠近边界，以至于该子弹可能不会很容易在被标示出来的区域之外（若有一阵风吹过）。举例来说，命中可能是肯定的，当且仅当，墙上每个距离弹着点少于 1 英寸（约 0.03 米）的点都在被标示出来的区域内。区域内的 1 英寸区间，对应于“*B*”为真但未知的例子；当这个区间从被标示出来的区域内移除，剩下的区域对应于“*B*”是已知的例子。当另一个区间被移除，剩下的区域对应于“‘*B*’是已知”是已知的例子，知识算子的叠加是一个逐渐削减区域的过程。[7]

229 一个区域缺少误差区间，仅当它里面没有一个点跟墙上不在该区域的点的距离小于1英寸。因为墙上的任何一点可以通过一序列的点，从其他任何点到达，而那个序列中的每个点彼此的距离小于1英寸，所以若一个区域缺少误差区间，则没有任何点在其中，或者所有的点都在其中。前者是“空区域”，对应于一个矛盾句，而后者意指该区域就是整面墙，对应于一个重言式。[8]根据这个模型，一个命题是可获知的（每当它为真的时候），仅当它逻辑上为真或逻辑上为假。一个偶然命题对应于一个小于整面墙的非空区域，而且具有一个误差区间；一个这样的命题在某些例子中为真，而该命题在这些例子中是不可获知的。

墙上的任何一点不只是可以通过一序列的点从任何点到达，而那个序列中的每个点彼此的距离小于1英寸：所需的点的数量是有限多的，因为墙面的对角，其距离比墙上的任意两个点的距离都还要大得多。因此，任何小于整面墙的区域，通过被分割为有限多个1英寸的区间距离，会变为空的。这对应于“对任何不是逻辑真理的命题，我们可能具有的知识的叠加，存在一个有限的次数”这个主张——这是一个轻微的怀疑论结果。[9]

上两段里的评论应该被更谨慎地看待，因为它们依赖于设想中非常简单情况的具体特征。若该墙从中间被一分为二，使弹着点在墙面一半的子弹不会到另一半，则墙面的一半不会有误差区间，所以对应于一个可获知的、在任何时候都为真的偶然命题。若该墙无限长，其中没有任何划分，则墙上任意两点之间的距离仍是有限的，但是墙的另一半不会通过任意平行线、通过切割有限多个1英寸的区间距离而变为空的；它会对应于一个偶然命题，而我们可以对它具有任意有限次的叠加知识。误差区间的持续加深是另一个简化。若在左边的区间比右边的区间更有缝隙，使子弹的轨道在那一边更不可预测，则那里会需要更宽的误差区间。我们的认知能力在某些区域会比在其他区域更正确。

这样的条件可以被加乘。不过，一个模型的重点是忽略所有初始的复 230
杂情况，除了少数几个之外。我们已经概述了一个不精确知识的蓝图，在其中KK原则的系统性失效是完全自然的。这是可预期的，不只是因为我们不是完全深思熟虑的，还因为，无论我们如何深思熟虑，我们的认知能力都不是完全正确的。下一个任务是将这些想法运用于涉及含混性的知识，其不精确性来自内容的含混性。[10]

## 8.4 不精确性的概念来源

不精确性的通常来源影响着含混判断，其影响程度跟它们对精确判断的影响程度是一样的。关于某人腰宽有多少英寸的知觉知识是不精确的，所以关于他瘦不瘦的知觉知识也是不精确的。不过，在边缘例子中，我们的无知会进入比那更深层的地方。

根据含混性的认知主义观点，存在“$m$”的值使得任何具有精确物理重量 $m$ 的人是不是瘦的是不可知的。现在，若我具有物理重量 $m$，则我并非本质上具有重量 $m$；也就是说，“蒂莫西·威廉姆森是瘦的”表达的是一个偶然真理。但是，因为瘦随附在精确的物理重量上，所以“每个具有物理重量 $m$ 的人是瘦的”这个全称命题表达的是一个必然真理。（参见 7.4 节）因为我可以被知道具有物理重量 $m$，所以认知主义观点假设的无知涉及对这样的必然真理的无知。[11]不过，它们似乎琐碎地满足被强加给误差区间原则的必要条件。一个必然真理在所有例子中是真的；此外，它在所有与“它在其中是一个被知道的可能命题”的例子相似的例子中为真。一个误差区间原则如何解释我们对一个必然命题的无知？

某人断言“每个具有物理重量 $m$ 的人是瘦的”，就是断言一个必然真理，但他仍是因为运气好才说出该真理。他不知道他说的是真理。虽然他不可能在没有说出真话的情况下断言他实际上断言的命题，但他可以非常轻易地用同样的语词断言一个不同的命题，一个必然假的命题。[12]“瘦的”这个语词的外延可以非常容易地有不同的大小，以至于它会排除所
231 有具有物理重量 $m$ 的人。将区分出含混性作为不精确性的一个来源的是误差区间原则，根据误差区间原则，含混性导致了意义上的微小差异，而不是讨论事物的微小差异。

再次考虑意义在用法上的随附性，至少对一个从环境而来的确定贡献来说（如同在 7.5 节提及的）。① 对任何意义上的差异，使用上也会反映

① 在 7.5 节提到环境会对语词的意义造成影响，但语词的用法却可能不变——（#）的问题。——译者注

出差异。反过来却不总是成立。一个语词的意义可以通过自然的区隔被稳定住，使得一个用法上的小差异不会造成意义上的差异。误把黄铁矿当作黄金的倾向，其倾向的稍微增加不会改变“黄金”这个语词的意义或外延。但是，一个含混语词的意义不会以这种方式，亦即通过自然的区隔而被稳定住。沿着测量所有我们对“瘦的”倾向的一条轴线，一个微小的改变会微小地改变“瘦的”的意义与外延。根据认知主义观点，“瘦的”的边界是精确但不稳定的。

假设我处在“瘦的”的边界内，但只是刚刚好在边界内。若我们对“瘦的”的使用稍微不同，如同很可能发生的那样，则我就会处在边界外了（到了“不是瘦的”的区域）。“蒂莫西·威廉姆森是瘦的”这个语句是真的，但是非常可能在不改变我的物理重量或任何相关的参照重量的情况下为假。此外，某个独断地说出该语句的人，非常可能说出假话，因为说出它的决定反映不出在“瘦的”的使用上的所有微小变化，但这些变化会使该言谈为假。

该论点不局限于公共语言。即使是个人语言也是含混的。你可能不会有固定倾向去同意或反对“蒂莫西·威廉姆森是瘦的”。若你被迫同意或反对该语句，则你选择哪一个倾向，依赖于你的情况与心情。若你同意，那不会自动地使该言谈在你的个人语言中为真；若你反对，那不会自动地使它为假。你用“瘦的”来意指什么，不单独依赖于你在当前情况与心情下会说什么。你没有方法使你语词的使用的每个部分都完全易于受到整体的影响，因为你没有方法调查整体。想象你杂乱无序的使用，就是在想象它的含混性。

相似的论点被运用于概念。你没有方法使你对一个概念在特定情况中的使用完全易于受到你使用的整体模式的影响，因为你没有方法巨细靡遗 232
地调查那个模式。因为该概念的内容依赖于整体模式，所以你没有方法使你对一个概念在特定情况中的使用完全易于受到其内容的影响。即使你确实知道该模式的所有细节（而这是不可能的），你仍会对决定概念内容的方式是无知的。

“含混性造成误差区间原则”这个主张的可信性不依赖于含混性的认知主义观点。考虑“一堆”这个语词，它以非常含混的方式被使用着。[13]

某个断言“$n$ 颗谷粒构成一堆”的人可以非常容易地用那个语句做出该断言，即使我们全部的使用稍微不同，使得指派给该语句的语义状态（语义值）是当前由“$n$-1 颗谷粒构成一堆”这个语句具有的。用法上的一个微小改变不会支撑每个具体用法。若实际断言是一个正确倾向的结果，则该反事实断言会是正确的。因此，实际断言表达知识，仅当该反事实断言会表达一个真理。根据假设，“$n$ 颗谷粒构成一堆”在反事实情境中的语义状态（语义值），会跟实际情境中“$n$-1 颗谷粒构成一堆”的语义状态（语义值）一样；若前者表达一个真理，则后者也会。所以，在当前情境中，“$n$ 颗谷粒构成一堆”表达知识，仅当“$n$-1 颗谷粒构成一堆”表达一个真理。换句话说，一个误差区间原则同意：

（!）若我们知道 $n$ 颗谷粒构成一堆，则 $n$-1 颗谷粒构成一堆。

支持（!）的论证在任何地方都不诉诸含混性的认知主义观点。某个反对认知主义观点的人不会被迫拒绝（!），而且也可能希望接受它。

（!）可能被认为导致了一个连锁悖论，不是针对“一堆”，而是针对“已知的一堆”。若我们知道（!）（通过我们对“一堆”的含混使用的哲学反思），并且从已知的事推导出相关的逻辑后承，这不就代表，若我们知道 $n$ 颗谷粒构成一堆，则我们知道 $n$-1 颗谷粒构成一堆吗？因为我们知道 10 000 颗谷粒构成一堆，通过运用 10 000 次离断律，我们可以推论
233 出 0 颗谷粒构成一堆，但 0 颗谷粒不构成一堆。无论如何，这只是关于群众的谬误论证的一个变形。为了知道 $n$-1 颗谷粒构成一堆，我们必须知道一些命题，而我们可以从中推论出“$n$-1 颗谷粒构成一堆”。那些命题是（!）的相关个例，以及它的前件“我们知道 $n$ 颗谷粒构成一堆”。因此，我们应该知道我们知道 $n$ 颗谷粒构成一堆。但是，该论证的前一阶段只证明了我们知道 $n$ 颗谷粒构成一堆。结合 KK 原则，一个连锁悖论确实会出现。在没有 KK 原则的情况下，知识的叠加会在该论证的每一个阶段消失。在论证的一开始，对知识叠加到任何合理的次数，该论证会在到达一个假结论之前就失去动力。确实，它必须如此做到，因为在 8.2 节被用来证明（1）～（4）之一致性的模型也能被用来证明下列假设是一致的：我们会有几个关于（!）的每个个例的叠加知识，以及“10 000 颗谷

粒构成一堆”与“0 颗谷粒不构成一堆”这两个命题的知识。

给定（!），我们不可能知道下列形式的合取句：“$n$ 颗谷粒构成一堆与 $n$-1 颗谷粒构成一堆”。为了知道该合取句，我们应该一定知道它的第一个合取项；但是根据（!），它的第二个合取项会是假的，使得整个合取句为假，所以是未知的。（!）概述了我们对“一堆”之截止点的无知。一个相似理论可以针对其他含混语词来给出。一个结构良好的连锁序列使（!）的一个类比会是真的，因为它会比相关的误差区间前进得更慢，以至于若该语词被知道是适用于其中一个成员的，则它也适用于下一个成员。

（!）隐藏的是不精确性的来源。它展现的微小差异是谷粒的数量，但背后的解释诉诸“一堆”在使用上的微小差异。支持（!）的论证可以将后者转变为前者，因为沿着连锁序列，“一堆”的使用在整体模式上的一小步变化是适当的。我们可以构造人造例子，其中这样的变化是可察觉的，使（!）的一个类比可能失效。为了讨论方便，假设“几个”以下列方式被使用：任何大于 3 个事物的多数明显是几个事物，而任何小于 3 个事物的多数明显不是几个事物。3 个事物是唯一的边缘例子。对“几个”的使用的整体模式来说，一小步变化使 4 个事物的多数变成唯一的边缘例子，也可能是可察觉的。我们不可能保持（!）对“几个”与“不是几 234
个”的类比，因为那会涉及坚持下列两件事：若我们知道 4 个事物算是几个，则 3 个事物算是几个，而且若我们知道 2 个事物不算是几个，则 3 个事物不算是几个。因为我们确实知道 4 个事物算是几个，而且知道 2 个事物不算是几个，所以 3 个事物必须既算是几个，又不算是几个。若没有人曾把 3 个事物算是“几个”，或算是“不是几个”，则我们可能最后能知道 3 算不算是几个，通过 7.7 节提到的那种论证。无论如何，若这个例子中“几个”的用法是杂乱无章的，就像自然语言中含混语词的特征一样，则我们就不可能知道。相反的是，个体有时会把 3 归类为“几个”或“不是几个”，而且可能也会使用同样的语词，即使这样使用的频率会稍微不同。一个误差区间原则仍主宰这样的使用：若“3 是几个”表达知识，则它仍会在那些反事实情境中表达一个真理。但是，即使“3 是几个”确实表达一个真理，它也会在某些反事实情境中无法表达一个真理。

根据误差区间原则，我们不会知道 3 是不是几个。因此，我们的无知仍可以通过诉诸一个误差区间原则而被说明，而该原则是以最紧密反映不精确性的概念来源的形式来呈现的。

在不诉诸含混性认知主义观点的情况下，我们可以论证，若含混语词有精确边界，则我们不应该能够找到这些边界。一旦我们已经看到这一点，我们就很难把自己无法找到边界视为边界不存在的证据。但是，若我们还没看到这一点，则我们就可能自然地假设，若边界存在，则我们应该能够找到它们，所以会将我们无法找到边界视为边界不存在的证据。因此，误差区间原则既解释了认知主义观点假设下的无知，也解释了跟认知主义观点冲突的明显直觉。误差区间原则不会让我们接受认知主义观点，但会削弱一些常见的反对认知主义观点的理由。

## 8.5 含混概念的认知

8.3 节论证了含混性是不精确性的一个来源，因为一个含混语词的个
235 别使用对随附了意义上的微小差异的整体模式上的微小差异不敏感。该论证似乎诉诸意义上不可辨识的差异。有别于 7.6 节的说法，我们会倾向于做出下列结论：含混语言的说话者不知道他们的言谈究竟意指什么。本节的论证是，上述倾向做出的结论是无法被推导出来的。

根据认知主义观点，“$n$ 颗谷粒构成一堆”这样的一个含混语句的一个言谈可能在一个边缘例子中表达了一个必然真理。一个做出这样一个断言的说话者不会是在表达 $n$ 颗谷粒构成一堆的知识，因为他可以轻易地使用这些语词，即使这些语词的全部用法稍微不同，以至于这些语词表达了一个必然假理。他的言谈 $u$ 不会展示“倾向是正确的”这个倾向。如同事物实际上的样子，$u$ 说了 $P$。在反事实情境中，$u$ 说了 $P^*$。该说话者不会察觉到上述不同。他似乎不会在实际情境中知道 $u$ 没有说 $P^*$。

认知主义者可能会承认，说话者不知道 $u$ 没有说 $P^*$。问题是，这是否代表他们不知道 $u$ 说了什么，换句话说，这是否代表他们不知道 $u$ 说了 $P$。反过来说，若他们知道 $u$ 说了 $P$，难道这不代表他们知道 $u$ 没有说 $P^*$ 吗？难道这不代表他们可以知道 $u$ 没有说 $P^*$ 吗？

若 $u$ 说了 $P$，则它没有说 $P^*$。现在，若该语言的说话者知道那个条件句，而且知道 $u$ 说了 $P$，则他们可以结合那些知识，并且推导出 $u$ 没有说 $P^*$。不过，即使该条件句是真的，这也不代表语言的说话者知道它是真的。若他们不能从 $u$ 反事实说了什么来区辨它实际上说了什么，则他们不可能被期待是知道该条件句的。根据认知主义观点，或许说话者知道 $u$ 说了 $P$，但不可能知道 $u$ 没有说 $P^*$，所以不可能知道，若 $u$ 说了 $P$，则它没有说 $P^*$。

在假设“我们认知一个言谈意义的能力，不要求我们能够将它从所有其他可能的意义中区别出来”这一点上，认知主义并不孤单。根据几乎任何理论，一个含混言谈的意义依赖于某个像是连续统的东西。甚至模糊边界是在一个可能模糊边界的连续统上，其边界在位置与模糊性上是各不相同的。该语句可以表达一个意义稍有不同的命题，而且若以稍微不同的方式被使用，则会是如此，亦即表达一个意义稍有不同的命题。我们不 236
可能预期语言的说话者能够区辨所有这样的可能意义。几个不可区辨的语义差异可以加总成一个可区辨的语义差异。若我们被迫承认这个事实，则认知主义理论不会比其他竞争理论更糟糕。

我们可以通过做出下列结论来对不可区辨的语义差异做出反应：说话者只粗略地知道他们的言谈意指什么，他们不可能独一无二地区辨言谈的意义。若这种反应对任何人都是开放的，则它对认知主义者也是开放的。不过，值得研究一个较不具怀疑性的思路。

考虑我们辨识面孔的能力。我们通常通过看见一个人的面孔来确切地知道那个人是谁。尽管如此，很可能（事实上可能）有某个人跟我们认识的人在面孔上无法区辨，而我们会在见到这个人时将之误认成我们认识的人。但是仅仅面孔类似的可能性，不会削弱我们辨识朋友与关系的能力，虽然在身边实际出现面孔类似的可能性可能会削弱我们的那种能力。相似的是，为什么我们理解语言中言谈之意义的能力，应该被不可区辨地不同意义的可能性削弱？这不像是：这样的意义需要实际上出现在语言中。特别是，在说话者之间，使用上的微小差异不会产生不可区辨的不同意义，因为语言意义是被社群决定的。（参见 7.6 节）当然，就像存在真正面孔上的相似一样，不可区辨的意义演变可能真实地出现，而且当确实出现时，我们对意义的知识会毋庸置疑地被削弱。重点是，认知主义者不会比其他人更有理由假设，这样的演变实际上是普遍的。存在一种意义，根据这种意义我们通常精确地知道一个言谈究竟意指什么。

在可能的人所构成的一个连续统上，我们可以把实际上的人当作位于那个连续统上；但是，这不代表，为了辨识出一个人，我们必须指认出她在那个连续统上的位置。知道她是实际上的哪个人就够了。相似的是，我们可以把实际上的意义当作位于那个可能意义的连续统上；但是，这不代表，为了辨识出一个意义，我们必须指认出它在那个连续统上的位置。知
237 道它是实际上的哪种意义就够了。为了做到这一点，在适当的实践中使用该语词就足够了，如同 7.6 节的讨论。

刚才概述的观点，跟相关的误差区间原则是相当一致的。若“一堆”意指某个稍微不同的东西，则说话者会辨识出那种稍微不同的意义。他们不会把它误解为当前的意义。无论他们倾向于同意与反对的确切细节是什么，他们都会是实际使用“一堆”的参与者。甚至一个含混意义的指认可以展现“正确倾向”这个倾向。

一个表达式的含混性在于它与其他可能表达式之间的语义差异，而那些表达式是理解它们的人无法区辨的。相似的是，一个概念的含混性在于它与其他可能概念之间的差异，而那些概念是掌握它们的人无法区辨的。不可区辨的差异越大，含混性就越大。尽管如此，含混表达式也是可被理解的，而含混概念也是可被掌握的，因为不可区辨的差异不需要实际出现。

## 8.6 不可区辨的差异

含混性来自我们概念区辨能力的局限。它通常伴随着具有这种局限性的逻辑的表达式：不可区辨性的非传递性。例如，若一个东西 $x$ 跟一个东西 $y$ 在颜色上不可区辨，且 $y$ 跟一个东西 $z$ 在颜色上不可区辨，则这不代表 $x$ 跟 $z$ 在颜色上不可区辨。可以在颜色上区辨 $x$ 与 $z$ 的人，可能把 $x$ 当作“红的”，而把 $z$ 当作“非红的”；$y$ 似乎注定是一个边缘例子。本节研究含混性与不可区辨性的非传递性之间的关系。更一般地说，本节研究不

精确性与后者之间的关系。因为，虽然不精确性具有知觉与概念的来源，但是它与我们在知识上所造成的限制有着一样的结构；它们都导致误差区间原则。因为该结构在不精确性是来自知觉时较易被辨识出来，所以我们会使用这样的例子。[14]

我们有时认为，不可区辨性的非传递性只描述了通过直接比较而来的区辨性。根据这个观点，不可区辨性的一个传递形式会被复原，一旦间接 238
比较是被允许的。举例来说，我们可以在颜色上间接地区辨 $x$ 与 $y$，我们注意到，我们可以直接地在颜色上区辨 $x$ 与 $z$，但却不能在颜色上区辨 $y$ 与 $z$。称两个事物在某个面向是直接地不可区辨的，当且仅当，它们跟同样的事物在那个面向是直接地不可区辨的。根据定义，间接不可区辨性是一种传递关系。我们承认，可能很难知道两个事物是间接地不可区辨的，因为所有可以跟一个事物但不是跟另一个事物直接地不可区辨的东西都必定以某种方式被调查。在我们对语言的日常使用中，我们很少受到间接区辨性的困扰，所以陷入含混性。若我们开始倚靠这样的区辨性，则我们就可能无法再把判断奠基在因果观察上。我们的使用会丧失其便利的含混性。尽管如此，我们仍建议，若我们希望更精确，则间接区辨性作为一个标准，在原则上是可得的。[15]

诉诸间接区辨性，预设了它确实是区辨性的一种形式。区辨 $x$ 与 $y$，就是知道它们是不同的。[16]除非间接区辨性涉及这样的知识，否则它不可能被用作精确使用的一个标准，不可能被用作一个把 $x$ 与 $y$ 视为不同的理由。现在，即使我们已经找到一个 $z$（我们实际上可以直接区辨 $x$ 与 $z$，但不能区辨 $y$ 与 $z$），也只有 $z$ 是无法使我们知道 $x$ 与 $y$ 是不同的；我们必须知道我们可以直接地区辨 $x$ 与 $z$，而不是区辨 $y$ 与 $z$。这样的知识在不精确性的例子中可能不是随手可得的。该论点跟 KK 原则的失效有紧密的关系。若我们已经直接地区辨 $x$ 与 $z$，则我们知道它们是不同的；但是，若我们不能知道我们知道它们是不同的，则我们如何知道我们已经区辨了它们？相同的是，若我们可能无法直接地区辨 $y$ 与 $z$，但是不确定我们尚未做到，则我们如何可以知道我们不可能直接地区辨它们？

说明该论点的最佳方式是通过一个例子。在过去十几年里的大多数日子，我都会经过某棵树，经常随意看它一眼，从未尝试测量它。在过去

5 000 多个日子里的每一天，我对它高度的当下知识确实是不精确的。我
239 的视力、记忆，以及判断高度的能力都不是完美的。我确实知道这棵树现在（第 5 000 天）的高度比刚开始的时候（第 0 天）要高，所以：

（6）我知道，第 0 天的高度跟第 5 000 天的高度是不一样的。

我也知道，若这棵树在第 $i$ 天到第 $j$ 天期间少长了 1 毫米，则就我所知，它在这期间根本没有生长。为了侦测这个比例的生长规模，相比于我实际具有的视力、记忆力与判断高度的能力，我们需要有更好的视力、记忆力与判断高度的能力。对介于 0 与 5 000 之间的所有 $i$ 与 $j$ 来说：

（7）我知道，若第 $i$ 天的高度与第 $j$ 天的高度之间的差异少于 1 毫米，则我不知道第 $i$ 天的高度跟第 $j$ 天的高度是不一样的。

一个方便做法是，把（7）与相似的式子解读为只关于下列知识：如同在 8.2 节解释的，生长期间的数被数字所指称。像（3）一样，（7）说了我知道误差区间原则的一种逆反形式。根据一位优秀植物学家的证词，我也知道这棵树不可能在一天当中生长 1 毫米。对介于 0 与 5 000 之间的所有 $i$ 来说：

（8）我知道，第 $i$ 天的高度与第 $i+1$ 天的高度之间的差异会少于 1 毫米。

根据在这期间，对这棵树生长高度的一个粗略估算，我事实上可以估算每天的平均生长高度是少于 1 毫米的。

可以说我直接地区辨这棵树在第 $i$ 天与第 $j$ 天的生长高度，当且仅当，基于我那几天对于这棵树生长高度的记忆，第 $i$ 天的高度不同于第 $j$ 天的高度。直接地不可区辨这棵树在某期间的生长高度，当且仅当，我不可能直接地区辨在那期间的高度（给定我当下的情况）。这种关系明显不是传递的，因为根据（7）与（8），每一天跟它的下一天会有这样的关系，但是根据（6），第一天不会跟最后一天有这样的关系。

我能够使用间接比较来更细微地区辨吗？甚至使（7）为假？可以说第 $i$ 天跟第 $j$ 天间接地不可区辨，当且仅当，对每一天 $k$ 来说，第 $i$ 天与第 $k$ 天在这棵树生长高度方面是直接地不可区辨的，当且仅当，第 $j$ 天与

第 $k$ 天在这棵树生长高度方面是直接地不可区辨的。根据定义，间接地不可区辨性是一种等价关系：它是自反的、对称的以及传递的。每天的生长高度是间接地可区辨的，当且仅当，它们不是间接地不可区辨的。 240

因为第 0 天，而不是第 5 000 天，会跟第 5 000 天是直接地可区辨的，所以至少有一天跟第 0 天是间接地可区辨的。令第 $m$ 天是第一个这样的日子。因此，第 $m$-1 天会跟第 0 天是间接地不可区辨的。若第 $m$ 天跟第 $m$-1 天是间接地不可区辨的，则它会跟第 0 天是间接地不可区辨的（根据传递性关系）；因为它不是，所以第 $m$ 天跟第 $m$-1 天是间接地可区辨的。不幸的是，我不知道哪一天是第一个跟第 0 天间接地可区辨的日子；我不知道"$m$"指称哪一天。对任何一个特定日子，说这棵树在那天根本没有生长，但在其他日子持续生长，会跟我所知道的一切相当一致。特别是，即使通过推论，我也没办法知道这棵树在 $m$-1 天的高度会跟它在第 $m$ 天的高度是不一样的，当 $m$ 与 $m$-1 在我的知识中是通过数字来指称的，而不是通过用来定义"$m$"的摹状词来指称的［(6)～(8) 只涉及天数是如此指称的知识］。不过，在这棵树的高度上，那两个算是"间接地可区辨的"的日子。

间接区辨根本不是区辨的一种真正的认知形式。若第 $i$ 天与第 $j$ 天在这棵树的高度上是间接地可区辨的，则这不代表我能够通过推论而知道这棵树在第 $i$ 天的高度跟它在第 $j$ 天的高度是不一样的。问题是，我不知道我究竟能够做到哪个直接区辨。因此，间接区辨不会威胁到（7)。

(6)～(8) 仍是对我状态的一种可信描述，当"知道"这个语词既可被用来谈论推论知识，又可被用来谈论非推论知识。确实，我可能被认为已具有所有相关的知识。我已经推论出已知事物的所有相关的逻辑后承，因而知道它们；称这样的假设为"封闭性"。我对这棵树高度的无知不是来自对逻辑的无知。

我对我的直接区辨是无知的。我知道这棵树在第 $i$ 天的高度不会跟它在第 $j$ 天的高度一样，但是我却不知道我知道，或我不知道这棵树在第 $i$ 天的高度不会跟它在第 $j$ 天的高度一样，但是我却不知道我不知道。后者的情况或许更容易想象；现在可以证明的是，该例子涉及关于前者的例子。就像在其他不精确知识的例子中一样，KK 原则是失效的。该论证的 241

策略是证明 KK 原则蕴涵，对每个 $i$ 来说，若我知道这棵树在第 0 天的高度跟它在第 $i$ 天的高度是不一样的，则我知道它在第 0 天的高度跟它在第 $i-1$ 天的高度是不一样的。因此，若我知道它在第 0 天的高度跟它在第 5 000 天的高度是不一样的［就像我根据（6）会知道一样］，则我知道它在第 0 天的高度跟它在第 4 999 天的高度是不一样的，所以我知道它在第 0 天的高度跟它在 4 998 天的高度是不一样的，所以……通过该论证的 5 000 个步骤，我知道它在第 0 天的高度跟它在第 0 天的高度是不一样的。因此，KK 原则会被推导到荒谬的地步。

假设我知道这棵树在第 0 天的高度跟它在第 $i$ 天的高度是不一样的。一定会被推导出的是，我知道它在第 0 天的高度跟它在第 $i-1$ 天的高度是不一样的。根据 KK 原则，我知道我知道它在第 0 天的高度跟它在第 $i-1$ 天的高度是不一样的。通过（7）的一个个例，我知道，若它在第 0 天的高度跟它在第 $i$ 天的高度的差异小于 1 毫米，则我不知道它在第 0 天的高度跟它在第 $i$ 天的高度是不一样的。根据封闭性，我知道它在第 0 天的高度跟它在第 $i$ 天的高度的差异不小于 1 毫米。根据（8），我知道它在第 $i-1$ 天的高度跟它在第 $i$ 天的高度的差异小于 1 毫米。再次根据封闭性，我知道它在第 0 天的高度跟它在第 $i-1$ 天的高度是不一样的。证明结束。

一旦我们放弃 KK 原则，（6）～（8）加上封闭性就会形成一个一致的集合。这可以通过建构一个简单模型来证明。对由 1 到 5 000 的自然数所构成的集合的每一个子集 $X$ 来说，令 $w_X$ 为一个“可能世界”，其中，对每个 1 与 5 000 之间的数 $i$ 来说，这棵树从第 $i-1$ 天到第 $i$ 天生长了 0.5 毫米，若 $i$ 是 $X$ 的一个元素，否则在这期间就根本没有生长。这棵树在第 0 天的高度在每个世界中都是一样的。对所有世界 $w_X$ 与 $w_Y$ 来说，说 $w_Y$ 是从 $w_X$ 可通达的，当且仅当，对每一天来说，这棵树在 $w_X$ 中那一天的高度跟它在 $w_Y$ 中那一天的高度的差异小于 1 毫米。从 $w_X$ 可通达的世界被视为这样一种世界，即 $w_X$ 中的所有已知事物在其中为真的世界；若我在 $w_X$ 中，而且从 $w_X$ 可通达到 $w_Y$，则据我所知，我是在 $w_Y$ 中；$w_Y$ 是相对于 $w_X$ 的认知上的可能世界。我在 $w_X$ 中知道一个命题，当且仅当，该命题在 $w_X$ 可通达的每个世界中为真；这个假设保证了我会知道所有已知事物的逻辑
242 后承，所以会使封闭性是有效的。不难证明（7）与（8）会在该模型的

所有世界中为真，而且（6）会在任何世界中为真，在其中这棵树至少生长了两天。因此，（6）～（8）以及封闭性会在后一类型的世界中为真。

KK 原则在模型中的失效反映出可通达关系的非传递性。因为假设从 $w_Y$ 可通达到 $w_Z$，且从 $w_X$ 可通达到 $w_Y$，但从 $w_X$ 不可通达到 $w_Z$。令"$A$"是一个只在从 $w_X$ 可通达的世界中为真。因此，"我知道 $A$"会在 $w_X$ 中为真。无论如何，它在 $w_Y$ 中不会为真，因为"$A$"不会在 $w_Z$中为真，而 $w_Z$ 是从 $w_Y$ 可通达的。因为从 $w_X$ 可通达到 $w_Y$，所以"我知道我知道 $A$"在 $w_X$ 中不为真。KK 原则会在 $w_X$ 中失效。我们可以把上述模型中的可通达关系视为可能世界之间的不可区辨性关系。KK 原则失效，因为可能世界之间的不可区辨性是非传递的。

我们的例子先从树每天生长的高度，其生长期间的非传递不可区辨性出发，然后移到可能世界之间的一个相似性现象。这似乎总是可以做得到。无论 $x$、$y$ 与 $z$ 是什么，若 $x$ 跟 $y$ 是不可区辨的，且 $y$ 跟 $z$ 是不可区辨的，但 $x$ 跟 $z$ 是可区辨的，则我们可以构造出一堆微小世界 $w_X$、$w_Y$ 与 $w_Z$，三个世界中的主体分别被呈现 $x$、$y$ 与 $z$，而其他每件事都是相当相似的。事物的不可区辨性就等于相应可能世界之间的不可区辨性，所以就等于可能世界之间的可通达关系。因此，后者也是一种非传递关系。"这不是 $z$"这个命题会在 $w_X$ 可通达的每个世界中为真，但却不会在 $w_Z$中为真。就像之前一样，"我知道这不是 $z$"会在 $w_X$ 中为真，但"我知道我知道这不是 $z$"会为假。因此，KK 原则会在 $w_X$ 中失效。

这里有点错综复杂。区辨是意向性的，因为它是知识的一种。即使是上述涉及区辨这棵树每天生长高度的例子，亦即区辨每天这棵树呈现给我的高度。在该语词的一种意义下，区辨性可以依赖于事物呈现的方式。举例来说，假设早晨我去数鸟笼中鸟的数量，并且发现有 6 只；在中午，我看了一眼鸟笼，但没有注意到里面有几只鸟；在傍晚，我又数了一次鸟的数量，并发现有 1 只不见了。我不知道它是在中午之前还是在中午之后逃出去的。在这种晦涩的意义下，我可以回顾地区辨出第一次数的数量与第 243
二次数的数量是不同的，但不可能区辨出第一次数的数量与中午的数量是不同的，或区辨出中午的数量与第二次数的数量是不同的。只有两个数目呈现给我，亦即 5 与 6。一个数只呈现一次，通过数鸟的数量，而另一个数呈现两次，一次是通过数鸟的数量，而一次是通过匆匆一瞥。我可以区辨前者不同于后者，通过数鸟的数量呈现，但是不会通过匆匆一瞥来呈现。在这个例子中，不可区辨性的非传递性在晦涩的意义下不会导致 KK 原则失效。只有两种可能性是相关的：中午有 5 只鸟，或中午有 6 只鸟；我不知道是哪种情况。为了模拟该情境，我们只需两个可能世界，彼此是不可区辨的；这种可通达关系是传递的。

该例子以一种更极端的方式揭露了：间接可区辨性在晦涩的意义下不是可区辨性的一种真实形式。我可以区辨第一次数的鸟的数量不同于第二次数的鸟的数量。这明显不意味着，第一次数的数量跟中午的数量是有区别的，假使我知道第一次数的数量跟中午的数量是不同的。因为，若第一次数的数量就是中午的数量，而且我知道第一次数的数量跟第二次数的数量是不同的，则这不代表我知道中午的数量跟第二次数的数量是不同的。即使“第一次数的数量”与“中午的数量”这些摹状词事实上指称相同的数，在“我知道……”这样晦涩的语境中两者的替换还是可能导致整个语句在真假值上的改变。间接不可区辨性在晦涩的意义下不蕴涵两者不同。

在用来证明（6）～（8）与封闭性的一致性模型中，可能世界之间的可通达关系只依赖于在那些世界中这棵树的生长高度。不过，即使在那里，在晦涩的意义下，间接不可区辨性也不蕴涵两者不同。令 $w_X$ 是一个这棵树从第 0 天到第 1 天完全没生长，而在之后的每一天都生长 0.5 毫米的世界。因此，在 $w_X$ 中，第 0 天的高度跟第 1 天的高度是一样的。此外，我知道它在第 0 天的高度跟它在第 3 天的高度是不一样的，因为自从这棵树在第 3 天生长了 1 毫米之后，在从 $w_X$ 可通达的世界中，没有一个世界，
244 在其中这棵树在第 0 天的高度跟它在第 3 天的高度是一样的，因为在每一个这样的世界中，它在这期间至少已经生长 0.5 毫米。无论如何，在 $w_X$ 中，我不知道它在第 1 天的高度跟它在第 3 天的高度是不一样的。因为从 $w_X$ 来看，$w_Y$ 是可通达的，其中这棵树从第 0 天到第 1 天生长了 0.5 毫米，但在第 1 天到第 3 天完全没有生长，而从那之后每天生长 0.5 毫米；这棵树在 $w_X$ 中每天的高度跟它在 $w_Y$ 中每天的高度的差异最多只有 0.5 毫米。在 $w_X$ 中，第 0 天的高度与第 1 天的高度在晦涩的意义下是间接地可区辨

的，但是它们并没有不同。这样的情况会加倍复杂，若该模型将我在每一天对这棵树的关注程度的差异也考虑进去，以及将独立于这棵树高度的其他因素也考虑进去。

本节讨论的类似现象会出现在含混性的知识论中，虽然它们可能更难以被察觉。KK 原则的失效会被展现为高阶含混性。“间接可区辨性不会是可区辨性的一种真实形式”会是尝试使自然语言更精确的另一个障碍。

## 8.7　不精确的信念

对于含混语词的截止点，知识不是我们唯一一个不可能具有的认知关系。我们不可能知道 $n$ 颗谷粒构成一堆，而 $n-1$ 颗谷粒不构成一堆；我们也不可能合理地相信它。认知主义理论有更多需要说明的地方，不只是说我们没有知识。

目前的讨论是关于知识的。在我们用“可以合理相信”来取代“已知的”时候，它的某些主张也一样可信。事实上，8.2 节的讨论不需要我相信的事物超过我知道的事物。举例来说，把（3）中的“知道”改为“可以合理相信”，我们会得到可信的主张，亦即下列是可以合理相信的：若体育场中刚好有 $n$ 个人，则相信体育场中不是刚好有 $n-1$ 个人是不合理的。不过，误差区间原则似乎是针对知识的。若我们在一个情境 $s$ 中，Φ一个命题[1]，则我们留有一个误差区间，仅当这个命题会在所有与 $s$ 足够相似的情境中为真。因为 $s$ 是与自己足够相似的，所以这个命题一定会在 $s$ 中为真。因此，若Φ要求一个误差区间，则我们只会Φ真命题。知识 245
是这样的一种命题态度，“可合理相信”却不是。持有误导人证据的一个人，可能会合理地相信假命题。因为“可合理相信”不满足一个误差区间原则，认知主义者如何说明在边缘例子中不可能获得“可合理相信”？

相似的问题会出现在许多其他的认知态度上，尽管不是全部。一个不理性的人可能无疑地**相信** $n$ 颗谷粒构成一堆，而 $n-1$ 颗谷粒不构成一堆。相似的问题只会针对那些以证据为稳固基础的态度。认知主义者可以通过

---

① 其中的“Φ”是一个命题态度；譬如，“合理相信”。——译者注

一个额外的假设将不精确知识的说明运用到这样的态度：我们的证据就是我们知道的事物。若我们知道草地是湿的，则该命题可以作为支持我们其他信念的证据的一部分。若我们错误地相信该命题，则该命题不可能作为支持我们其他信念的证据的一部分；只有支持假信念的证据可以是支持那些其他信念的证据的一部分。在这个意义下，该假设假定了一个证据的**外在论**概念。一个作为证据的命题，其地位不单独依赖它在主体脑中的内在运行位置。因为只有真命题是已知的，所以只有真命题是证据。即使如此，对一个假命题来说，仍可能有好证据来支持：例如，在一个无辜的人被陷害时。将我们的证据被限制于已知的事物，正好会使下列论点是可信的：若$\Phi$必定以证据为稳固的基础，则我们不可能$\Phi n$颗谷粒构成一堆，而$n-1$颗谷粒不构成一堆。

一个信念可以说是合理的，当且仅当，给定主体的证据，它的条件概率是高的。根据目前的观点，这就是说，该信念是合理的，当且仅当，给定主体知道的事物的条件概率是高的。现在为了说明简单起见，假设该主体只知道留有误差区间$\delta$的命题。在一个情境$s$中，这相当于知道他的情境是在$s$的$\delta$中，并且除此之外，不知道其他事。因此，给定一个人知道的事物，一个信念的条件概率可以被视为该信念在$s$的$\delta$中为真的比例。根据这样简单化的假设，一个信念在一个情境$s$中是合理的，当且仅当，它在大多数$s$的$\delta$中的世界中为真。[17]

我们现在可以简明地解释为什么对每个数$n$，相信$n$颗谷粒构成一堆，而$n-1$颗谷粒不构成一堆不会是合理的。实际上，我们可以解释一个更强的原则：

246 （!!）若相信$n$颗谷粒构成一堆是合理的，则相信$n-1$颗谷粒不构成一堆是不合理的。

**尽管不太可能**，但某个确实合理相信$n$颗谷粒构成一堆，而$n-1$颗谷粒不构成一堆的人也会违反（!!），因为他会合理地相信$n$颗谷粒构成一堆，而且合理地相信$n-1$颗谷粒不构成一堆；可以合理地相信一个合取句，仅当可以合理地相信它的每个合取项。因此，若我们可以说明（!!），则我们也可以说明为什么相信$n$颗谷粒构成一堆，而$n-1$颗谷粒不构成一堆不是合理的。

在目前的例子中，相关的认知上的可能情境是“一堆”的那些截止点会改变的情境；没有更好的区分是相关的。令 $s_k$ 是一个情境，在其中 $k$ 是构成一堆的最小谷粒数量。因此，$n$ 颗谷粒在 $s_k$ 中构成一堆，当且仅当，$n$ 至少是 $k$。假设 $s_k$ 的适当误差区间是 $s_{k-2}$、$s_{k-1}$、$s_k$、$s_{k+1}$ 与 $s_{k+2}$ 等情境。另外假设 4/5 算是“大多数”，但是 3/5 不算是“大多数”。因此，在 $s_k$ 中相信一个命题是合理的，当且仅当，它至少在下列 4 个情境中为真：$s_{k-2}$、$s_{k-1}$、$s_k$、$s_{k+1}$ 与 $s_{k+2}$。现在，“$n$ 颗谷粒构成一堆”这个命题至少在 4 个情境中为真，当且仅当，$n$ 至少是 $k+1$；“$n-1$ 颗谷粒不构成一堆”这个命题至少在 4 个情境中为真，当且仅当，$n$ 最多是 $k-1$。因为没有一个数会既至少是 $k+1$，又最多是 $k-1$，所以“$n$ 颗谷粒构成一堆”这个命题会在大多数情境中为真，仅当“$n-1$ 颗谷粒不构成一堆”这个命题会在大多数情境中为真。因此，相信前一个命题是合理的，仅当相信后一个命题是不合理的。这解释了（!!）。虽然该解释使用了极为简化的假设，但更复杂的版本仍可以被发展出来，以应付更复杂的假设。背后的想法是一样的。

（!!）的可信性依赖于下列假设：一个合理信念必定在给定证据下有高概率。若只高于 50%的概率就够了，则从 $n-1$ 到 $n$ 的一小步就可能足以打破平衡，并且使（!!）为假。“$n-1$ 颗谷粒不构成一堆”这个命题与“$n$ 颗谷粒构成一堆”这个命题可能在概率上只有微小的差距（都高于 50%）。因此，对于合理性，先前的说明需要的不只是在大多数相关情境 247
中为真。

根据刚才概述的途径，“可合理地相信……”（it is reasonable to believe that ...）这个算子的逻辑就像“……是非常可能的”（it is highly probable that ...）这个算子的逻辑。虽然“可合理地相信 $A$”不蕴涵“$A$”，但它确实蕴涵“相信非 $A$ 是不合理的”。若“$A$”蕴涵“$B$”，则“可合理地相信 $A$”会蕴涵“可合理地相信 $B$”。不过，若“$A_1$”，“$A_2$”，…，“$A_i$”这几个前提合起来蕴涵“$B$”，则这不代表“可合理地相信 $A_1$”，“可合理地相信 $A_2$”……“可合理地相信 $A_i$”合起来蕴涵“可合理地相信 $B$”，因为几个命题的逻辑后承可能比每个个别前提的概率还低。特别是，若 $A_1$ 与 $A_2$

是独立命题，则“可合理地相信 $A_1$”与“可合理地相信 $A_2$”不会合起来蕴涵“可合理地相信 $A_1$ 与 $A_2$”。

KK 原则的一个类比，即用“可合理地相信”取代“知道”的版本，也会失效。再次考虑用来解释（!!）的模型。若“$A$”只在 $s_{k-2}$、$s_{k-1}$、$s_{k+1}$ 与 $s_{k+2}$ 中为真，则“可合理地相信 $A$”只会在 $s_k$ 中为真，而且“可合理地相信‘可合理地相信 $A$’”根本不会在任何情境中为真。因此，从“可合理地相信 $A$”到“可合理地相信‘可合理地相信 $A$’”的推论会在 $s_k$ 中有一个真前提与一个假结论。用概率的语词来说：“$A$ 有高概率”不蕴涵“‘$A$ 有高概率’会有高概率”。反过来的推论形式也会被证明是无效的。理由是：条件概率所依赖的证据是已知的事物，但证据却可能未被知道是已知的。因此，一个非 0 的概率值可以被指派给一个可能情境，其中该命题构成实际情境的证据，但却不算是证据，尽管它们仍是真的。[18]

上述评论只不过是一个概述。尽管如此，上述评论还是显示出含混性的认知主义观点可以被推广到各种认知态度。不精确的不只是我们的知识。对含混语词来说，不精确性有着一个概念的来源；我们甚至不可能形成关于截止点位置的合理信念，使我们陷入这样的截止点不存在这个幻象中。

# 第九章　世界中的含混性

## 9.1　随附与含混事实

语词是事物；因为不可否认地存在含混语词，所以不可否认地存在含 248
混事物。不过，含混性通常被说成语词的一种特征，并以此来描述语词，而不是事物本身。预期的想法是罗素的：事物是含混的，仅在于它们的表征能力。此外，通常说事实本身不是含混的，只有我们对事实的表征会是含混的。根据目前已发展的对含混性的理解，本章研究上述主张的意义及其真假。

7.4 节假设了被含混描述的事实随附在可被精确描述的事实上。例如，若两个可能情境都同样地用物理测量的话而被精确描述，则这两个可能情境同样会被像是“瘦的”的语词所含混地描述。因此，我们可以得出结论：事实本身不是含混的，因为所有含混事实随附在可精确描述的事实上。

该论证的有效性以及其前提的真假都是可质疑的。根据 6.2 节，我们对物理测量的描述甚至不可能是完全精确的。那些描述会比使用像“瘦的”等语词还要更精确，但是增加精确性的过程从未达到极限。我们没有资格假设一个由可被精确描述的事实所构成的世界，而含混事实随附在可被精确描述的事实上。此外，即使我们确实假设这样的一个世界，在没有提供进一步的论证来支持所有的事实可以被精确描述下，我们也没有资格做出这样的结论。因为，说所有事实随附在可被精确描述的事实上，并
不是说仅存在可被精确描述的事实。随附关系的定义不要求随附的基础在 249
逻辑上或形而上学上优先于随附于其上的事物。或许被含混描述的事实不

可能被精确描述，但仍随附在可被精确描述的事实上。

这些评论暗示了，事物本身具有含混性的想法已经让某些人怀有好感，但让其他人产生反感。该想法是有吸引力的，因为它承诺在我们日常的含混语词与使用含混语词描述的事实之间存在一种相当直接的关系，例如，在“血是红的”这个言谈与“血具有红色性质”这个事实之间。该想法让人厌恶，因为它承诺禁止以精确科学语词来对全部事实做出一个完整描述。对立的形而上学偏好构成了因应而生的争议基础。

这些议题明显是晦涩的。9.2 节概述了议题的一些分支，这些议题在以下这种传统中发展：这种传统受限于“含混性是一种不确定性”这个假设。因此，“实在界本身可能是含混的吗?”这个问题会被同化为“实在界本身是不可决定的吗?”这个问题。无论如何，先前的章节已经将该假设视为不支持一种关于含混性的可信理论。9.3 节回到含混性的认知主义观点，并且使用认知主义观点来发展一种适中的认知意义，在其中事物本身可能是含混的。

## 9.2 世界中的确定性

可以用不同的方式使“只有表征可能是含混的”这个主张具体化。

(a) 就逻辑学或形而上学而言，事实可以被认为是完全精确的，使含混性只会是事实表征的一个特征。

(b) 基于含混性就是表征的一种模式，将含混性概念运用于表征以外的东西可能被视为一种范畴错误。

就上述立场来看，(a) 与 (b) 是不相容的立场。若将含混性概念运用于表征以外的事物是一种范畴错误，则将相对立的精确概念运用于那个事物上一定也是一种范畴错误；但是，“事实”被认为是表征以外的东西。因
250 此，若 (b) 是真的，则 (a) 犯了一种范畴错误。我们都同意事实不是表征，所以 (a) 使“事实是精确的”必然为真，而且使“事实是含混的”必然为假；(b) 使上述两个陈述是同样无意义的。(a) 与 (b) 的共同点是，若不存在表征，则不会存在含混性；两者的不同点在于是否仍

有精确性存在。

“只有表征可能是含混的”这个主张可以跟“只有表征可能是假的”这个主张相比较。也可以用不同的方式来使后者具体化，类似于（a）与（b）。根据一个观点，“所有事实都是真事实”是逻辑上或形而上学上必然的；根据另一个观点，说事实为真不会比说事实为假还要有道理。这两个观点都同意，若不存在表征，则不会有假理；两者之间的争论点在于是否仍有真理存在。

（a）与（b）中表达的态度可能通过重新解释而相互协调吗？若我们从一个窄的精确概念开始，亦即只适用于表征的概念，像是（b），则我们可以使用它来定义一个更宽松的概念，亦即也可适用于非表征的概念。我们可以在宽松意义下精确定义某物，当且仅当，所有对它的（含混或精确）描述随附在窄的意义下对它的精确描述上。因此，某物在宽松意义下是含混的，当且仅当，它在宽松意义下不是精确的。或许，基于逻辑上或形而上学上的必然性，有人可能会主张，所有非表征的事物在宽松意义下都是精确的。确实，基于一个含混表征可以被精确地描述，所有表征以及所有非表征的事物都可能被认为是在宽松意义下精确的。根据推广后的论点，任何可以被描述的东西在原则上都可以被完全精确地描述。

迈克·达米特曾经表达了一个类似于（b）的观点：“‘事物可能实际上是含混的’这个概念也会被含混地描述，而该概念不会是可适当理解的。”[1]无论如何，他接着撤回了上述说法，因为缺乏可见的支持途径，并且暗示推广后的论点可能只是表达了一个根深蒂固的偏见。[2]当然，宽松的含混性概念定义，基于（b），不会承认上述推广后的论点；它只是让该论点得以陈述。

9.1 节怀疑我们能够掌握使用上述定义下的宽松含混性概念所涉及的形而上学议题。假设没有表征可以被精确地描述。我们仍可以用比较不含混的表征来取代含混表征。考虑一个人，他是高的，因为他身高 6 英尺 1 英寸（约 1.85 米）。问一个比较含混的表征（亦即“他是高的”）是否只会因为一个使得比较不含混的表征（亦即“他身高 6 英尺 1 英寸”）为真的事实而为真，或者问是否上述两个表征是因为不同的事实而为真，似乎不是完全没有意义的。即使表征可以完全精确，或至少精确到所要求的程 251

度，我们仍可以问同样的问题。或许事实的概念是可疑的，但是同样的问题可以转向事物、性质与关系。我们可以问，是否较含混的表征表征了（尽管含混）那个事物、性质与关系，而该事物、性质与关系也被较不含混的表征所表征，或者问上述两个表征是否表征了不同的事物、性质与关系。真正的问题是，是否存在一个重要的意义，在该意义下，含混表征所表征的东西本身就是含混的；这个问题不会被是否可能或不可能有更精确的表征所回答。

该问题至少有一种传统形式。假设世界包含性质与关系，而性质与关系独立于我们通过概念对它们的表征，就像具有那些性质与关系的事物一样独立于我们对事物的表征。称这样的性质与关系为“共相”，并且称“具有这样的一种性质或关系”为“分享”那个共相。分享一个共相必须采取二分法的形式吗？或者可能有程度可言？在论证只有表征可能是含混的时候，罗素为前一个问题提供了一个正面答案：“没有东西或多或少是其所是，或者在某种程度上具有其具有的性质。”[3]这个说法或许直接反对了新黑格尔学派思想家的观点，对他们来说，真理与实在界本质上是有程度可言的，虽然那些思想家没有特别关注含混性。他们关注的是，我们所有描述的不完备性，而他们（无疑错误地）认为这种不完备性蕴涵了描述不可能是完全真的。[4]从一个相当不同的出发点开始，阿瑟·柏克斯
252 （Arthur Burks）在1946年论证，“一个经验论者不可能一致地主张，所有真实世界中的共相是精确的共相”[5]。他把这个视为反对“所有真实世界中的共相是精确的”这个观点的论点，而不是反对经验论的论点。柏克斯明确地提出，我们的含混概念表征含混共相的可能性，而其中“分享”是有程度可言的。

有人可能会想用“$x$ 具有性质 $P$ 到 $d$ 的程度”这个说法来取代“$x$ 具有性质 $P$”这个说法。不过，若前者表达的事情也有程度可言，则我们不会有太大的进展。若没有（程度可言），则这样的世界中的含混性是轻微的那种：世界中不会有相应的高阶含混性。有人会很想把初阶含混性归因为只是我们日常谈话形式的不明确性。相较之下，若“持有一种给定性质是有程度可言的”本身也是有程度可言的，而且是无止境的，则含混性似乎会到达更深的地方。

在4.11节与5.5节，含混性被证明跟程度没有通常认为的那种密切关系。不过，我们可以问相关的问题。“一个给定事物是否具有一种给定的性质”可能是不确定的吗？若是不确定的，则“‘一个给定事物是否具有一种给定的性质’不是确定的”是不是不确定的？

分享一个特别重要的共相，被认为是凭借含混性而不确定的：等同关系。[6]例如，德里克·帕菲特（Derek Parfit）认为下列事情是没有争议的：一组国家，或一组机器，可能既不是确定地等同，也不是确定地不同。存在一个国家 $x$；各式各样的历史变化发生，最后出现了一个国家 $y$。对国家来说，我们的等同性判准可能不会决定 $x$ 是否等同于 $y$。根据帕菲特的看法，“$x$ 是 $y$ 吗？”这个关于等同的问题在这样的例子中不会有正确答案。相似的是，对于一个人，我们的等同性判准可能不会决定我是否应该等同于那个有着我的脑袋但有着其他人的四肢的人。帕菲特论证“那个人是我吗？”这个等同问题在这样的例子中也不会有正确答案，即使我们认为该问题在我们身上会导致更多的烦恼，相较于在国家或机器上所引发的。若我非常关注那个人是不是我，则这不代表“那个人是我”是确定的。[7]同样的是，索尔·克里普克写过一些例子，其中“等同关系是含混的”：例如，当一张桌子的某些部分被置换了。[8]根据这样的观点，我们可以挑出一个特定事物 $x$，以及一个特定事物 $y$，不过，“$x$ 是不是 $y$” 253
可能就是含混的。

在加雷斯·埃文斯（Gareth Evans）发表于1978年的文章《可能存在含混事物吗?》（“Can There Be Vague Objects?”）中，他的简短注释质疑了这样思考的融贯性。之后没多久，内森·萨蒙（Nathan Salmon）独立地提出了一个相似的论证。[9]虽然不同的版本在细节上有差异，但中心思想是简单的。假设 $x=y$ 是不确定的。因此，$x=y$ 不是确定的。① 但是，$x=x$ 是确定的。所以，$x$ 具有一种 $y$ 缺少的性质：具有该性质会使“它 $=x$”是确定的。现在，等同关系是受到莱布尼茨律规范的：若 $x=y$，则每个 $x$ 具有的性质都会是 $y$ 的一种性质。因此，$x=y$ 是假的。这似乎削弱了原初假设，亦即 $x=y$ 是不确定的。通过假设“$x$ 是不是 $y$?”这个问题不会有

① 请注意否定词“不”的位置。——译者注

正确答案，我们开始推论，但这个假设似乎得到一个答案：“不是”。$x=y$ 如何可能是不确定的？

埃文斯-萨蒙的论证已经引发了大量的讨论。埃文斯在其注释开端提到了“世界可能本身是含混的”这个观点。他没有主张该观点的一个结果是：等同的事是特别含混的；有人可能会主张世界在某些层面是含混的，但却不在等同层面是含混的。无论如何，埃文斯对标题的选择确实暗示了“$x$ 是一个含混事物，当且仅当，存在一个东西 $y$，使 $x=y$ 是不确定的”这个主张。此外，那些认为世界是含混的人可能如此做，因为他们认为有些等同关系是含混的。因此，对世界可不可能是含混的讨论，已经成为埃文斯-萨蒙论证的核心。“对某些事物 $x$ 与 $y$，$x=y$ 是不确定的”这个具体命题相较于“世界是含混的”这个普遍命题，是容易处理的，而且该论证的形式结构是一定要处理的。

一个论点很快就会变清楚。该论证没有证明，而且无意证明，等同陈述句不可能在真假值上是不确定的。因为它对于两个专名是否指涉同一个事物，没有排除不确定性的可能性。按理说，若有任何陈述句在真假值上是不确定的，则这样的一个情境可以被建立起来。因为若 $A$ 是不确定的，则我们可以约定“巴丹”这个专名指涉伦敦，除非 $A$ 成立，在其中“巴
254 丹”指涉巴黎。不过，“巴黎=巴丹”这个等同陈述句会在真假值上是不确定的，因为它等同于“$A$”。若有人尝试使用埃文斯-萨蒙论证来反对这个主张，会发生什么？假定如此，则巴黎=巴丹不是确定的，而且巴黎=巴黎是确定的。下一步是推论出巴黎具有一种巴丹缺少的性质：“是一个事物 $z$”这种性质，使巴黎=$z$ 是确定的。这是从“巴黎=巴丹不是确定的”推论出“巴丹不是一个事物 $z$，使巴黎=$z$ 是确定的”。不过，这个推论会因为“巴丹”指涉对象的不确定性而无效。因为若巴黎=巴丹，则巴丹是一个事物 $z$，使巴黎=$z$ 是确定的。[10] 因此，若“巴黎=巴丹”在真假值上是不确定的，则“巴丹是一个事物 $z$，使巴黎=$z$ 是确定的”不是假的。所以，“巴黎=巴丹不是确定的”可能是真的，当“巴丹不是一个事物 $z$，使巴黎=$z$ 是确定的”在真假值上是不确定的。无论如何，埃文斯没有说任何话来阻止这样的一个批评。相反的是，该论证应该仅仅在“‘=’两边的单称词在指涉上是确定的”这个假设下被提出。含混事物

的大多数辩护者会同意这个假设；他们确实认为，被指涉事物的含混性有时比较好地解释了一个等同陈述句在真假值上的不确定性，相较于单称词在指涉上的不确定性。

含混事物的辩护者可能无可奈何地认为我们不可能确定地挑出它们，所以不可能为它们命名。因此，最好是通过变元，而不是专名来构造该论证。如上所述，萨蒙做了这件事。对任何一组事物，无论含混还是精确，无论不可指明还是可指明，都存在一个指派，使第一个被指派变元“$x$”，第二个被指派变元“$y$”，而这正是该论证所需要的。

埃文斯与萨蒙旨在用他们的论证明确地反对不确定的等同，而不确定的等同被视为含混等同。不过，他们都没有详细说明处理不确定性的整体框架。一种超赋值论的处理方式跟其他处理方式一样适合该论证。[11]批评他们的人倾向于使用类似三值逻辑的方式来处理，使用“真的”、“假的”与“不确定的”作为逻辑的三个值。例如，假设：“$A$ 是确定的”是真的，若“$A$”是真的；“$A$ 是确定的”是假的，若“$A$”是不确定的或假的。于是，若“$x=y$”是不确定的，则“$x=y$ 是确定的”会是假的，而 255
且“$x=x$ 是确定的”会是真的。因此，“$x=y$”加上一个真前提，根据莱布尼茨律，会导致一个假结论。根据经典逻辑的假设，这代表“$x=y$”是假的，但在某些非经典逻辑中却不是如此。结合真前提，通过真值保留推理而导致一个假结论的命题，在三值逻辑中不需要是假的；它可能只是不确定的。另外，在不确定性面前，可能会加诸多少有点**特设的**限制在莱布尼茨律上。无疑的是，各式各样的非经典逻辑系统可以被调整，使埃文斯-萨蒙论证是形式上不正确的。同样的事也适用于任何其他论证，无论是有效的还是无效的。真正重要的是，任何这样的系统能否给我们提供一个正确的判断标准，在意欲的解释下评价论证。在此，该批评已经被发现是不足的。若他们提供了一个整体的语义框架，则它会是一个多值逻辑的框架；但是，如同在 4.11～4.14 节检视过的，存在显著且有力的理由来拒绝任何这样的框架。那些理由是独立于等同性的议题，反对者没有做任何事来反驳它们。在现在的例子中，关于不确定是什么，他们也没有说任何足以消除下列疑虑的话：“$x=y$ 是不确定的”只是以另一种方式说它是假的。

若埃文斯-萨蒙论证是正确的，则这不代表世界本身完全不是含混的。等同关系是许多关系中的一种。埃文斯写道："世界可能包含某些事物，而那些事物*事实上*有模糊边界。"不过，模糊边界不会以任何明显的方式要求含混等同。事物之间是等同的，仅当它们的边界有一模一样的模糊性。若欧洲具有模糊边界，则有些点既不是确定地在欧洲，又不是确定地不在欧洲。我们可能画出一条精确的封闭曲线，包含所有确定地在欧洲的点、排除所有确定地不在欧洲的点，并且将之视为一个精确事物——欧洲＊——的边界。这不代表"欧洲＝欧洲＊"是一个含混等同的例子。我们可以主张：$x=y$，仅当每个确定地在 $x$ 的点都确定地在 $y$，而且每个确定地不在 $x$ 的点也确定不在 $y$。考虑一个既不是确定地在欧洲，也不是确定地不在欧洲的点。因为欧洲＊的边界不是模糊的，所以那个点确定
256 地在或者不在欧洲＊。因此，欧洲就是欧洲＊的必要条件不成立，而且它的不成立可能是确定地如此；"欧洲＝欧洲＊"就是假的。根据这个观点，"欧洲"确定地指涉一个含混区域，而不是不确定地指涉许多精确区域。这样的一种处理方式不是必需的，但重点是，它跟埃文斯-萨蒙论证是一致的。此外，允许"欧洲"被当作指涉一个特定事物，亦即欧洲，是为了方便我们的讨论。[12]

若事物可能具有空间上的模糊边界，则它们当然也可以在时间上、模态上，或部分整体上（mereological）具有模糊边界。欧洲什么时候开始存在？在什么反事实情境下，欧洲仍会存在？哪些城市是欧洲的一部分？这些问题中的每一个都可能被当作是关于一个特定事物亦即欧洲的，不过却没有确定答案。无论如何，这个观点都不会蕴涵可能有一对事物，而这一对事物之间是否等同是不确定的。

考虑莫斯科与欧洲，假设莫斯科是不是欧洲的一部分是含混的。于是，我们可能做出结论："……是……的一部分"是含混的，即使等同关系不是含混的。这重新开启了下列这个一般性问题：一个共相在什么时候是含混的？我们可能会说，一种性质 $P$ 是含混的，当且仅当，存在（或可能有）一个事物 $x$，使 $x$ 是否具有 $P$ 是含混的，而一种二位关系 $R$ 是含混的，当且仅当，存在（或可能有）事物 $x$ 与 $y$，使 $x$ 与 $y$ 是否具有关系 $R$ 是含混的。不过，这样的定义是有问题的。例如，考虑欧洲与欧洲＊，

“前者是否具有比后者更大的面积”是含混的。然而，这似乎没有证成把“……具有比……更大的面积”这种关系称为含混的；就目前来说，它似乎是一种相当精确的关系。直觉上，在这个例子中，一个事物跟另一个事物是否具有该关系的含混性，归咎于其中一个事物的含混性，而不是归咎于该关系的含混性。相似的是，假设欧洲 * 的面积是刚好 $h$ 公顷。于是，欧洲是否占据多于 $h$ 公顷的面积是含混的。不过，这似乎没有证成把“占据多于 $h$ 公顷的面积”这种性质称为含混的；就目前来说，它似乎是一种相当精确的性质。直觉上，在这个例子中，该事物是否具有该性质的含混性归咎于事物的含混性，而不是归咎于该性质的含混性。[13]

对该问题的一个回应是说：一种性质 $P$ 是含混的，当且仅当，存在（或可能有）一个有着精确边界的事物 $x$，使 $x$ 是否具有 $P$ 是含混的；一种二位关系 $R$ 是含混的，当且仅当，存在（或可能有）有着精确边界的事物 $x$ 与 $y$，使 $x$ 与 $y$ 具有关系 $R$ 是含混的。那会涉及上一段提及的问题，因为欧洲不是一个有着精确边界的事物。不过，尽管先前的定义过于宽松，但目前这个定义却过于严格。考虑有着非常含混边界的性质 $P$：“……是一个非常大的事物”。若 $x$ 是一个有着精确边界的事物，则“$x$ 是不是 $P$”不是含混的；“$x$ 缺少 $P$”是明显地确定的。因此，根据目前的定义，$P$ 不是一种含混性质；但是，直觉上，它是非常含混的。对于一个共相是不是含混的，我们需要一个不同的理论。诉诸含混性的认知主义观点，我们可以提供一个这样的理论。 257

## 9.3　关于事物的不明确性

含混性的认知主义观点可能应该用直接否定的答案来回答“事物本身可能是含混的吗?”这个问题。对于这样的答案，有着更糟与更好的理由。

一个坏理由如下。某个理所当然地把含混性视为一种形式的不确定性的人可能采取认知主义观点来否认含混性，仅仅因为它否认相关的不确定性。若含混性根本没有出现，则它不会出现在事物中。这样的思路奠基在一个已经修正过的误读上。认知主义观点允许含混性出现，它只是否认含混性是一种不确定性。

有一个较好的理由。将含混性归属于“事物本身”，就是在说，无论它们是否被表征或如何被表征，它们都具有含混性。但是，若含混性是一种无知，则含混性依赖于事物是否被表征或如何被表征给据称无知的主体。没有表征：含混与精确之间没有区分。因此，认知主义观点不可能一致地将含混性归属于事物本身。

更佳的理由可以被具体说明。根据 8.4 节，含混性展现出一种特别的无知类别：来自不同概念之间的不可区辨性。不可区辨性依赖于区辨者的
258 认知视角；在此，相关的立场是掌握讨论中概念的人具有的立场。“掌握”这个概念是针对概念的；在那个意义下，不存在像“掌握一个非概念”这样的东西。因为一个概念是如此含混，对掌握这两个概念的那些人来说，其含混到它跟另一个概念是不可区辨的，所以在同样的意义下，除了概念之外，不会有东西可能是含混的。相似的是，一个语言表达式是如此含混，对理解这两个表达式的那些人来说，其含混到它跟一个不同意义的语言表达式在意义上是不可区辨的；相关的理解概念是针对表征的。在那个意义下，除了表征之外，不会有东西可能是含混的。

严格来说，含混性与精确之间的区分只适用于表征。但是，那不排除下列可能性：它反映出一种在被表征事物中的相应区分。含混性与精确可不可能对应到特征，而不局限于表征呢？例如，让我们用含混性 * 与精确 * 来分别表示：一个含混表征所表征的事物是含混的 * ，而一个精确表征所表征的事物是精确的 * 。对应关系将不会是确切的，若同一个事物可以被含混地表征，而且也被精确地表征，那么它会被算是含混的 * 且精确的 * ，尽管一个表征是含混的，仅当它不是精确的。例如，“比 100 少很多的最大自然数”这个含混摹状词，以及“介于 72 与 78 之间的质数”这个精确摹状词，可能在一个给定语境中都指涉 73。因此，73 会既是含混的 * ，又是精确的 * 。[14] 这个例子暗示着，根据认知主义观点，含混地表征某事物的可能性说了很少关于该事物本质的事，任何可以被表征的事物都可以被含混地表征。几乎每件事都是含混的 * 。或许精确 * 是一个更有趣的特征。“任何可以被表征的事物，都可以被精确地表征”就没那么可信；精确地表征某事物的可能性可能说了许多关于该事物本质

的事。

若某事物是精确的＊，仅当它可以完全精确的方式被表征，则我们可能会认为几乎没有东西会是精确的＊。不过，即使某事物不可以完全精确的方式被表征，它仍可能以极为精确的方式被表征，其意义是，对每个少于完全精确的精确度来说，它可以比那更精确地被表征。我们不需要依赖于精确度的想法，该想法是我们没有办法处理的，因为我们可以通过 259
明确性来论述该论点。即使在表征 $x$ 的时候不可能移除所有的不明确性，我们仍可能移除任何具体的不明确性。[15] 我们可以通过说“$a$ 是不是 $F$，是不明确的”，其中“$a$”指涉 $x$，来表达一个不明确性；该论点是，“$b$ 是不是 $F$，可能是明确的”，其中“$b$”也指涉 $x$。这个形式化会有优点，因为不使用“表征”这个模糊不清的语词。

我们可以使用“……是不是……，是不明确的”这个算子来聚焦议题。假设“$a$”中的含混性使 $a$ 是不是 $F$ 是不明确的；问题是，这是否反映了关于“$a$”指涉什么事物的某物，例如 $x$，或只是关于“$a$”的某物（给定“$F$”在相关方面是精确的）。我们可以通过问一个“$a$”没被使用到的问题来提出它：关于 $x$，它是不是 $F$，是不明确的吗？在传统的术语中，我们需要使用一个关于事物的结构，如同在那个问题中，而不是使用一个关于命题的结构，如同在“究竟 $a$ 是不是 $F$，是不明确的吗？”这个问题中。关于事物的结构与关于命题的结构之间的区分将会被用来分析事物本身的含混性概念。我们可以先从详述上面的一般性区分开始（并忽略许多细微的差别）。

语法上，关于事物的结构与关于命题的结构之间的区分可以通过语句算子来划分。在关于命题的结构中，一个语词出现在算子的拘束范围之内，就像“这个男人”出现在“……是明确的”这个算子的拘束范围之内，例如“这个男人是高的，是明确的”。在关于事物的结构中，该语词出现在该算子的拘束范围之外，但是联系着在那个拘束范围内的一个代词或类似的语词，就像“这个男人”在下列语句中联系着“他”：关于这个男人，他是高的，是明确的。[16] 这个语法区分的语义重要性可以在“他知道……”这个语境例子中被说明。想象某个不知道君士坦丁堡在 1453 年沦陷的人；他只知道君士坦丁堡在一次猛烈围攻后沦陷，而那个时间是在

15 世纪的某个时刻。因此，他不知道君士坦丁堡沦陷的那一年是在 1460
年之前。不过，他确实知道 1453 年在 1460 年之前。的确，关于 1453 年，
他知道它在 1460 年之前。因为 1453 年是君士坦丁堡沦陷的那一年，所
以，关于君士坦丁堡沦陷的那一年，他知道它在 1460 年之前。因此，“关
于君士坦丁堡沦陷的那一年，他知道它在 1460 年之前”（关于事物的）
不蕴涵“他知道君士坦丁堡沦陷的那一年在 1460 年之前”（关于命题
的）。反过来的蕴涵关系也可能不成立。他知道在君士坦丁堡沦陷的那一
年有一次猛烈的围攻，但却不知道 1453 年有一次猛烈的围攻，关于 1453
260 年，他不知道有一次猛烈的围攻发生在那一年。因为 1453 年是君士坦丁
堡沦陷的那一年，所以，关于君士坦丁堡沦陷的那一年，他不知道有一次
猛烈的围攻发生在那一年。因此，“他知道有一次猛烈的围攻发生在君士
坦丁堡沦陷的那一年”（关于命题的）不蕴涵“关于君士坦丁堡沦陷的那
一年，他知道有一次猛烈的围攻发生在那一年”（关于事物的）。[17]

在前一个段落，几个原则暗中运作着。因为“1453 年”与“君士坦丁堡沦陷的那一年”指涉同一年，所以我们假设“关于 1453 年，他知道它在 1460 年之前”与“关于君士坦丁堡沦陷的那一年，他知道它在 1460 年之前”这两个关于事物的语句有一样的真假值。相较之下，“他知道 1453 年在 1460 年之前”与“他知道君士坦丁堡沦陷的那一年在 1460 年之前”这两个关于命题的语句会有不同的真假值。在关于命题的结构中，该语词出现在从属句中，并且明确指出某人一定要如何指称哪一年，以具有被归属的知识；所以，置换具有相同指称对象的语词可能改变语句的真假值。在关于事物的结构中，该单称词出现在从属句之外，并且仅仅指出某人一定要指称哪一年，以具有被归属的知识；所以，置换具有相同指称对象的语词不可能改变语句的真假值。另一个原则也暗中运作着。在情境中，我们假设“他知道 1453 年是在 1460 年之前”（关于命题的）是“关于 1453 年，他知道它在 1460 年之前”（关于事物的）的充分条件，但是“他知道有一次猛烈的围攻发生在君士坦丁堡沦陷的那一年”（关于命题的）却不是“关于君士坦丁堡沦陷的那一年，他知道有一次猛烈的围攻发生在那一年”（关于事物的）的充分条件。在“1453 年”这个语词与“君士坦丁堡沦陷的那一年”这个语词之间有着不对称性。若我们理解

“1453年”，则我们知道它指称哪一年。若我们理解“君士坦丁堡沦陷的那一年”（如同例子中那个人对该语词的理解那样），则我们不需要知道它指称哪一年。为了从关于命题的报道移向关于事物的报道，我们必定假设知识的主体知道哪一个事物是讨论中的。[18]该日期（1453年）跟一种思考那一年的方式联系在一起，使我们能具有关于事物的思想；摹状词就不行。

关于事物的/关于命题的区分可以从命题态度的报道转移到命题态度本身。一个命题态度是关于事物的，若它可以被正确地报道为关于事物的；它是关于命题的，若它可以被正确地报道为关于命题的。因此，同一 261
个命题态度可以既是关于命题的，也是关于事物的。例如，先前例子中的男人，1453年在1460年之前的知识，相当于，关于1453年，它在1460年之前的知识。[19]

关于事物的/关于命题的区分如何跟相关的含混性算子“……是不是……，是不明确的”产生关联？在它与“他知道……”这样经常讨论的结构之间，有三个错误的类比可能被注意到。

(a) “是不是”被用来取代“that”。不过，后面仍跟随着一个从属句。此外，“是不是 *A*，是不明确的”可以被分析为“*A* 是不明确的，而且非 *A* 也是不明确的”（其中，“……是不明确的”不蕴涵“……”）。因此，若关于事物的/关于命题的区分适用于“……是不明确的”，则它也适用于“……是不是……是不明确的”。

(b) 非人称的“……是不明确的”被用来取代“他知道……”。不过，它仍是一个认知概念，就像“……是已知的”这个非人称的算子一样。“……是不明确的”从具体思考者的具体情境中抽象而来，但它提到在某情境中，对某思考者来说，什么可能是不清楚的，或什么不可能是不清楚的。对这样的命题态度来说，我们可以做出关于事物的/关于命题的区分。我们挖掘出实际上是最后一只雷龙的化石遗迹，但我们不可能知道它是最后一只；关于最后一只雷龙，它死在这里是已知的，但最后一只雷龙死在这里却是未知的。

(c)“……是不明确的”看起来像是“……是明确的”的否定，尽管“他知道……”不会是任何一个算子的否定。这可能是很重要的；若一个命题态度像是知识或信念、希望或害怕，则在一个意义下，一个命题态度的否定本身不是一个命题态度。为了知道 $A$、相信 $A$、希望 $A$ 或害怕 $A$，我们必须掌握思想 $A$。相较之下，不知道 $A$、不相信 $A$、不希望 $A$ 或不害怕 $A$，我们不需要掌握思想 $A$。确实，我们可能无法有那些命题态度，只是因为我们没有掌握该思想（我们可能缺乏相关的概念）。无论如何，“……是不明确的”是“……是明确的”的否定，这不是明显的。先考虑涉及人的例子。若某人从未听说氢气，则“对他来说，水是不是包
262 含氢气是明确的”这个陈述句是明显为假的，但“对他来说，水是不是包含氢气是不明确的”这个陈述句不是明显为真的。在一个意义下，对他来说，事情会变得不明确，仅当他能够考虑它。关于事物的例子是相似的：在一个意义下，对他来说，关于 $x$，它是 $F$ 是不明确的，仅当他有一种方式直接思考 $x$ 本身。

从涉及人称的例子抽象化到跟含混性相关的非人称例子，介于不明确性与缺少明确性之间的区分是否仍在呢？或该区分是否依赖于具体思考者在具体情境中依情况而定的认知限制？就关于命题的层面，“是不是 $A$ 是不明确的”与“是不是 $A$ 不是明确的”之间的区分可能会消失，因为该区分依赖于该主体没有掌握思想 $A$。若将“……是不是……是不明确的”运用于“$A$”是有道理的，则思想 $A$ 可以被明确地表达，所以可以被某人掌握。不过，在关于事物的层次，非人称的不明确性与非人称的缺少明确性之间的区分仍是有道理的，若可能有事物是无法在思想中被挑出来的。

时间点可能构成一个例子。若这样的点构成一个密集数组，则或许可以被单独思考的是一个小的时空区域，而不是单一的时空点。当然，我们可以一般地思考这样的点，并且有很好的证据支持它们的存在；我们最佳的科学理论可能告诉我们，这些点构成一个密集数组。对任何生物来说，

不可能只指涉那些点中的一个，并特别地思考它。根据这个观点，没有一个点可能被命名；弗雷格的下列论点有点问题：一个事物是一个专名的潜在指涉对象。令 $x$ 是一个点（“$x$” 当然是一个变元，而不是一个专名）。因为思考 $x$ 是不可能的，所以关于 $x$，它是不是在地球上，不是明确的。不过，在一个意义下，关于 $x$，它是不是在地球上，也不是不明确的。例如，对任何人来说，可能从未怀疑 $x$ 是不是在地球上。在这个意义下，关于事物的非人称不明确性不是关于事物的缺少非人称明确性。

以下我们将会采取下列论点：“关于 $x$，……是不明确的” 的意思不会等于“关于 $x$，……是明确的” 的否定。术语的表达力因而被扩大了，因为“关于 $x$，……是明确的” 的否定总是可以被这样表达。更具表达力的术语，提供关于事物的含混性的更细微的描述。关于 $x$，它是不是 $F$ 是 263
明确的，当且仅当，通过“$a$” 来表达的某种思考 $x$ 事物本身的方式，$a$ 是不是 $F$ 是明确的。关于 $x$，它是不是 $F$ 是不明确的，当且仅当，通过“$a$” 来表达的某种思考 $x$ 事物本身的方式，$a$ 是不是 $F$ 不是明确的。当我们使用“that” 来取代“是不是” 时，同样的原则会成立。介于这两种形式之间的等价式也会成立：关于 $x$，它是不是 $F$ 是明确的，当且仅当，关于 $x$，它是 $F$ 是明确的，或它不是 $F$ 是明确的；关于 $x$，它是不是 $F$ 是不明确的，当且仅当，关于 $x$，它是 $F$ 是不明确的，而且它不是 $F$ 是不明确的。[20] 如同已经注意到的，有些事情可以不是明确的，也不是不明确的：若不存在思考 $x$ 的方式，则关于 $x$，它是不是 $F$ 不是明确的，也不是不明确的。相同的是，我们尚未排除有些事情可能既是明确的，也是不明确的。若“$a$” 与“$b$” 表达了思考 $x$ 事物本身的不同方式，则或许 $a$ 是不是 $F$ 是明确的，而且 $b$ 是不是 $F$ 不是明确的。于是，关于 $x$，它是不是 $F$ 既是明确的，也是不明确的。[21]

现在我们已经准备好工具来将之运用于一个例子。假设泰晤士河是不是比 209 英里（约 336.35 千米）长是不明确的，因为它究竟在哪个地方汇入大海是不明确的。含混性的认知主义观点跟下列常识观点是一致的：许多人曾看过且听说过泰晤士河，知道它是哪条河流，并且偶尔会思考泰晤士河本身。根据上述假设与这些观点，我们可以推论出，关于泰晤士河，它是不是比 209 英里长，是不明确的。存在一种关于事物的不明确性。因为"比 209 英里长"这个词组不涉及含混性，所以在一个适当的意义下，泰晤士河本身是含混的。将这个观点将跟下列观点进行对比："泰晤士河"这个表达式在指涉上是不确定的，因为它可以指涉许多精确定义下不同长度的河流。认知主义观点可以保留日常单称词的直觉指涉。

根据认知主义观点，尚未被呈现的是，关于泰晤士河，它是不是比 209 英里长，不是明确的。那会涉及呈现，没有通过"$a$"来表达的某种思考泰晤士河事物本身的方式，使"$a$ 比 209 英里长"是明确的。这样的一种方式可能会是什么？我们会很自然地认为空间边界会有一个精确说明。不过，需要被说明的还有很多，因为许多事物具有空间边界。此刻，
264 泰晤士河由水的一个具体量构成，跟它在空间上有一样的边界：不过，很快地，水的那个部分会是海的一部分，而不再是泰晤士河的一部分。一条河不只是由水的一个具体量构成。仔细说明时间上的边界，跟说明空间上的边界一样，是不够的，因为构成曾在泰晤士河发生过的每个事件，或即将发生的每个事件（泰晤士河的"生命"），会在时间上与空间上跟这条河有一样的边界；若泰晤士河有一条不同的河道或者在几年前干涸了，则它可能具有非常不同的边界，不过，事件不可能有非常不同的边界（尽管有其他事件可能有不同的边界）。一条河不只是一个事件。我们会需要具体说明反事实条件句的内容，就跟说明实际边界一样。难以看出那如何可能做到，除了通过说明讨论中的边界是一条河的那些边界。因此，"一条"必须意指类似于下列的事情：有着如此这般边界的河。但是，我们如何知道任何具有那些边界的河？若没有河具有那些边界，则"一条"就不指涉。以下有两种情况要考虑：

(i) 存在 $a$ 是明确的。现在，若"$a$"以任何类似于上述设想的方式来定义，则"若 $a$ 存在，则 $a$ 是一条河"是明确的。确实，"若 $a$ 存在，则 $a$ 是泰晤士河"是明确的；没有其他河会有那样的边界。因为关于命题的明确性被逻辑演绎所保留，所以 $a$ 是泰晤士河是明确的。根据假设，$a$ 比 209 英里长是明确的，或 $a$ 不比 209 英里长是明确的。但是，若 $a$ 是泰晤士河，则我们可以在逻辑上推导出 $a$ 比 209 英里长，当

且仅当，泰晤士河比 209 英里长。此外，因为关于命题的明确性被逻辑演绎所保留，所以泰晤士河比 209 英里长是明确的，或泰晤士河不比 209 英里长是明确的。但是，原初假设只是说，泰晤士河是不是比 209 英里长，不是明确的。因此，若含混性真的是不可还原的，则案例（i）不会出现。

（ii）存在 *a* 不是明确的。因此，“*a*”意指类似于下列的东西：有着如此这般边界的河（若存在）。但是，相较于“君士坦丁堡沦陷的那一年（若确实沦陷）”表达一种思考 1453 年本身的方式，说“*a*”表达一种思考泰晤士河本身的方式，不是可信的。这样的一个“*a*”不会使泰晤士河是不是比 209 英里长变得明确。

根据（i）与（ii），关于泰晤士河，它是不是比 209 英里长，似乎既不是明确的，也是不明确的。若是如此，则泰晤士河本身是含混的，在一种比已经认可还要谦逊的意义下。该论证应该被谨慎对待，因为我们难以检视“*a*”的所有可能定义。不过，已经变得明显的是，含混性的认知主义观点起码跟不明确性的出现是相容的，也跟缺少关于事物的明确性是相容的。 265

例子可以很容易被复杂化。等同陈述句和非等同陈述句可以被挑出来讨论。严格来说，对涉及一个语词以上的例子，关于事物的概念尚未被说明。以下是自然的推广。关于 $x$ 与 $y$，$x$ 跟 $y$ 是不是有关系 $R$ 是明确的，当且仅当，通过“$a$”来表达的某种思考 $x$ 事物本身的方式，以及通过“$b$”来表达的某种思考 $y$ 事物本身的方式，$a$ 跟 $b$ 是不是有关系 $R$ 是明确的。关于 $x$ 与 $y$，$x$ 跟 $y$ 是不是有关系 $R$ 是不明确的，当且仅当，通过“$a$”来表达的某种思考 $x$ 事物本身的方式，以及通过“$b$”来表达的某种思考 $y$ 事物本身的方式，$a$ 跟 $b$ 是不是有关系 $R$ 不是明确的。同样的原则对“that”（取代“是不是”）也成立。推广到涉及两个语词以上的方式是显然的。[①]

---

① 先前提及涉及一个语词（例如，泰晤士河）的情况该如何处理，接着讨论涉及两个语词的情况（亦即等同陈述句或非等同陈述句），之后讨论涉及三个语词的情况（亦即“河流 1”、“河流 2”与“河流 3”）。——译者注

假设河流 1 与河流 2 汇流；下流处有一条河流 3；河流 2 是不是河流 1 的支流是不明确的。相应的是，河流 1 是不是等于河流 3 是不明确的。"河流 1"、"河流 2" 与 "河流 3" 等语词可以被视为以不同的方式思考该河流本身，这些方式或许是由知觉提供的。因此，关于河流 1 与河流 3，河流 1 是不是等于河流 3 是不明确的。

埃文斯-萨蒙论证呢？当然，河流 1=河流 3 仍是开放的；但是，这种等同性如何可能是不明确的？假设河流 1=河流 3。河流 1=河流 1 是明确的。我们可以把上述说明中的"$a$"与"$b$"当作"河流 1"，把 $x$ 当作河流 1 而把 $y$ 当作河流 3，因为"河流 1"表达了一种思考河流 1 本身的方式，且那就是河流 3，所以它也表达了一种思考河流 3 本身的方式。因此，关于河流 1 与河流 3，河流 1=河流 3 是明确的；这是埃文斯-萨蒙论证的一种有效形式。根据上一段结尾的断言，关于河流 1 与河流 3，河流 1 是不是等于河流 3 是不明确的。但是，这不是矛盾，因为我们已经看到，关于事物的明确性和关于事物的不明确性不是不相容的。在一组思考该河流的方式
266 下，等同关系是明确的，不代表在另一组思考方式下也是明确的。

谨慎地使用符号可以消解另一个明显的矛盾。因为，关于河流 1 与河流 3，前者=后者是不明确的，所以关于河流 1 与河流 1，前者=后者是不明确的。不过，关于河流 1，它等于自己不可能是不明确的。根据关于事物的明确性的说明，那会蕴涵，通过"$a$"来表达的某种思考河流 1 本身的方式，$a=a$ 不是明确的；不会存在这样的"$a$"。无论如何，这里没有矛盾，因为"关于河流 1 与河流 1，前者=后者是不明确的"不是"关于河流 1，它等于自己是不明确的"的一个迂回重述。前者允许河流 1 在等同性思想中被不同的方式思考着，后者不允许。[22]

等同性思想可以是关于事物的不明确的；在那种保守意义下，等同可以是含混的。等同性思想也可以不是关于事物的明确的吗？之前已经注意到，若河流 1=河流 3，则关于河流 1 与河流 3，前者=后者是明确的；关于事物的明确性不会在那里消失。关键问题是：假的等同性思想可以不是关于事物的明确的吗？

假设河流 1≠河流 3。一定会有通过"$a$"来表达的某种思考河流 1 本身的方式，以及通过"$b$"来表达的某种思考河流 3 本身的方式，使 $a \neq b$

是明确的吗？那会依赖于下列事实。若河流 1 是河流 2 的一段支流，而不是反过来，则河流 2 = 河流 3，并且我们可以把“*a*”当作“河流 1”，把“*b*”当作“河流 2”，因为河流 1 ≠ 河流 2 是明确的。于是，关于河流 1 与河流 3，前者跟后者是不是等同的是明确的。另外，一种可能情况是，河流 1、河流 2 与河流 3 是不同的河：两条河汇流成第三条河。在这种情况下，不可能有这样的“*a*”与“*b*”。于是，关于河流 1 与河流 3，前者跟后者是不是等同的不是明确的。在一种比已经认可还要谦逊的意义下，等同性可以是含混的。有人可以为这个结论辩护，就像论证“关于泰晤士河，它是不是比 209 英里长可能不是明确的”一样。这样的一个论证跟之前一样，是不确定的。无论如何，下列论点会变得明显：在等同性思想中，含混性的认知主义观点至少会跟不明确性的出现与缺少关于事物的明确性是相容的。相似议题会针对其他概念——“一部分”“位于”等概念——而出现。

就目前讨论过的例子来说，重要的是：相对于构成关于事物的成分就是限制相关含混性的那些成分。考虑一个含混性出现在谓词而非主词的例子。若位于苏格兰西北部的史泰克·波利（Stac Polly）是不是一座山（不只是一座石丘）是不明确的，则关于史泰克·波利，它是不是一座山也可能是不明确的，但这不代表实在界本身是含混的，因为相关含混词“山”确定是在“……是不是……是不明确的”这个算子的拘束范围内。无论如何，有人可能会认为这也是一个关于事物的含混性例子，因为关于这片山脉，史泰克·波利是不是其中一座是不明确的，或者因为关于“……是一座山”这种性质，史泰克·波利是不是具有它是不明确的。有人也可能认为，关于“史泰克·波利是一座山”这个事态，它是不是成立是不明确的。本章剩余部分探索推广“关于事物的不明确性”这个概念的这些尝试。不会让人惊讶的是，这些尝试比目前考虑的例子还要可疑。 267

关于这片山脉，史泰克·波利是不是其中一座是不明确的，当且仅当，通过“*Fs*”来表达的某种思考这片山脉本身的方式，史泰克·波利是其中一个 *Fs* 不是明确的。我们需要什么来思考这片山脉本身？根据一个观点，我们所需要的是一个语词，而这个语词会对所有（且仅有）在山脉中的山为真。因为“山”是这样的一个语词，而且史泰克·波利是不是一座山是不明确的，所以关于这片山脉，史泰克·波利是不是其中一座确实会是不明确的。不过，关于这片山脉，史泰克·波利是不是其中一座也会是明确的，因为对其他许多真于所有（且仅有）在山脉中的山的语词“*F*”来说，史泰克·波利是不是其中一个 *Fs* 是明确的。举例来说，若史泰克·波利是一座山，则“*F*”可以“是一座山或是史泰克·波利”。若它不是一座山，则“*F*”可以“是一座山且是史泰克·波利”。无论如何，“每个真于所有（且仅有）山的语词，确实给出了一种思考那片山脉本身的方式”不是明显的。虽然我们理解“山”这个语词，但是，若我们不可能决定史泰克·波利是其中一座，那么我们确实知道哪些算是山吗？若我们必须知道那些山是什么，以思考它们，则对于史泰克·波利是不是一座山的不明确性来说，可能没有空间。根据两个关于什么算是思考那片山脉本身的方式的说明，我们遇到的威胁是，关于事物的想法过于无
268 法区分而不可能有用：前一个观点让思考山脉本身的方式太过容易，而后一个观点则让思考山脉本身的方式太过艰难。该论证是相当一般的：它并未针对例子中的任何一个特性。相似的评论适用于“关于山脉的集合，史泰克·波利是不是其中一个元素是不明确的”这个想法。

一种替代方式是把谓词当作指涉性质与关系，而不是复数物或集合。若史泰克·波利不是一座山，则除了史泰克·波利之外的山，以及那片山脉是同一个东西，但“是一座山，但不是史泰克·波利”这种性质跟“是一座山”这种性质不是同一种性质，因为史泰克·波利可能具有“是一座山”这种性质，但却不可能具有“是一座山，但不是史泰克·波利”这种性质。琐碎化第一个观点的论证不适用于性质与关系。性质 *F* 与性质 *G* 是同一种性质，仅当，必然地（不只是真），每个是 *F* 的东西，当且仅当，它都会是 *G*。①

思考一种性质本身会是怎样的？根据一个观点，为了思考一种性质本身，理解一个谓词就够了，该谓词必然地真于所有（且仅有）具有那种性质的事物。因为我们理解“是一座山”这个谓词，所以我们思考“是

① 若性质 *F* 就是性质 *G*，则“每个是 *F* 的东西，当且仅当，它都是 *G*”是必然的（不只是真的）。——译者注

一座山”这种性质本身。这代表，若史泰克·波利是不是一座山是不明确的，则关于“是一座山”这种性质，史泰克·波利是不是具有它是不明确的。无论如何，上述观点可以说也使关于“是一座山”这种性质本身，史泰克·波利是不是具有它是明确的。[23]我们会遇到的威胁是琐碎化：或许关于性质的思想太简单。该论证不是决定性的，或许一个更好的关于事物的共相思想的理论是可以被发展出来的。

对于性质与关系，关于事物的不明确性想法会跟涉及事物或事态的关于事物的不明确性想法同进退。具有一种性质的事物可能被认为构成一个事态，例如，史泰克·波利具有“是一座山”这种性质的事态。根据这个观点，事态只是事物与性质，而不是表征。关于事态，它是不是成立是不明确的，当且仅当，关于事物与性质，前者是不是具有后者是不明确的。在这样的一个表述下，每个实质的构成物从从属句中抽离，只剩下一个线索在后面。于是，任何不明确性明显独立于事态在讨论的语句中被表征的方式，虽然不是它可以在其他语句中被表征的方式。 269

唯名论者怀疑性质、关系与事态只是投射我们谈论世界的方式。怀疑的一个来源是，我们也可以用不同的方式来分类事物。含混性确实是下列事实的展现：我们的分类没有被自然边界固定住。单称词的含混性暗示着，若唯名论者的结论确实可以被推论出来，则它不可能免除事物的范畴。一座特定山的边界反映了我们的语言，不下于“是一座山”这种性质所做的事。不过，做出下列结论将会是一个明显的错误：我们的语言创造出山。做出下列结论是一个比较不明显的错误：我们的语言创造出性质。若依赖关系的一个更巧妙的形式正处于成败关头，则我们不清楚它是什么。①

形而上学的议题仍未解决。即使如此，我们也可以使用粗略且有弹性的关于事物思想的概念来指向一个教训：根据含混性的认知主义观点，我们跟世界的接触是直接显现在含混思想中的，如同它在任何思想中一样。我们无知的原因是概念上的，它的对象是世界。

---

① 若表征（语言或概念）与被表征物（实在界）之间的依赖关系会决定实在界是否含混，则我们不会知道那样的依赖关系会是什么。——译者注

# 附录　明确性的逻辑

270 含混性现象可以通过使用“明确的”这个语句算子［“……是明确的”（it is clearly the case that）］来描述。它将被符号化为$\mathbb{C}$，并且被加进一种命题逻辑的语言，其中 $p$，$p'$，$p''$…是语句变元，还有否定符号（~）与合取符号（∧），而通过否定与合取，我们可以定义实质条件句（⊃）与双条件句（≡）。在此不讨论明确性的谓词逻辑；其语义学所涉及的某些复杂议题，请参阅 9.3 节的概述。命题逻辑语言的形式语义学将会使用在 8.2～8.6 节发展出来的误差区间概念。我们不会试图掌握那个讨论中的所有层面。

一个**固定的区间模型**（fixed margin model）是一个四位有序序列 $\langle W, d, \alpha, [\,]\rangle$，其中 $W$ 是一个集合、$d$ 是定义在 $W$ 上的度量、$\alpha$ 是一个非负数的实数，而$[\,]$是式子到 $W$ 的子集的映像，使得对所有式子 $A$、$B$ 来说，下列是成立的：

$$[\sim A] = W - [A]$$

$$[A \wedge B] = [A] \cap [B]$$

$$[\mathbb{C}A] = \{w \in W: \forall x \in W\ d(w, x) \leqslant \alpha \Rightarrow x \in [A]\}$$

［$d$ 是一个定义在 $W$ 上的度量，当且仅当，对所有属于 $W$ 的 $x$、$y$、$z$ 来说，$d(x, y)$ 是一个实数；$d(x, y) \geqslant 0$；$d(x, y) = 0$，当且仅当，$x = y$；$d(x,y) = d(y, x)$；$d(x, z) \leqslant d(x, y) + d(y, z)$。］直觉上讲，$W$ 是一组可能世界的集合，$d$ 是可能世界之间相似性的测量，$\alpha$ 是一个误差区间，而［$A$］是一组可能世界的集合，在其中 $A$ 为真。$\mathbb{C}A$ 在一个世界 $w$ 中为真，若 $A$ 在 $w$ 的误差区间 $\alpha$ 内的每个世界中为真。一个式子 $A$ 在一个固定的区间模型中是有效的，当且仅当，对每个 $\langle W, d, \alpha, [\,]\rangle$ 这样的模型，

$[A]=W$，即 $A$ 在每个固定的区间模型中为真。

我们可以把一个固定的区间模型视为一个标准的可能世界模型，其中 271
的□用$\mathbb{C}$来取代，从可能世界 $w$ 可通达到可能世界 $x$，当且仅当，$d(w, x) \leqslant \alpha$。一个度量的定义要求可通达性是自返且对称的。在下列意义下，这些是在可通达性上的唯一限制：对任何在一个集合 $W$ 上的自返、对称关系 $R$，存在一个在 $W$ 上的度量 $d$，使得对所有属于 $W$ 的 $x$、$y$ 来说，$x R y$，当且仅当，$d(x, y) \leqslant 1$。我们可以通过下列方式来定义一个适当的度量 $d$：

$d(x, x)=0$

$d(x, y)=1$，若 $x R y$ 成立，但 $x \neq y$

$d(x, y)=2$，若 $x R y$ 不成立

因此，固定的区间模型中的有效式子正是那些自返、对称模型中的有效模态式子（当$\mathbb{C}$被视同为□）。后者已知为布劳沃斯奇模态逻辑 KTB 的定理。[1]所以，我们可以通过下列 KTB 的标准公理化方式将固定的区间模型中的有效式子（$A$、$B$ 是任意式子）公理化：

（Taut） $\vdash A$，若 $A$ 是一个真值函数的重言式

（K） $\vdash \mathbb{C}(A \supset B) \supset (\mathbb{C} A \supset \mathbb{C} B)$

（T） $\vdash \mathbb{C} A \supset A$

（B） $\vdash \sim A \supset \mathbb{C} \sim \mathbb{C} A$

（MP） 若 $\vdash A \supset B$ 且 $A$，则 $\vdash B$

（RN） 若 $\vdash A$，则 $\vdash \mathbb{C} A$

（Taut）与（MP）形成经典命题逻辑，根据含混性的认知主义观点，经典命题逻辑被证成是适用于一种含混语言的。基于若前提构成的集合（可能是空集合）都是明确的，则其逻辑后承也会是明确的，（K）与（RN）是被证成的。基于明确为真的，就会是真的，（T）是被证成的；它对应于“每个世界会在自己的误差区间内”这个条件。（B）对应于 $d(w, x) \leqslant \alpha$ 的对称性。

$\mathbb{C} p \supset \mathbb{C}\mathbb{C} p$ 在固定的区间模型中是无效的，因为 $d(w, x) \leqslant \alpha$ 且 $d(x, y) \leqslant \alpha$ 不总是蕴涵 $d(w, y) \leqslant \alpha$，当 $\alpha>0$。这个结果可以被推广。对任何

272 式子 $A$，$A\supset\mathbb{C}A$ 在固定的区间模型中是有效的，当且仅当，$A$ 在固定的区间模型中是有效的，或 $\sim A$ 在其中是有效的。[2] 直觉上讲，任何式子允许一个自己在其中为真的区间，尽管在其中不是明确地为真，除非它占据所有概念空间，或不占据任何概念空间。

在上述 KTB 的公理化系统中，一个关于$\mathbb{C}$的原则是不明显的：（B）。事实上，一个稍微不同的模型会使（B）是无效的。不把 $\alpha$ 的区间当作充分的，我们把任何大于 $\alpha$ 的区间视为充分的。$\alpha$ 本身不够宽泛。从形式上说，一个可变的区间模型是一个四位有序序列 $\langle W, d, \alpha, [\,]\rangle$，满足跟固定的区间模型一样的条件，除了对［$\mathbb{C}A$］的条件，其满足条件更改如下：

$$[\mathbb{C}A]=\{w\in W: \exists\delta>\alpha\,\forall x\in W d(w, x)\leqslant\delta\Rightarrow x\in[A]\}$$

一个式子在可变的区间模型中是有效的，当且仅当，对每个 $\langle W, d, \alpha, [\,]\rangle$ 这样的模型，$[A]=W$。

因为根据定义，度量是对称的$[d(x, y)=d(y, x)]$，所以公理（B）在可变的区间模型中无效，这可能看起来有点出乎意料。为了理解这一点，下面考虑一个例子。令 $W$ 是实数的集合、$d(x, y)=|x-y|$、$\alpha=1$，而 $[p]=\{w: w\neq 0\}$。于是，$[\mathbb{C}p]=\{\mathrm{w}: \exists\delta>1\,\forall x\,|w-x|\leqslant\delta\Rightarrow x\neq 0\}=\{w: w<-1$ 或 $1<w\}$。因此，$[\mathbb{C}\sim\mathbb{C}p]=\{\mathrm{w}: \exists\delta>1\,\forall x\,|w-x|\leqslant\delta\Rightarrow -1\leqslant x\leqslant 1\}=\{\,\}$。因此，$0\notin[\sim p\supset\mathbb{C}\sim\mathbb{C}p]$，所以（B）是无效的。

若在可变的区间模型 $\langle W, d, \alpha, [\,]\rangle$ 中，$\alpha=0$，则 $[\mathbb{C}p\supset\mathbb{C}\mathbb{C}p]=W$。尽管如此，那个式子在可变的区间模型中仍不是有效的。在先前的例子中，$[\mathbb{C}p]=\{w: w<-1$ 或 $1<w\}$，但是$[\mathbb{C}\mathbb{C}p]=\{w: w<-2$ 或 $2<w\}$。像之前一样，该结果可以被推广。对任何式子 $A$，$A\supset\mathbb{C}A$ 在可变的区间模型中是有效的，当且仅当，$A$ 在可变的区间模型中是有效的，或 $\sim A$ 在可变的区间模型中是有效的。[3] 任何允许一个区间的式子，在区间中，该式子是真的，但不是明确地为真，除非它占据所有概念空间，或不占据任何概念空间。

相较于固定的区间模型，可变的区间模型更难以跟标准的可能世界模型比较，因为可变的区间模型不使用单一的可通达关系。相反的是，对每

个 $\delta>\alpha$ 来说，一个可变的区间模型会有许多可通达关系。尽管如此，可变的区间模型中的有效式子正好对应于模态系统 KT 的定理。通过从上述 KTB 的公理化系统中忽略（B），我们可以将可变的区间模型公理化。

定理　$A$ 在可变的区间模型中是有效的，当且仅当，$\vdash_{KT}A$。 273

证明概述如下。（I）可靠性。令 $\langle W, d, \alpha, [\,]\rangle$ 是一个可变的区间模型。我们需要证明，若 $A$ 是（Taut）、（K）或（T）的一个个例，则 $[A]=W$ 且（MP）与（RN）会保留这种性质。当然，只有（K）是值得检视的。假设 $w\in[\mathbb{C}(A\supset B)]\cap[\mathbb{C}A]$。于是，存在 $\delta_1$、$\delta_2>\alpha$，使得 $d(w, x)\leqslant\delta_1$ 蕴涵 $x\in[A\supset B]$ 且 $d(w, x)\leqslant\delta_2$ 蕴涵 $x\in[A]$。令 $\delta=\min\{\delta_1,\delta_2\}>\alpha$。于是，$d(w,x)\leqslant\delta$ 蕴涵 $x\in[A\supset B]$ 且 $x\in[A]$，所以它蕴涵 $x\in[B]$。因此，$w\in[\mathbb{C}B]$。剩下的证明跟往常一样进行。所以，每个 KT 的定理会在每个可变的区间模型中有效。

（II）完备性。假设并非 $\vdash_{KT}A_0$。现在 KT 在自返模型中是完备的。[4] 因此，存在一种定义在 $W$ 上的自返关系 $R$ 与从式子到 $W$ 子集的映射关系 $|\,|$，使得 $|A_0|\neq W$，而且对所有式子 $A$、$B$：

$$|\sim A|=W-|A|$$
$$|A\wedge B|=|A|\cap|B|$$
$$\mathbb{C}A=\{w\in W:\forall x\in W\ w\,R\,x\Rightarrow x\in|A|\}$$

我们使用 $W$、$R$ 与 $|\,|$ 来建构一个可变的区间模型 $\langle W^*, d, \alpha, [\,]\rangle$，使得 $[A_0]\neq W$。做法如下：

$$W^*=\{\langle x, y, i\rangle: x\in W, y\in W, y\,R\,x, i\in \mathrm{N}\}$$
$$\begin{aligned} d(\langle w, x, i\rangle, \langle y, z, j\rangle) &= 0，\text{若 } w=y、x=z \text{ 且 } i=j\\ &=1，\text{若 } w=z \text{ 且 } x=y\\ &=(i+2)/(i+1)，\text{若 } w\neq z \text{ 但 } x=y\\ &=(j+2)/(j+1)，\text{若 } w=z \text{ 但 } x\neq y\\ &=2，\text{若 } w\neq z \text{ 且 } x\neq y \end{aligned}$$

通过对每一个这样的原子式子 $A$，设定 $[A]=\{\langle w, x, i\rangle\in W^*: w\in|A|\}$ 来定义 $[\,]$，并且让可变的区间模型的递归定义做其他的事情，其中 $\alpha=1$。

我们很容易看出 $d$ 是一个度量。因此，$\langle W^*, d, 1, [\,]\rangle$ 是一个可变的区间模型。

274 辅助定理 对每个式子 $A$ 来说，$[A]=\{\langle w, x, i\rangle \in W^*: w\in |A|\}$

证明 根据 $A$ 的复杂程度，我们通过数学归纳法进行证明。

初始步骤 根据 $[\,]$ 的定义。

归纳步骤 假设 $[A]=\{\langle w, x, i\rangle \in W^*: w\in |A|\}$。我们必须证明 $[\mathbb{C}A]=\{\langle w, x, i\rangle \in W^*: w\in |\mathbb{C}A|\}$（$\wedge$ 与 $\sim$ 的情况很容易证明）。

假设 $\langle w, x, i\rangle \in [\mathbb{C}A]$。我们必须证明 $\mathrm{w}\in |\mathbb{C}A|$。假设 $w\,R\,y$。我们必须证明 $y\in |A|$。现在，对某个 $\delta>1$，

$$d(\langle w, x, i\rangle, \langle y, w, j\rangle)\leqslant\delta \text{ 蕴涵} \langle y, w, j\rangle \in [A], \text{对 } j\in \mathrm{N}$$

根据 $d$ 的定义，可知

$$d(\langle w, x, i\rangle, \langle y, w, j\rangle)\leqslant (j+2)/(j+1), \text{对 } j\in \mathrm{N}$$

对足够大的 $j$ 来说，$(j+2)/(j+1)\leqslant\delta$，所以

$$d(\langle w, x, i\rangle, \langle y, w, j\rangle)\leqslant\delta$$

因此，对某个 $j$，$\langle y, w, j\rangle \in [A]$。根据归纳法的假设，$y\in |A|$ 正是我们需要证明的。所以，$\mathrm{w}\in |\mathbb{C}A|$。

反过来证明，假设 $\mathrm{w}\in [\mathbb{C}A]$。我们必须证明 $\langle w, x, i\rangle \in [\mathbb{C}A]$。对 $\delta$ 来说，$(i+3)/(i+2)$ 的值会做到。[①] 假设

$$d(\langle w, x, i\rangle, \langle y, z, j\rangle)\leqslant (i+3)/(i+2)$$

我们必须证明 $\langle y, z, j\rangle \in [A]$。因为给定 $d$ 的定义，$(i+3)/(i+2)<(i+2)/(i+1)\leqslant 2$ 不等价蕴涵 $w=y$、$x=z$ 且 $i=j$ 或 $w=z$。在前一种情况下，请注意 $w\in |\mathbb{C}A|$（因为 $\mathrm{w}\in |A|$ 且 $R$ 是自返的），根据归纳法的假设，$\langle y, z, j\rangle=\langle w, x, i\rangle \in [A]$。在后一种情况（$w=z$）下，因为 $\langle y, z, j\rangle \in W^*$、

① 在证明“对每个式子 A 来说，若 $\{\langle w, x, i\rangle \in W^*: w\in |A|\}$，则 $[A]$”时，我们先假设前件成立，然后推导出后件。在此我们需要一个数的值帮助我们得出此推论；而对 $\delta$ 来说，$(i+3)/(i+2)$ 的值会做到。——译者注

$z\ R\ y$，亦即 $w\ R\ y$。因为 $w \in |\mathbb{C}A|$、$y \in |A|$，所以根据归纳法的假设，$\langle y, z, j\rangle \in [A]$。因此，$\langle w, x, i\rangle \in [\mathbb{C}A]$。这完成了辅助定理的证明。

为了完成定理的证明，我们需要证明 $[A_0] \neq W^*$。现在，对某个 $w \in W$，$w \notin |A_0|$。但是，$w\ R\ w$，因为 $R$ 是自返的，所以 $\langle w, w, 0\rangle \in W^*$；根据辅助定理，$\langle w, w, 0\rangle \notin [A_0]$，所以 $[A_0] \neq W^*$。

我们现在可以论证 KT 是明确性逻辑。我们的论证不需要可变的区间模型是明确性逻辑的唯一模型。确实，那会是不可信的，因为 8.3 节已经注意到，必要的区间可能会在命题之间变换；对所有式子，使用一个单一的 $\alpha$ 是过于理想化的。我们可以合法地假设，可变的区间模型会在我们 275
想要的模型中。这是相当可信的；至少对某些命题来说，在给出明确性的结构下，没有可变的区间模型应该被排除在外。

我们的论证如下。很明显，KT 的公理与推论规则在明确性逻辑中是非形式地有效的。因此，KT 的所有定理是非形式地有效的。反过来说，假设 $A$ 是非形式地有效的。在明确性逻辑中，没有一个适当的模型会使 $A$ 无效。因为所有可变的区间模型都是适当的模型，所以 $A$ 在可变的区间模型中是有效的。[5] 根据先前的完备性定理，$A$ 会是 KT 的一种定理。因此，明确性逻辑的非形式有效式子正是 KT 的定理。

KT 的另一种特征是值得我们注意的。对任何 $A$、$B$，若 $\mathbb{C}A \equiv \mathbb{C}B$ 且 $\mathbb{C}{\sim}A \equiv \mathbb{C}{\sim}B$ 是 KT 的定理，则 $A \equiv B$ 也会是 KT 的定理。[6] 因此，$A$ 与 $B$ 在真值条件上不同，仅当它们的明确为真或明确为假的条件不同。真值条件随附在明确真理与明确假理的真值条件上。这个结果的重要性不应该被夸大，因为它涉及的是逻辑上的可能性，而不是形而上学的可能性，而且它假设了原子命题是逻辑上独立的。无论如何，它指出在一种意义下，认知主义观点不会强迫让真理不受到明确真理的限制。

# 注　释

## 第一章　连锁悖论的早期历史

276 ［1］在本章，我在很大的程度上受惠于巴恩斯在 1982 年发表的文章，以及波恩伊特在 1982 年发表的文章。巴恩斯认为亚伯拉罕为最早提出连锁悖论的人，亚伯拉罕在为罪恶之城向上帝求情时展示了一个连锁论证（《创世记》18 章23～33 节）。洛伦佐·瓦拉在讨论连锁论证时提到了相同的段落［《辩证法争论》（*Dialecticae disputations*）III xii］，评论亚伯拉罕不敢说罪恶之城的正义人士在 10 人以下，因为数量上的差异变得太大。马松乌尔色（Masson-Oursel）在 1912 年的文章中讨论分别出现在印度与中国的相关论证，但是在文章的 1.4 节末，他认为这些论证似乎是在无害的意义下被归类为连锁论证的，并没有成为悖论的意思。

［2］戴奥真尼斯·拉尔修《哲学家们的生平》（*Lives of the Philosophers*）2.108；尼尔夫妇 1962：114；塞德利 1977：102；巴恩斯 1982：36－37。

［3］巴恩斯 1982：32－33；波恩伊特 1982：317－318。

［4］亚里士多德《物理学》（*Physics*）250a 19－22；莫林 1969：393 n.3；塞德利 1977：112 n.85；巴恩斯 1982：36－37；希利蒂 1984；米格努希 1993：231－232。

［5］贝思 1959：21－23；莫林 1969；巴恩斯 1982：37－41。

［6］塞德利 1977：78。

［7］塞德利 1977：92－93。

［8］郎格与塞德利 1987 I：51。

［9］巴恩斯 1982：42－43。

［10］巴恩斯 1982：43－44；弗雷德 1983。

［11］尼尔夫妇 1962：116。

［12］巴恩斯 1982：41－42。

［13］郎格与塞德利 1987 I：104［翻译了文献：西塞罗《论命运》（*On Fate*）21］。

［14］巴恩斯 1982：30。

［15］西塞罗《学院派怀疑论》（*Academica*）2.94；塞德利 1977：93；巴恩斯 1982：52－53；波恩伊特 1982：335－336。在文中提及的证据，暗示克律西波斯不把问题归咎于歧义性，亦即究竟表达了哪个命题（别忘了，容易导致连锁论证的某些语词来自斯多亚学派的理论）；支持克律西波斯确实将问题归咎于歧义性的文献有：郎格与塞德利 1987 I：227－229。米格努希（Mignucci）暗示克律西波斯在处理悖论时使用了真值度概念，但并未排解这种解释如何跟他对二值原则的信奉相调和。（米 277
格努希 1993）

［16］弗雷德（Frede）为斯多亚学派的知识论提供了一般性说明（弗雷德 1983）；郎格（Long）与塞德利讨论了知识论的起源（郎格与塞德利 1987 I：236－266）。

［17］西塞罗《学院派怀疑论》2.85。

［18］戴奥真尼斯·拉尔修《哲学家们的生平》7.177。

［19］关于这样的非全知的斯多亚学派智者，参见：克尔菲德 1978；波恩伊特 1982：335。智者与愚者之间的界线是另一个精准的斯多亚学派截止点。

［20］西塞罗《学院派怀疑论》2.93；巴恩斯 1982：49－50。在“采取沉默，伴随着判断的悬置”这样的解读中，我赞同巴恩斯的解读而反对波恩伊特的解读，波恩伊特将沉默视为一种修辞手段。（波恩伊特 1982：334）波恩伊特的处理方式没有说明，对连锁序列来说，斯多亚学派应该形成什么样的信念模式。此外，对“认知印象”的连锁序列，克律西波斯的沉默与赞同形成对比［塞克斯都·恩披里柯《反教师》（*Against the Professors*）7.416］；因为在斯多亚学派的知识论中，赞同不

只是一件说话的事，也不是沉默。通过不大声赞同一个自己心中赞同的命题，斯多亚学派学者希望获得到什么（哪怕是修辞上的）？

［21］为了从（2）推论出（3a），假设 $i$ 不是明确地少。根据斯多亚学派的原则，$i$ 或者是明确地不少，或者不是明确地不少。若 $i$ 是明确地不少，则 $i$ 明确地不是明确地少，因为明确的事（即一个认知印象的内容）是真的；若 $i$ 是明确地少，则 $i$ 会是少的，而 $i$ 明确地不是少的。另外，若 $i$ 不是明确地不少，那么根据假设“$i$ 不是明确地少”，通过（2），$i$ 明确地既不是明确地少，也不是明确地不少，因此，$i$ 明确地不是明确地少。所以，（2）蕴涵（3a）。通过类似的推论，（2）蕴涵（3b）。反过来说，（3a）与（3b）一起蕴涵（2），因为，若两个命题是明确的，那么两个命题的合取也是明确的。明确性概念会让下列假设是有效的：明确的事是真的，而且从明确的事推导出来的事也是明确的。

［22］对 S5 原则的一个类似批评，参见：辛提卡 1962：106；伦曾 1978：79；亨伯斯通 1988：187。

［23］巴恩斯 1982：55；我假设，巴恩斯书中的“$a_i$ 是 $F$ 吗?”（巴恩斯 1982：n. 78），应该被解读为“$a_i$ 是明确地 $F$ 吗?”。

［24］巴恩斯的论证也假设 S4 原则在明确性逻辑中是有效的：明确的事是明确地明确的。从 8. 4 节可以获得一个如下论证：连锁序列提供了证明 S4 原则之有效性的反例。值得注意的是，针对科学知识，斯多亚学派自身就足以提供 S4 原则的反例。我们可能假设智者知道自己是智慧的，但是欧布里德提出的“难以捉摸的人难题”的一个晚期变形版本却不这么说。“你说，智者无所不知，而且没有事是智者理解不了的。话说回来，智者究竟是如何变得有智慧的？因为在一个人变得有智慧的那一刻，有一个事实是他不知道且理解不了的，那个事实就是：他现在是有智慧
278 的。”该事实成为知识是在该事实出现之后的。这个例子极为困扰斯多亚学派，而且克律西波斯写过一本关于该例子的书。该书主张，是有智慧的但却不知道自己是有智慧的，这是可能的。（塞德利 1977：94）该例子明显可以被普遍化。若一个人学习到 $i$ 是少的，则有那么一个瞬间他知道 $i$ 是少的但却不知道自己知道 $i$ 是少的。若关于延迟的理由是一个事实变成明确的是需要花点时间的，那么就存在一个瞬间，在这一瞬间 $i$ 是明确地

少但不是明确地明确地少。若需要花点时间只有赞同，那么该例子就不是证明 S4 原则之有效性的反例，但仍与 8.4 节中的反例非常像，其中使用时间边界来代替概念边界。我们不可能同意克律西波斯会接受明确性逻辑中的 S4 原则。

[25]《反教师》7.416（翻译来自文献：朗格与塞德利 1987 I：223－224）。安纳斯论证了，对于一个印象的认知性是否一定是认知主体可取得的，斯多亚学派仍有犹豫。（安纳斯 1990）

[26] 巴恩斯 1982：52；波恩伊特 1982：335。

[27] 巴恩斯 1982：27。

[28] 巴恩斯 1982：47－49。

[29] 朗格与塞德利 1987 I：218。

[30] 关于连锁推论中条件句的斯多亚学派观点，参见：塞德利 1977：91；塞德利 1982：255；塞德利 1984；巴恩斯 1982：28－29；波恩伊特 1982：321；朗格与塞德利 1987 I：229－230。

[31] 朗格与塞德利 1987 I：222［其中翻译了文献：戴奥真尼斯·拉尔修《哲学家们的生平》7.82］。

[32] 波恩伊特 1982：321。

[33] 朗格与塞德利 1987 I：306［翻译了文献：布鲁达克《论一般概念》（*On Common Conceptions*）1084 c－d］。

[34] 朗格与塞德利 1987 I：391（翻译了文献：亚历山大《论命运》205.5－21）。比较：米格努希 1993：245（其中提供了一个解读，根据这样的解读，斯多亚学派应该将这样的论证视为无效的）。

[35] 巴恩斯 1982：45。

[36] 朗格与塞德利 1987 I：225（翻译了文献：西塞罗《学院派怀疑论》2.93－2.94）。

[37] 朗格与塞德利 1987 I：463（翻译了文献：塞克斯都·恩披里柯《反教师》9.182－9.184）。

[38] 巴恩斯 1982：46；波恩伊特 1982：326－333。

[39] 朗格与塞德利 1987 I：223［记载了文献：《论医学经验》（*On Medical Experience*）16.1－17.3］。

［40］巴恩斯 1982：24－27，57－59。

［41］巴恩斯 1982：60－63。克律西波斯可能拒绝这样处理连锁难题。（朗格与塞德利 1987 I：229）连锁难题被运用于“认知印象”，很难得到适合的结果。

［42］波恩伊特 1982：319－320；比较：米格努希 1993：237－238。

［43］西塞罗《学院派怀疑论》2.92。

［44］莫林 1969；巴恩斯 1982：60－61。

［45］贺瑞斯《书信》（*Epistles*）II i 36－49；佩尔西乌斯《讽刺》（*Satires*）VI 75－80；巴恩斯 1982：36。

［46］《论修辞学的发明》（*Expositione in Rhetor*）*Cic.* II 27；普拉特 1855－1870 I：663。

279 ［47］尼尔夫妇 1962：187－188。

［48］贾丁 1977：161。西塞罗的《学院派怀疑论》等相关著作在中世纪鲜为人知。（施密特 1983：227）奥古斯丁对西塞罗学派怀疑论的回应，出现在《反学院派怀疑论》（*Contra Academicos*）中，比较为人熟知，但只是附带地提到连锁难题。（II v 11）

［49］瓦拉对连锁难题的讨论，目前公认是在《辩证法争论》（*Dialecticae disputationes*）这部著作中。（III xii，瓦拉 1982 I：306－312）有人曾论证，瓦拉意图推导出的结论是一个怀疑论的结论：这样的论证，其状态对我们来说必定仍是不确定的。（贾丁 1977：161－162；贾丁 1983：272－275；贾丁 1988：180－181）本书对瓦拉的解读是按照蒙费沙尼（Monfasani）的文本（蒙费沙尼 1990：193－196），而将瓦拉解读为意图推导出一个非怀疑论的结论。

［50］这样的复原并不是立即的。在凯萨利斯（Caesarius，1467—1550）与梅兰克森（Melancthon，1497—1560）的教科书中存在非三段论式的连锁难题。（贾丁 1982：806－807）

［51］汉密尔顿（Hamilton）讨论了这些主题。（汉密尔顿 1860 I：366－385，464－466）

［52］施密特 1983。

［53］哈特（Hart）以惊人的说服力论证了堆垛确实构成一个自然

类；即使如此，大的堆垛却不构成一个自然类。(哈特 1991－1992)

［54］《人类理智新论》(*Nouveaux Essais*) III v 9，III vi 27；威金斯 1980：124。

［55］贝恩 1870：160－161。对照：贝恩 1870：433。

［56］黑格尔 1892 I：462－464；黑格尔 1975：159。

［57］黑格尔 1975：172。

## 第二章　精确度的理想

［1］有关“含混的”是不是含混的讨论，参见：奥尔德里奇 1937：94；奥斯汀 1962：125－131；奥尔斯顿 1964：85；索伦森 1985；索伦森 1988b：227－228；迪斯 1989。他们都不否认含混性在日常语言中不只指界线的模糊性。

［2］事实上，《概念文字》中的系统是一种高阶谓词逻辑，从中我们可以概括出概念，就像概括出事物一样。

［3］实际上，数学家并不总是信奉自己的定义，如同弗雷格所抱怨的那样。此处的说明是，将一个定义当作约定会是什么样。

［4］弗雷格 1960：159［《算术基础》(*Grundgesetze der Arithmetik*)，第 2 册，1903，第 56 节］。弗雷格将缺少精准性比喻为一条模糊界线，而将缺少完整性比喻为一条断裂界线，这暗示了缺少精准性与缺少完整性是有差异的，不过他对两者不做区分。

［5］针对弗雷格解决含混性的方法的一般性研究，参见：范·海杰罗特 1985。

［6］这样的一个函数是一个一阶概念，将概念对应于真假值的高阶概念会被忽略。

［7］一个更糟的错误是假设：我们可以约定一个表达式有一个指涉对象，而不需要约定该表达式具有什么指涉对象。

［8］递归函数理论基于数学理由而需要不完全函数。

［9］弗雷格 1960：159。

［10］弗雷格 1960：168（《算术基础》第 64 节）。 280

［11］弗雷格 1960：159；1979：155（“支持我关于定义的更严格规

则的论证”，1897－1898 或不久之后）；1979：195（“逻辑导论”，1906）；1980：114（给皮亚诺的信，1896）。

［12］精准性要求与非矛盾律和排中律关联在一起。［弗雷格 1979：179《论薛弗利斯：集合论的逻辑悖论》（“On Schoenflies：*Die logischen Paradoxien der Mengenlehre*”），1906］

［13］为了考虑某些逻辑原则［这些原则是通过一个特殊谓词（即，$\forall x\ x=x$）而获得详细说明的］，需要一个微小的调整。

［14］该定理是：若 $x$ 具有性质 $F$（该性质承继在 $f$ 序列中），而且若 $y$ 是在 $f$ 序列中接续 $x$ 的，则 $y$ 具有性质 $F$。（范·海杰罗特 1967：62；《概念文字》第 27 节）

［15］齐夫 1974；齐夫 1984：141－142；伟斯 1976；史密斯 1984。这种观点受到了达米特与索伦森（Sorensen）的批评。（达米特 1975；索伦森 1988b：219－224）

［16］弗雷格 1980：114；比较：弗雷格 1979：155。

［17］达米特 1981：32－33，34。

［18］弗雷格 1960：170－171（《算术基础》第 66 节）。

［19］根据弗雷格的条件，使一个关于含混性的融贯说明是不可能的是高阶含混性；参见 2.4 节（3）。或许，弗雷格开始注意到该现象，是在注释 4 中提及的段落。

［20］弗雷格 1980：115。弗雷格说，基于实用的目的，你的想法跟他的很接近就够了。

［21］弗雷格 1979：155；弗雷格 1980：115。

［22］弗雷格 1979：122（“评论意涵与意义”，1892－1895）。

［23］参见：麦克道尔 1977；埃文斯 1982：22－30；达米特 1981：129－138；萨蒙 1990：235－246。无疑的是，弗雷格认为应该有没有指涉对象的意涵。给定他对这些概念的说明，问题在于他是否正确。

［24］弗雷格 1960：159。伯奇（Burge）提出，弗雷格将缺少指涉对象视为一个相较之下罕见的现象，而且弗雷格对不明确性的讨论大多是认知的：我们可能无法完全理解一个在思想中使用的意涵（不是因为语言社群中的其他成员确实完全理解它）。（伯奇 1990）虽然弗雷格的某些评

论确实指向一个这样的观点，但是它将削弱弗雷格对意涵等同条件的认知判准。伯奇承认，这个判准限制了对我们使用的意涵的无知范围，但是它可能完全没有范围。（伯奇 1990：n. 16）若一个想法将一个清楚掌握的意涵的指涉对象等同于一个没有清楚掌握的意涵的指涉对象（它似乎就是如此），则根据认知判准，这两个意涵是不同的。若有人回应，思想的清楚掌握揭示了它不是真正提供信息的，那什么会阻挡对认知判准之典型运用的类似回应？弗雷格的一个信徒最好被建议强调对指涉对象的无知，而不是对意涵的无知，虽然弗雷格从未用这样的语词来处理含混性，而且一般会将含混性跟指涉失败关联在一起。（请注意：文本忽略间接语境。）

［25］在维特根斯坦的《逻辑哲学论》中发现了一个逻辑上完美的语言概念，这种语言与弗雷格的语言概念非常相似，差别在于“我们日常语言的所有命题，如同它们存在的样子，在逻辑上井然有序”（5. 5563）。《逻辑哲学论》中提及含混性最接近的部分是 3. 23：“简单记号是可能的，这个要求是要求意涵是确定的。”在此，“确定的”排除的不只是含混性；一个不可用简单记号来分析的命题算作不确定的，但它不需要是含混的。（也可参见 3. 24）无论如何，含混性也是一种形式的不确定。在《战时笔记》（*Notebooks*）中，记录 1915 年 6 月遭遇到确定性与完全分析的一个障碍，即含混性。“我只想为日常语句的含混性辩护，因为它是可辩护的。”（1961b：70）一个命题说的是，“一定容易受到准确定义的影响”（1961b：60）。准确性明显有别于具体性。简单事物的多种组合可能会使一个有着准确意涵的命题为真，所以对任何一个事物来说，该命题是一个不完整的描述，但使它为真的事物与使它为假的事物之间一定有条精准界线。不过，一个类似于“书在桌子上”的命题似乎以这种方式不是完全准确的：它可能很难被归为真或假。（1961b：67）维特根斯坦受到下列观点的吸引：虽然单独来看一个语句不会解决边缘例子，但一个人在特殊场合用它所意指的内容可以解决边缘例子。（1961b：68，70）他心中想到的情境是：有本书在他前面的桌上，假设该书跟桌子的特殊空间关系将给予该命题一准确意涵。这个解法是没有希望的。在命题明显为假时它是不适用的，在命题为真但说话者不可能知觉到桌上的书时它也是不适用的。即使该书在桌上，而我正注视着它，我也不是用“在……上”来意

指一种绝对具体的特殊空间关系；若该书跟我所认为它所在的位置距离一英寸，在我用“在……上”的意义下，它可能仍算是在桌上。即使我确实用“在……上”来意指一种绝对具体的特殊空间关系，我使用该语句来告诉你该书的位置也徒然无功，因为你不知道我意指的是哪一种绝对具体的特殊空间关系。含混性会被语境与意图缩小，但不会被它们消除。更多的讨论，参见：卡罗瑟斯 1990：47－49，67－68。

［26］5.498 与 5.508（所有的参考文献都指向以下文献的册数与段落：皮尔斯 1931—1956）。关于皮尔斯对含混性的全面讨论，参见：汤普森 1953：213－227；布罗克 1979；纳丁 1980；胡克伟 1985：231－233，237－238；胡克伟 1990；恩格尔-蒂赛林 1986。关于他对多值逻辑的期待，参见 4.3 节。

［27］鲍尔温 1901－1922 2：748。

［28］相当可疑的是，皮尔斯的定义蕴涵一个不构成含混性的例子，在其中说话者是确定地倾向于表示不知道，并且说“它是一个边缘例子”。

［29］5.505。“含混”的两种意涵间的区分不是指谓词的含混性与主词的含混性的区分，尽管有时候会这么说。主词也可能有模糊界线。请注
282 意：一个语句可以相对于一个组成部分而是含混的，相对另一部分而是普遍的，例如“某人爱每个人”。

［30］皮尔斯主张，严格来说，即使一个个体的一个合适的专名也会有某种不确定性，因为一个个体会在时间中变化。（3.39，5.448 n.1）当然内含“有时候”或“总是”可以使“菲利浦是圆滑的”在他的意义下是不确定的，但这样的量化词不会内含地出现在“菲利浦活了 46 年”这个语句中。没有可接受的人格同一观点支持皮尔斯的以下建议：在菲利浦一生的某个特定时刻被详细说明之前，纯粹的单一指涉关系不会达成。

［31］5.447，5.505.

［32］皮尔斯的说明应该适用于思想中的记号和言谈。（5.447）即使知觉与心像可以是含混的。（3.93）他写道：“我们自身的思考像一个对话一样进行着，虽然多半在较小程度上遭受到语言的不完美的限制”（5.506），但他并没有解释细节。若一个自己与自己对话中的说话者与解释者之间的区分只是早先的自己与晚一点的自己之间的区分，那么所有进

一步确定的任务将会被交给解释者，亦即晚一点的自己，以至于我们自身的思考会是普遍的，而不受制于含混性的不完美。若上个月我含混地思考“这个月，有件大事即将发生”，那么我现在就一定能像该思想的生产者一样行动；若我普遍地思考“人是会死的”，那么我就一定能像该思想的被给予者一样行动。

[33] 对一般性的语义游戏，参见：辛提卡 1973；萨里嫩 1979。关于他们跟皮尔斯的关系，参见：布罗克 1980；希尔皮宁 1982。此处的说明忽略了许多问题，例如，不可辨识物的存在，

[34] 比较：哈克 1974：109。

[35] 5. 450.

[36] 5. 506.

[37] 5. 447.

[38] 也请注意 5. 449 中的“运用的一个些微不同模式”这段话。

[39] 5. 447.

[40] 5. 448.

[41] 在 1913 年《知识论》(*Theory of Knowledge*) 的原稿中，含混性作为记忆心像的一个性质而被讨论到（罗素 1983 -，vol. 7：174 - 176），并在罗素 1912 年的著作中（持续出现，罗素 1921：180 - 184）。罗素 1923 年的文章中的想法约略显示在 1918 年的《论逻辑原子论的讲座》中（罗素 1983 -，vol. 8：161），并且于 1922 年在牛津宣读。实用主义者席勒发表了一个怀疑论式的回应。（罗素 1983 -，vol. 9：145 - 146；席勒 1934）罗素还在下列文献中讨论了含混性：罗素 1983 -，vol. 8：139 - 142；1927：220 - 224，280；1948：276 - 277。下列文献批评了罗素的观点：布雷克 1937；科尔 1969；罗尔夫 1982。

[42] 罗素 1923：147 - 148（重印于文献：罗素 1983 -）。

[43] 罗素 1923：154。

[44] 罗素 1923：148。

[45] 罗尔夫 1982：76 - 78。 283

[46] 正文中的论点主张，无论含混语句是不是那些可以有边缘例子的语句，或那些包含一个含混组成部分的语句。

［47］若一种组合模式可以是含混的，则也可以把它算作一个组成部分。

［48］自然语言中的逻辑语词可能实际上是含混的，例如，“若……则……”是不是真值函数的，这可能是含混的，不过那会使罗素试图从“真”与“假”的含混性推导出逻辑语词的含混性的努力变得无效。

［49］罗素 1923：149。

［50］罗素 1923：148。同时参见：罗素 1923：150。

［51］进一步的讨论，参见：芬恩 1975：289。

［52］罗素 1923：151。

［53］罗素 1923：151。

［54］参见：罗尔夫 1982：79－80。

［55］罗素 1923：150。

［56］罗素 1923：153。

［57］罗素早先尝试区分含混性与普遍性，他说：“我们可以将一个含混语词比作果冻，而将一个普遍语词比作一堆枪”（罗素 1921：184）；又说：“我们可以说，一个语词包含一个含混观点，当它的影响对一个个体是适当的，且对各种相似的个体是一样适当时，一个语词包含一个普遍观点，当它的影响不同于那些对个体适当的语词的影响时”（罗素 1921：220－222）。这些尝试没有把问题弄清楚。特别是，它们不承认许多语词同时是含混与普遍的。请注意，罗素对一般事实的认可不会拯救他的含混性理论，这种含混性理论允许他将含混性视为一种歧义性。文中的论证显示出他也需要承认析取事实（而且是存在的），并且修改自己的普遍性理论。此外，一个歧义语句不只是被多于一个的事实所验证；每一个事实在它的一种意义下验证它。

［58］罗素 1923：153。

［59］罗素的定义不同于现今对同构结构（＝系统）的标准数学定义，根据标准定义，对应关系就是 $X$ 与 $Y$ 之间的一种 1 对 1 的相互关系，使得，若 $x_1$，…，$x_k$ 分别对应 $y_1$，…，$y_k$，则 $R_i$ 这种关系联系起 $x_1$，…，$x_k$（依那个次序），当且仅当，$S_j$ 这种关系联系起 $y_1$，…，$y_k$（依那个次序）。因此，在（vi）中 $S_j$ 需要的是 $S_i$。（布里奇 1977：15）根据标准定

义，一个系统的等同性依赖于排序，而该系统的关系依那个次序来列举，使“一个系统是一个抽象事物”是明显的。罗素以更具体的方式来思考系统，并且没有留下空间给两个系统之间的“人为”差异，而那两个系统仅仅在关系的列举次序上有差异。对于关于结构概念的历史，参见：霍奇斯 1985 - 1986。

［60］纽曼 1928。

［61］假设了表征关系的等同性，以确立表征系统与被表征系统之间的等同。

［62］若存在两种表征关系，则这些定义允许一个系统既正确地表征 284
也不正确地表征另一个系统。

［63］罗素 1923：152。他的意思不是：表征是含混的条件是，表征系统应该有比被表征系统更少的元素，因为一种表征关系可能不是 1 对 1 的关系，即使当表征系统跟被表征系统有一样多（无限多）个元素。罗素用“关系”意指“表征关系”。罗素在使用“1 对多”这个语词时相当宽松。专技上讲，对应关系是 1 对多的，当且仅当，它满足上述条件（iii）与条件（v）：对被表征系统的每一个元素来说，表征系统中恰好会有一个元素对应到它。（罗素与怀特海 1910—1913，vol. 1：437）因此，一种 1 对 1 的相互关系也算是 1 对多的关系。不过，当罗素认为含混表征关系是 1 对多的关系时，他暗示的是，它不是 1 对 1 的关系。他对违反条件（iv）（即一个事物表征许多事物）感兴趣，这样的违反大概会构成含混性，而不管其他条件是否被满足。这留下一些情况是，条件（iv）被满足，但是（i）、（ii）、（iii）或（v）被违反：例如，当表征系统的每个元素最多表征一个事物，但其中有些根本不表征任何事物。根据日常标准，那不等于含混性。另外，将“1 对 1”的定义对应于罗素的“被表征事物（例如事实）可能仅仅是可能存在”这个假设，这是有问题的；参见：罗尔夫 1982：69 - 71。

［64］参见 n. 61。

［65］该定义允许一个系统既含混地表征也精确地表征另一个系统；参见 n. 62。

［66］罗素 1983 -，vol. 8：176。

［67］罗素 1923：152。

［68］参见：罗尔夫 1982：71。

［69］罗素 1923：153。

［70］回应原先的文章，席勒反对的不是把精确度（用他的话来说，是“精确性”）分析为语词与意义之间的 1 对 1 的相互关系，而是反对“如此定义精确性是一件好事”这个想法。（席勒 1934）有人可能注意到，罗素在 1948 年的著述中并没有混淆含混性与普遍性，当时他没有太专注一种逻辑上完美的语言。（罗素 1948：276－277）赛恩斯伯里（Sainsbury）讨论了罗素 1948 年的著述。（赛恩斯伯里 1979：136－137）

［71］罗素 1923：153。

［72］罗素 1927：280－281。

## 第三章　含混性的复兴

［1］科恩 1927 年发表的文章与席勒 1934 年发表的文章是在这期间讨论含混性的例子。

［2］奥斯汀 1962：128。这段引言摘录自奥斯汀对艾耶尔（A. J. Ayer）以下主张的反驳：感觉材料语言本质上比物质对象语言更精确。

285 ［3］奥斯汀 1962：125－126。

［4］在 1937—1965 年出版的其他讨论含混性但没有在正文中被提及的文献包含：奥尔德里奇 1937；科比罗维奇 1939；本杰明 1939；柏克斯 1946；帕普 1949：116－117；奎因 1960：125－129；奥尔斯顿 1964：84－96；卡普兰 1964：65－68。

［5］布雷克 1949：28（重印了文献：布雷克 1937）。皮尔斯在 1902 年的定义是被赞同地引用的。有时布雷克说，对含混性来说，仅仅设想边缘例子就足够了（例如，布雷克 1949：30）；他在这个论点上是不一致的。

［6］科比罗维奇（Copilowish）通过尝试将含混性包含在歧义性中来回应布雷克。（科比罗维奇 1939）他论证边缘例子涉及语义规则的一个冲突，并且论证这样的一个冲突意味着歧义性。他承认一个以例示来定义的

语词，例如“红的”，它的含混性根据这个说明很难获得解释，不过他建议，一个介于红色的与橘色的之间的边缘例子涉及一个冲突，而该冲突介于“一个充分相似于红色的色度是红的”与“一个充分不相似于红色的色度不是红的”这两个规则之间。不过，他没有呈现“红的”真的受制于这样的规则。更晚近的哲学家已经论证过，“红的”受制于“一个跟红色不可区辨的色度是红的”这个规则（参见本书 6.3～6.4 节），但是科比罗维奇没有把“充分相似的”等同于“不可区辨的”。

［7］布雷克 1949：35。

［8］布雷克忽视了由“适用一致性可以是无限多的”这个事实导致的数学困难。该问题被亨佩尔暗中解决了，其中使用的是 $m/(m+n)$，而不是 $m/n$，$m$ 与 $n$ 分别是正面案例与否定案例的数量。（亨佩尔 1939：165）

［9］布雷克通过，当 $m+n$ 增加时，限制用 $m$ 与 $n$ 最小值的两倍除以 $m+n$，来测量 $L$ 对 $x$ 的适用不一致［$m$ 与 $n$ 代表的意思跟在注释［8］中一样；布雷克的说法是，蕴涵“最大值”而不是“最小值”，不过这似乎是一个错误（布雷克 1949：47）］。若有实际的全体一致，则限制是 0，若意见平均分布，则限制是 1，若是其他情况，则限制在 0 与 1 之间。通过这个作为 $x$ 在相关区域中的位置的函数计算画出的曲线，其下方的区域被认为是 $L$ 含混性的一个测量结果。

［10］布雷克 1949：48。

［11］布雷克 1949：48－49。

［12］高阶含混性使布雷克的替代原则变得可疑。请同时注意：为了避免矛盾，真理不可能等同于至少是 1 的适用一致性，否则当语言的说话者被平均地分开时，$L$ 与“非 $L$”都会真于 $x$。此外，布雷克暗中假设 $L$ 与“非非 $L$”是可相互替换使用的；若有些说话者偏好称 $x$ 为“非 $L$”而不是 $L$，但是偏好“非非 $L$”而不是“非 $L$”，$L$ 与“非 $L$”在 $x$ 上的适用一致性可能会小于 1。

［13］布雷克说，他的定义保留了排除关系的传递性，但排除关系不是传递的。若“鲜红的”排除了“绿的”而“绿的”排除了“红的”，这不代表“鲜红的”排除了“红的”。

286 ［14］比较一个度量之数学定义中的三角不等式。布雷克错误地用“少的”取代了“不更多”。（布雷克 1949：57）他也为了适用一致性而将一个变元引入不等式，认为元语言表达式“$i$（$L$，$M$）”（应该指称包含关系失败的程度）仿佛是原初含混语言的一个全称量化条件句，这个条件句的前件包含 $M$，而后件包含 $L$。布雷克具有一个错误地夸耀严格性的倾向。

［15］若该表达式是歧义的，则它的不同意涵必须被分别对待。布雷克主张，这个歧义性可以在一致性轮廓中侦测出来，轮廓中的两个下降标志着两个边界。这个测试不是全面的：它不会在“易燃的”与“非易燃的”之间侦测到歧义性。

［16］布雷克 1949：54。

［17］布雷克的实验甚至不能测量“自然的”这个语词的一致性轮廓，因为事物没有被给予机会将没有分歧或者多于一个描述为“自然的”。相同的是，它无法为跨时间的语言规则性的演化提供模型，因为它不涉及说话者之间的互动。

［18］亨佩尔 1939：173。

［19］在强化罗素的“含混性只属于表征”这个主张时，比较罗素对“持有性质是可分级的”这个主张的否认。［2.4 节（1）］对“持有性质是可分级的”这个主张，参见：柏克斯 1946：483。

［20］亨佩尔 1939：176。

［21］布雷克 1949：249－250。

［22］“一种语言不可能是有意义的，除非**我们**可以理解它”，这个假设也是可以批评的人类中心论。“有意义的”是**我们的**语词，以此为基础的辩护立场是靠不住的。我们的语词为什么只适用于我们知道它们适用于的东西？

［23］亨佩尔 1939：167，170。

［24］布雷克 1949：43。

［25］布雷克 1949：28。

［26］亨佩尔 1939：179。亨佩尔也批评布雷克用一致性轮廓的陡峭程度来测量含混性。它假设事物可以在量化的维度（例如高度）上以一种独一无二的方式来排列；亨佩尔指出，可能没有这样的维度（165）。“扭曲

的”是一个含混语词，但对扭曲性，我们没有一个线性的测量方法来处理。亨佩尔提议，用不依赖于级别假设的适用一致性来测量含混性。（166）

［27］布雷克 1970：10－11（再版了文献：布雷克 1963）。

［28］“我们冒着盲目地使用逻辑规则的风险”（布雷克 1970：13）；一个对比无疑来自维特根斯坦的话：“我盲目地遵循规则”（维特根斯坦 1953：第 219 节）。根据布雷克的看法，逻辑有时可适用到无争议的清楚例子之外；当讨论中唯一的其他男子是更高的，“个子矮的男子”就可能被判定为“个子矮的男子”的一个边缘例子；根据任何合理的划界方式， 287
“个子矮的男子通常娶个子矮的女人”都可能为真。难以猜测布雷克对这些例子的逻辑有什么样的立场，因为他在这些例子中没有提及一个有效或无效论证。他似乎至少做了两个主张：其一，“边缘例子”是语境相关的；其二，一个边缘例子的出现不总是引起真假值的不确定性。或许真假值的确定性（而不是缺少边缘例子）才应该是逻辑适用性的条件。奥迪加德（Odegard）与坎贝尔（Campbell）做了相关的批评。（奥迪加德 1965；坎贝尔 1974）

［29］根据《逻辑哲学论》中的一个严格的观点，语言的晶莹纯洁性必须被证明，而不是必须被说出。

［30］这样的主张被卡查杜里恩（Khatchadourian）与科尔（Kohl）发展出来。（卡查杜里恩 1962；科尔 1969）

［31］不能混淆正文中的想法与以下想法：$z$ 可能在 $t$ 时刻是一个游戏，而在 $t^*$ 时刻不是（因为该语句中使用的“游戏”的意涵是现在的意涵）。“数”的意涵已经演变了，但“若 $x$ 在 $t$ 时刻是一个数，则 $x$ 在 $t^*$ 时刻是一个数”却总是为真。反过来说，“$x$ 在 $t$ 时刻可能是一个小孩，但在 $t^*$ 时刻不是”这个事实并不蕴涵“一个小孩”这个概念的任何演变。

［32］马默 1992：133。

［33］比较皮尔斯-辛提卡游戏中的一个对手。

［34］维特根斯坦提及了连锁悖论。（维特根斯坦 1975：第 211 节；同时参见：吉奇 1956：72－73）维特根斯坦注意到，有时我们可以将一个含混谓词 $F$ 放到一个精确的充分条件 $A$ 与一个精确的必要条件 $B$ 之间，

其中 $A$ 蕴涵 $B$，但反之不然。因此，$F$ 会有某种精确的逻辑性质。它的边缘例子会在 $A$ 之外，但在 $B$ 之内。这个论点跟二阶含混性是一致的，因为虽然 $F$ 的所有边缘例子都是 $B$ 与非 $A$ 的精确合取的例子，但后者的所有例子不需要是 $F$ 的边缘例子。

［35］魏斯曼 1945：121。

［36］魏斯曼 1945：126。比较维特根斯坦对“数”的讨论。

［37］魏斯曼 1945：123。

［38］魏斯曼 1951。帕普（Pap）运用布雷克的含混性理论到相似的效果上，即引进了意义与蕴涵的程度。（帕普 1958：326－327，346，355－356）若说话者更不愿意将“成熟柠檬”运用于一个不黄的成熟水果（相较于一个不酸的水果），则“成熟柠檬是黄的”比“成熟柠檬是酸的”是更为分析的。一个替代观点是，这样的倾向告诉我们的更多是关于说话者的信念的，而不是关于“成熟柠檬”的意义的。

［39］魏斯曼对感觉印象的逻辑的讨论跟一个关于感觉材料与心像的不确定性的争论有关，参见：皮尔斯 1932：149－150；艾耶尔 1940：125；齐硕姆 1942。近几年讨论这个问题的文献包含：索伦森 1989；泰伊 1991：103－116。该争论与关于含混性的议题之间的相关性受到争议中语词的独特主观地位和将不具体性视为含混性的倾向的限制。

［40］魏斯曼 1945－1946：98。他将排中律的限制运用于布劳沃直觉
288 逻辑中的可决定命题，但否认后者适用于感觉印象。（比较：布雷克 1949：36－37）魏斯曼对逻辑的态度是实用论的：他认为排中律被证明是无用的。

［41］关于过去的反实在论的一个更同情的观点，参见：达米特 1968－1969。

［42］魏斯曼 1945－1946：100。

## 第四章　多值逻辑与真值度

［1］$p_1$，…，$p_n$，$p$，$q$…是语句变元。复杂公式具体说明语句的类型，例如，$p \vee \sim p$ 具体说明那类由一个语句与其否定所构成的析取句。$A$，$B$，…是形式语言的合式公式变元。

［2］这种新的判定方式是机械的，仅当真假值的数量是有限多的。

［3］菲什与特奎提 1966。

［4］含混性中推测而来的不确定性与未来的推测而来的不确定性之间的一种推测而来的关联性（不同于卢卡西维兹的情况）是，当前的边缘例子如何被解决（以及是否能被解决）还是不确定的。关于多值逻辑的历史，参见：雷舍尔 1969：1-16。

［5］哈尔登 1949：9。

［6］哈尔登 1949：76。

［7］哈尔登 1949：86-87。

［8］哈尔登的真值表对应到波瓦尔的"内在"系统中的那些真值表，该系统最开始出现在发表于 1939 年、以俄文撰写的文章中。（波瓦尔 1981；雷舍尔 1969：29-34）不过，哈尔登的著作跟波瓦尔的文章是他们独立创作出来的（波瓦尔的文章并未出现在哈尔登著作的大量参考文献中）。两者在指定值上也有差异。

［9］证明：令 $C$ 是结论，而 $A_1$，…，$A_m$ 是前提，并且只涉及 $C$ 中的语句变元，另外 $B_1$，…，$B_n$ 是其他前提。若从 $A_1$，…，$A_m$ 到 $C$ 的论证在经典逻辑中是有效的，则基于二值真值表，对 $C$ 中语句变元的某种真假值指派，会使 $A_1$，…，$A_m$ 为真而 $C$ 为假；它可以被推广到一个真假值的指派，而该指派会使每个不在 $C$ 中的语句变元都是无意义的，而根据哈尔登的真值表，这会使 $A_1$，…，$A_m$ 为真、$B_1$，…，$B_n$ 是无意义的，而 $C$ 是假的；因此，从 $A_1$，…，$A_m$、$B_1$，…，$B_n$ 到 $C$ 的论证在哈尔登的系统中不是有效的。反过来说，若该论证在哈尔登的系统中不是有效的，则根据哈尔登的真值表，某个真假值的指派会使 $A_1$，…，$A_m$ 是非假的，而 $C$ 是假的；因为 C 不是无意义的，所以其中的语句变元没有一个会是无意义的，因此在 $A_1$，…，$A_m$ 中的语句变元没有一个会是无意义的，所以 $A_1$，…，$A_m$ 是真的或者是假的；因为它们是非假的，所以它们是真的；因此，从 $A_1$，…，$A_m$ 到 $C$ 的论证在经典逻辑中也不是有效的。

［10］证明：假设从 $A_1$，…，$A_m$ 到 $C$ 的论证在经典逻辑中是有效的，而且假设 $C$ 中的每个语句变元都在某个 $A_i$ 中。若一个真假值的指派让 $A_1$，…，$A_m$ 在哈尔登的真值表中为真，则它们是有意义的，所以每个在它

们当中的语句变元是有意义的，因此，$C$ 中的每个这样的语句变元是有意义的；因为哈尔登的真值表从二值真值表推广而来，所以该指派会让
289 $A_1$，…，$A_m$在二值真值表中为真，因此该指派会让 $C$ 在二值真值表中为真，并且也会在哈尔登的真值表中为真。再假设 $A_1$，…，$A_m$会形成一个经典逻辑中的不一致集合。通过类似推论，没有真假值的指派会让它们在哈尔登的真值表中都为真。因此，若从 $A_1$，…，$A_m$到 $C$ 的论证在经典逻辑中是有效的，而且 $C$ 中的每个语句变元都在某个 $A_i$ 中，或者 $A_1$，…，$A_m$会形成一个经典逻辑中的不一致集合，则根据哈尔登的真值表，该论证是保持真值的。因为哈尔登的真值表从二值真值表推广而来，所以该论证在经典逻辑中是有效的。若 $A_1$，…，$A_m$形成一个经典逻辑中的一致集合，则某个真假值的指派会让它们在二值真值表中都为真，所以也会在哈尔登的真值表中为真，当每个不在其中的语句变元都是无意义的；因为 $C$ 是真的，所以 $C$ 在哈尔登的真值表中是有意义的，因此每个在其中的语句变元都会在某个 $A_i$ 中。

［11］对哈尔登之疯言疯语逻辑的形式讨论，参见：安奎密斯特 1962；赛格贝里 1965。对于正文中提及的问题，一个回应会是将自然语言的语句翻译成更复杂的式子，其中会涉及+。没有在此讨论的理由有两个：它会易于丧失哈尔登进路中的特殊之处，而且它无法避开二阶含混性问题。（参见 4.6 节）

［12］哈尔登 1949：83－86。

［13］关于这个意图推导出的结论，3.4 节会提出一个对它的质疑。

［14］科纳 1955，1959，1960，1966。

［15］科纳 1966：37－40。如同他注意到的，逻辑学家克林（Kleene）预见了科纳的真值表，不过却是基于其他目的。（克林 1938）近期试图运用克林的真值表到含混语言上的人是泰伊（Tye）。

［16］科纳提出了一个较不寻常的建议，定义一个被解释的命题是逻辑上为真的，当且仅当，每当它的中立部分都被删除（包含支配这些部分的算子），或者都被有真假值的命题所取代，得到的结果会在经典逻辑中是有效的。举例来说，令 $p$ 是“杰克是秃的”，而 $q$ 是“杰克是一位哲学家”。若 $p$ 是真的或假的，则（$p \supset p$）$\vee q$ 这个命题在逻辑上是真的，因

为它在经典逻辑中是有效的；若 $p$ 是中立的，尽管 $q$ 是真的或假的，则 $(p\supset p)\vee q$ 在逻辑上不是真的，因为删除中立部分的结果就是 $q$，而它不会在经典逻辑中是有效的。因此，一个命题是否算是一个逻辑真理，依赖于杰克的头颅。这个概念没有使用科纳的三值真值表。不容易看出它背后的道理是什么。对于科纳逻辑的详细讨论，参见：库玛 1968；科纳 1968；克利夫 1970。

［17］哈克 1974：60。

［18］科纳 1959：128；科纳 1960：164。

［19］证明：令 $A$ 是一个由语句变元构成的式子，而且初基算子包含 ~、∨、&、⊃与≡。通过让每个语句变元代表一个中立命题来解释 $A$。于是，某个选取序列会让 $A$ 为真，而某个选取序列会让 $A$ 为假，当中立命题的确切出现容易受到独立选取的影响时。这可以通过对 $A$ 的长度做数学 290
归纳来证明，因为对每一个初基算子来说，二值真值表会在右栏有一个 $T$ 与一个 $F$。因此，若有一个适当的选取序列，则任何推论形式都会有一个有着真前提与假结论的个例，因为选取独立于每个前提与结论而成立。通过加入一个恒假的符号⊥到语言中，我们可以恢复一些（但不是很多）逻辑。

［20］哈尔登 1949：56－57。

［21］科纳 1959：126；科纳 1960：160。对于高阶含混性与三值逻辑的关系，也可参见霍根（Horgan）即将发表的文章和泰伊即将发表的文章。

［22］想象这个语句表达了一个不可能看到这块布的人所做的推断，以至于这块布的状态对“黑的”的指涉不具有一种语境影响。“更黑的”也被假设不蕴涵“黑的”，该论证可以轻易地适应相反的论证。

［23］参见：卢卡西维兹与塔斯基 1930。他们着重处理逻辑 $L(\aleph_0)$，当可得的值是介于 0 与 1 之间的有理数时，语句集合会是有效的，不同于逻辑 $L(\aleph_1)$，语句集合是有效的，当（就像正文中所述）所有介于 0 与 1 之间的实数都是可得的值。不过，$L(\aleph_0)$ 与 $L(\aleph_1)$ 最后被证明是等价的［定理 16 由林登鲍姆（Lindenbaum）证明］。因此，在命题逻辑中，若真值度以有理数的方式排序，而不以实数的方式排序，则有效式的集合不会有差异（原初动机是假设时间以实数的方式排序；我们如何知道时

间不是以有理数的方式排序?)。无论如何，对量化词的语义论获得了完整定义，仅当每一个真值度的集合有一个最大的下限与最小的上限。这对介于0与1之间的实数是成立的，但对介于0与1之间的有理数却不成立。

[24] 参见：雷舍尔1969：42。一个相似的问题会通过$C_{\alpha}$（其中$0<\alpha<1$）而被提出。

[25] 将集合适用于含混性的一个相当不同的尝试是：使用严格有限论者的想法。（沃篇卡1979：33－38）预见模糊集合论的文章是由卡普兰与史肖特在1951年撰写的。

[26] 戈顾恩1969。模糊逻辑的存在跟先前段落中的主张并不矛盾，该主张说模糊理论的运用是在经典逻辑与经典数学的架构下进行的，因为模糊逻辑学家使用的元逻辑是经典的（例如，戈顾恩1969：327）。请比较4.12节。

[27] 秃的程度可以被认为会随着头发数量的增加而减少。这个提议与相似的建议影响后者，但却不影响理论的实质。

[28] 若非标准条件句→被用来取代⊃，则无论是→还是⊃，连锁论证都会是有效的，但它的所有条件句前提会是完全假的，使它们的有趣之处没有得到任何说明。我们也可以定义一个不同的条件句：给定其后件的
291 真值度不低于其前件的真值度，譬如，不低于1/100 000这个真值度，则整个条件句是完全真的。（对照：皮科克1981：127）于是，连锁论证的所有前提会是完全真的，但运用于这个条件句的离断律却不会保持完全的真值。这个新定义难以说明为什么我们会认为离断律是明显有效的。若连锁论证使用的是合取句的否定，而不使用条件句，则有些前提会比半真还要真（赖特1987：251－252）；真值度理论可能被迫主张，这样的一个式子不会掌握住连锁悖论背后的直觉（关于相关议题的讨论，参见4.14节）。若想知道如何在模糊逻辑的一个形式中以更精巧的方式来处理连锁悖论，参见：戈顾恩1969；马旭纳1976。戈顾恩的进路被运用于模态连锁悖论，参见：富比士1983，1985。请注意：本章讨论的连锁悖论使含混性（而不是观察性）是有趣的；对观察性感兴趣的学者，参见6.3～6.4节。并非所有处理连锁悖论的真值度方式都认可数值化的真值度。参

见：皮科克 1981；赛恩斯伯里 1988—1989；4.13 节。相关材料也可以在下列文献中找到：马旭纳 1972；桑福德 1975；金 1979；赛恩斯伯里 1986，1992；伯杰斯与亨伯斯通 1987；杜波依斯与普拉德 1988。

［29］其他相关的语词结构是“比……更 $F$”、“至少跟 $F$ 一样”、“比一个 $F$ 更……”（其中“$F$”是一个名词词组）以及其他最高级的语词结构。我们需要强调一种组构理论，参见：克莱茵 1980。

［30］若该语义论根据 $x$ 是 $F$ 的程度来指派“$x$ 是 $F$”的真值度，并且用比较级语词来说明 $x$ 是 $F$ 的程度是多少（例如，根据详细说明，两个东西是 $F$ 的程度相等，当且仅当，第一个跟第二个都一样地 $F$），则循环定义的问题会威胁着“将比较级语词视为形容词原型的复合”这个计划。（克莱茵 1980：5）无论如何，真值度理论可以把某东西是 $F$ 的程度概念视为初基的。

［31］进一步参见：莱考夫 1973；扎迪 1972，1975。

［32］克莱茵 1980：6。

［33］不根据模糊逻辑来说明比较级语词的人，包含克雷斯韦尔（Cresswell）（克雷斯韦尔 1976）、克莱茵（Klein）（克莱茵 1980）、冯·施泰肖（Stechow）（冯·施泰肖 1984）。冯·施泰肖不认为比较级语词的语义论依赖于含混性。（冯·施泰肖 1984：75）虽然克莱茵在含混性方面允许不真不假的语义值，但他理论的真正工作是通过语境上决定比较集来完成的，而“语境上决定”这种特征是独立于含混性的。一种基于经典逻辑的真值度逻辑，参见：卡萨里 1987。对允许程度连续集的真值度理论来说，甚至允许存在截止点，参见：R. E. 恩格尔 1989（恩格尔提供了酸性的例子）。

［34］相似的评论适用于从典型性的判断来推导真值度的尝试。有相当的证据显示英文的说话者会认为麻雀比企鹅更像是典型的鸟，苹果比无花果更像是典型的水果，而 7 比 447 更像是典型的奇数。这样的判断跟含混性是无关的；“企鹅是鸟”、“无花果是水果”与“447 是奇数”都是完全真的。这并不是否认典型性是许多概念的重要特征。对于典型性理论与
含混性的关联性，或两者没有关联性的讨论，参见：罗施 1973；罗施与梅 292
尔维斯 1975；莱考夫 1973；欧沙伦与史密斯 1981，1982；扎迪 1982；阿姆

斯特朗，H. 葛莱门与 L. R. 葛莱门 1983；富尔曼 1988a，1988b，1991。

［35］对卢卡西维兹逻辑的定理 $(p\supset q)\vee(q\supset p)$，以及该定理的一个特例 $(p\supset\sim p)\vee(\sim p\supset p)$（亦即一种排中律的替换），一个类似的问题会出现［请注意：不同于 $p$ 与 $\sim p$，$(p\supset\sim p)\vee(\sim p\supset p)$ 的两个析取项可以在多值途径下是完全真的，其特例中的 $p$ 是确切地半真的；不过，因为这个例子会非常难以识别，所以它会使我们决定应该断言什么不是一件容易的事］。错综复杂的是，元语言推理的重要假设是 $[p]\leqslant[q]$ 或 $[q]\leqslant[p]$，而这较不依赖于经典逻辑，而是依赖于数值化的真值度线性排序；参见 4.13 节。

［36］“我们的模型基本上是纯粹精确的结构，而且我们在发展时自由地使用日常的精确逻辑与集合论。……很难看出我们如何能在缺少这样的假设下进行严格的研究”（戈顾恩 1969：327）；马旭纳（Machina）主张真值度的指派“会具有经验语义学中某种科学假设的特征”（戈顾恩 1976：61），尽管问题是知识论的。

［37］在元语言中丧失排中律代表→与 $J_\alpha$ 等算子的定义可能是不完整的。举例来说，$[J_1p]=1$，若 $[p]=1$，而在其他情况下，$[J_1p]=0$。不过，假设 $[J_1p]=1$ 或其他情况成立，就是在假设一个有问题的排中律个例。因此，真值度理论可能不会同意 $[J_1p]=1$ 或 $[J_1p]=0$。对于“一个人是高的或不是高的”的替代方案，没有明确的规定。① 这是论点为赖特（Wright）的论证（赖特 1992）带来的困难，特别是在 134 页；赖特为高阶含混性悖论辩护（赖特 1987），反对赛恩斯伯里的观点（赛恩斯伯里 1991）。（$J_1$ 对应于赖特的确定性算子，而 $\sim J_1$ 则对应于赖特的宽否定句。）真值度理论可能基于“总的来说可证成性”这样的概念来处理连锁论证。（比较：赖特 1975：348－351，1976：237－240）也可参见：P. 恩格尔 1992。

［38］一个相关问题是，为了调和二阶含混性，我们似乎应该说：“$[p]=0.61$”的真值度是 0.8，但“$[p]=0.67$”的真值度是 0.9。函数

① 按文义，原文重复了“No explicit provision has been made for any alternative”。——译者注

如何可能给 $p$ 指派多于一个的值？（罗尔夫 1984：222－223）上述提议的指派方式当然是有问题的。若“$[p]=0.67$”的真值度是0.9，则“$[p]\neq 0.67$”的真值度只会是0.1；但是，它的真值度应该至少跟“$[p]=0.61$”一样，该命题的真值度是0.8。无论如何，所推论出的是，没有两个关于 $[p]$ 的不同真值度的陈述句的真值度会大于0.5。一个像“$[p]=0.61$ & $[p]=0.67$”的合取句仍可以有非 0 的真值度，但这是一个关于初阶含混性处理方式的论点的推广，该论点说，一个矛盾句可以获得一个非 0 的真 293
值度。（参见 4.14 节）

［39］戈顾恩 1969：350－351；富比士 1985：175。

［40］比较：戈顾恩 1969：355。富比士（Forbes）背离了戈顾恩的定义方式，通过让 $p\supset q$ 是完全真的，每当 $[p]$ 与 $[q]$ 是不可共量的。（富比士 1985：176）这会有不好的后果：$p\supset r$ 可以稍微不是完全真的，当 $p\supset q$ 与 $p\supset r$ 是完全真的，例如，若 $[p]=\langle 1, 1, 0\rangle$、$[q]=\langle 0, 0, 1\rangle$ 与 $[r]=\langle 1, 0, 0\rangle$。

［41］从形式上说，戈顾恩允许真值度的集合是任何带半群算子的完全格（closg）①，亦即一个完整的格、额外加上一个二位算子，该算子是联合的（associative）、任意连接分布，并具有格无穷性作为恒等式。（戈顾恩 1969：354）

［42］证明：令 $N$ 与 $N^*$ 是定义在 $[0, 1]$ 上的函数（作为序对的集合），分别让 $\alpha$ 是 $1-\alpha$ 与 $(1-\alpha^2)^{1/2}$。现在，$\alpha$、$\beta\in N^*$，当且仅当，$\langle\alpha^2, \beta^2\rangle\in N$。因为平方是一个从 $[0, 1]$ 到自身的保序映射，$N$ 与 $N^*$ 会遵守同一个限制，通过 $\leqslant$。不过 $\langle 1/2, 1/2\rangle\in N$，尽管 $\langle 1/2, 1/2\rangle\notin N^*$。

［43］参见：皮科克 1981：137。

［44］7.2 节会论证（$\sim_1$）会使对 $p$ 的二值原则的否定是不融贯的，这个结果是真值度理论者可能不乐意见到的。

［45］举例来说，参见：贝尔曼与扎迪 1977。他们将自己对真理的定义描述为“完全主观的，也是本质上局部的”（贝尔曼与扎迪 1977：118）。也可参见：哈克 1978：165－169；哈克 1979。

---

① “closg”是“complete lattice ordered semigroup”的缩写。——译者注

[46] 参见：芬恩 1975：269－270；坎普 1975：131；厄克特 1986：108－109。

[47] 对照：富比士 1985：173。

[48] 布洛克 1954：173。

[49] 虽然公理化系统在 1935 年被魏杰斯伯格（Wajsberg）发现，但首次发表的证明却是罗斯（Rose）与罗瑟（Rosser）做的。（罗斯与罗瑟 1958）对这个领域的一般性研究，参见：罗瑟 1960。关于哲学讨论，参见：摩根与佩尔蒂埃 1977。

[50] 斯卡尔佩利尼 1962。

[51] 比较：摩根与佩尔蒂埃 1977：89－90。

[52] 帕韦尔卡 1979；诺瓦克 1989：128－143。同时参见：杰拉与托尔托拉 1990。

[53] 关于一个最近的讨论，参见：夏皮罗 1991。夏皮罗（Shapiro）反驳了对二阶逻辑的批评。

[54] 对模糊逻辑的几个批评，参见：摩根与佩尔蒂埃 1977。摩根（Morgan）与佩尔蒂埃（Pelletier）假设对象语言中有 $J_{\alpha}$ 算子。他们说，在没有该算子的情况下，“明显的多值性只是幻觉，因为我们不可能用多值的方式来说任何事”（摩根与佩尔蒂埃 1977：86）。无论如何，我们说的话可能具有中立值，而不是关于中立值。

[55] 摩根与佩尔蒂埃 1977：92。

[56] 罗瑟与特奎提 1952。

[57]“真值度是相等的，当且仅当，它们是不可区辨的”这个想法的另一个困难是，不同于等同性，不可区辨性是非传递的。

## 第五章 超赋值

294 [1] 若未曾被详细说明的例子可能出现，则含混性是内涵的（intensional）。若这样的例子确实出现，则它也是外延的（extensional）。这个区分回溯到了卡尔纳普（Carnap）1955 年的著作。可以对照魏斯曼对开放结构与含混性的讨论。（参见 3.4 节）

[2] 理论语词与含混观察语词之间的关系也会在理论语词中引起一

种含混性。

［3］在一个相关意义下，一个解释并不是尝试说“真正意指”什么，因为我们知道，这样的一个解释会比“真正意指”什么更精确。因此，“解释”这个语词可能会被认为是误导人的。在含混性例子中，没有使用“解释”这个语词，而是使用“精确化”、“使之精确”、“描绘”与“具体化”。尽管如此，我们还是会跟随梅勒伯格而使用“解释”这个语词，因为它带有忠于原著的优点。

［4］一个更一般性的途径会考虑各种使语言更精确的方式，而不是使语言完全精确的方式。确实，通过假设一种使语言更精确的方式（该方式总是可以被推广），以确定一个给定语句的真假值，我们可以确保超赋值论的结果，而不需诉诸使语言完全精确的方式。（芬恩 1975：280）采纳正文中的论证，不会对超赋值论的这些精致形式造成太大的困难。

［5］梅勒伯格 1958：277。

［6］梅勒伯格 1958：257－258。

［7］在处理科学中的指涉不确定性上，并非所有超赋值的使用都依赖于一种介于理论与观察之间的严格区分。在科学哲学中，之后使用了该方法的文献有：普柘勒克基 1969：20，90－95；菲尔德 1973。通过论证超赋值让含混陈述句的真假值是不可知的，会让真理是一种“神秘的性质”，梅勒伯格借此批评了“含混陈述句在边缘例子中是真的或假的”这个观点。（梅勒伯格 1958：256）根据他的观点，“多伦多的树木数量是偶数”在下列意义下仍是可验证的：它可以被知道为真或为假，因为我们只需要这个语句可能为真或为假，而不需要这个语句实际上为真或为假（加拿大可以只有两棵树，都位于多伦多的市中心）。根据梅勒伯格的看法，当日常含混陈述句缺少真假值时，含混陈述句是偶然如此的。相较之下，一个完全含混的陈述句缺少真假值，所以是不可验证的。

［8］梅勒伯格 1958：259。

［9］梅勒伯格 1958：258。

［10］梅勒伯格 1958：325。

［11］范·弗拉森 1966，1968，1971。

［12］刘易斯 1970：附录；坎普 1975；达米特 1975；芬恩 1975；普

柘勒克基 1976。

［13］参见：芬恩 1975：269－270；坎普 1975：131。芬恩提到“半影不明的关联”，论证超赋值论是唯一全部容纳它们的观点。（芬恩 1975：
295 278－279）一个可能的批评是：一个具有不全然为假的合取项的合取句，本身是不全然为假的。（富比士 1985：173）不过，“全然为假”是不可靠的；我们可以说，一个具有某些明显为真与某些明显为假的合取项的合取句不是不全然为假的，但它仍是假的。

［14］在一种琐碎的意义下，超赋值论可以被视为多值语义论的一种形式，其中一个语句的值是一个函数，输入每个可接受的赋值，然后输出在那个赋值下的真假值。不过，这样的语义值不是真值度。

［15］达米特使用局部有效性（达米特 1975），芬恩使用全面有效性（芬恩 1975）。请注意：有些无效论证只会在反事实情境中具有反例，所以在所有可容许的解释下保持真值不足以定义有效性。考虑从“牛津是一个大城市”到“伯明翰是一个大城市”的论证。作为一个大城市，假设牛津满足某些合理的条件，而这些条件伯明翰都满足，所以该结论会在任何前提为真的可容许的解释下为真。不过，该论证不是演绎上有效的，因为在某些逻辑上可能的情境中，牛津是世界上最大的城市，而伯明翰是最小的城市。因此，有效性至少依赖于两个变元：可容许的解释的改变，以及可能情境的改变。

［16］比较：达米特 1991：77－80。

［17］反例的检视显示反言论法在超赋值逻辑中是不成立的，即使是在特例（其中不允许辅助前提）中也是如此。其他例子涉及辅助前提。相似的评论适用于之后正文中讨论的规则。

［18］芬恩 1975：290。

［19］马旭纳使用条件证法与反证法的无效个例来反对超赋值论。（马旭纳 1976：52－53）

［20］索伦森提供了连锁论证的例子，其中主要前提不是超真的，也不是超假的。（索伦森 1988b：237－238）因此，若次要前提是超真的，则该结论不是超假的。这样的例子不会批评超赋值论。

［21］本节讨论对超赋值论的批评，更多细节参见：芬恩 1975：284－

287；桑福德 1976：205－207；罗尔夫 1984：228－233；索伦森 1988b：238－239。

［22］刘易斯 1983：229（认可戴维·卡普兰）；坎普 1975：137－145；埃丁顿 1992。

［23］根据比较级真理的粗略说明，“$a$ 至少跟 $b$ 一样 $F$”会跟“明确地，若 $b$ 是 $F$，则 $a$ 是 $F$”是等价的；因为“$a$ 比 $b$ 更 $F$”跟“$a$ 至少跟 $b$ 是一样 $F$，而且 $b$ 不是至少跟 $a$ 是一样 $F$”是等价的，所以它也可以通过“明确地”来定义。

［24］参见：平克尔 1983a。

［25］设想的语义论为条件证法、通过例子来论证以及反证法提供了公认的反例。从“索尔是勇敢的”到“索尔至少跟戴维一样勇敢”的推论是有效的，但从“索尔是勇敢的”推论出“若索尔是勇敢的，则索尔至少跟戴维一样勇敢”这个条件句结论却是无效的。从“索尔是勇敢的” 296
与“索尔不是勇敢的”到“索尔至少跟戴维一样勇敢，或索尔不是勇敢的”的推论是有效的，但从“索尔是勇敢的，或索尔不是勇敢的”到同样结论的推论却是无效的。从“索尔是勇敢的，而且索尔不是至少跟戴维一样勇敢”到“索尔至少跟戴维一样勇敢”的推论，以及到“索尔不是至少跟戴维一样勇敢”的推论是有效的，但到“索尔既不是勇敢的，也不是至少跟戴维一样勇敢”的推论却是无效的。

［26］一种替代处理方式是：将一个语句视为“真的”，若它在“足够多的”可容许的解释下为真，而这是一件含混的事。因此，即使“索尔是勇敢的”在其下为真的那些可容许的解释是那些“戴维是勇敢的”在其下为真的可容许的解释的一个真子集，也有足够多的前者使“索尔是勇敢的”是真的。不幸的是，这种进路允许两个真语句的合取句不是真的；若“$A$”在 90%的可容许的解释下为真，而且“$B$”也在 90%的可容许的解释下为真，则“$A$ 且 $B$”可能只在 80%的可容许的解释下为真。根据刘易斯的看法，我们确实把“足够真”当作“真的”，但有时会遇上麻烦，因为有些推论形式保持了真的性质，但却没有保持足够真的性质。（刘易斯 1983：244）从两个语句到这两个语句构成的合取句的推论会是一个例子。此外，这种处理方式错误地处理了“锐角”，因为“一个 89

度的角是锐角”就是真的，而“一个89度的角不是锐角”就是假的，不过，（通过自然的测量）前者会在“更加锐角的”所需要的可接受解释中（在90个解释中的89个中）为真，而后者只会在90个解释中的1个可接受解释中为真。

［27］超赋值论对高阶含混性的最佳说明是芬恩提出的，参见：芬恩1975：287－298。

［28］反过来说，“确切地确切地 *A*，或确切地不是确切地 *A*”这个语架在S5中是有效的。

［29］伯杰斯（Burgess）冒险论证含混性会在一个有穷序列中停止。（伯杰斯1990b）不过，例如，该论证假设“看起来是红的”、“真的怀疑”与“在讨论的语言中，暂时地在一个对话中被接受”是精确的。（伯杰斯1990b：440，445）对每一个例子来说，我们都可以想出一个边缘例子。

［30］实际上，麦克吉（McGee）把可容许性视为跟意义的假设一致，而把确切性视为那些假设的可证性。（麦克吉1991）其结果是违反直觉的，基于哥德尔（Gödel）的第二不完全性定理。“若确切地 *A*，则 *A*”是无效的，而且“若确切地不是确切地 *A*，则确切地 *A* 且非 *A*”是有效的。（麦克吉1991：205－208）不过，*x* 可以是“*F*”的一个确切的边缘例子，即使精确化“*F*”会使 *x* 不再是一个边缘例子。若意义的假设蕴涵 *x* 是一个边缘例子，则超赋值论者必须主张可容许的解释可以跟意义的假设不一致；若意义的假设不蕴涵 *x* 是一个边缘例子，则关于该语言的语义论，它们没有彻底讨论什么是确切的。无论是哪种情况，可容许性都不跟意义的假设一致。也请注意：在高阶含混性出现的情况下，哪些语句是意义的假设，是含混的。麦克吉没有提供对高阶含混性的说明。

297 ［31］若我们主张语义规则的想法，则超赋值论的一个问题是，一个语义规则可能阻碍某些边缘例子被决定。于是，一个陈述句与其否定都算是误用。

［32］关于超赋值论者的有效性定义，在S4语架失效的情况下，有一个需要小心处理的议题。全面有效性是保持超真理的。“*A*”在一个点 *s* 上是超真的，当且仅当，“*A*”在所有被 *s* 允许的点上为真。因为允许不

是传递的，所以“*A*”可能在一个点上是超真的，当“确切地 *A*”不是在该点上超真的，这跟 5.3 节提到的主张是相反的，其中从“*A*”到“确切地 *A*”的推论是全面有效的。从形式上说，通过在空间中的所有点来定义有效性会更简洁，但是，若“确切地”是超真理在对象语言中的表达式，则这不会保持超真理。相关的议题会在之后的正文中讨论。请注意：即使从“*A*”到“确切地 *A*”的推论不是全面有效的，反言论法、条件证法、通过例子来论证，以及反证法仍不会保持超真理（我们可以证明这件事，通过考虑从“*A*，而且不是确切地 *A*”到“*A*，而且非 A”的推论，而这确定是全面有效的）。

[33] 虽然该结构会使 S4 原则（针对“确切地 * ”）是有效的，但却不会使 S5 语架是有效的，因为它不会使布劳沃式语架“若 *A*，则确切地 * 不是确切地 * 非 *A*”是有效的。布劳沃式原则需要容许 * 是对称的，而这一点并未被保证。因此，一种高阶含混性仍然存在。无论如何，针对“确切地”的布劳沃式原则具有某种可信性：“若 *A*，则确切地不是确切地非 *A*”。它对应于下列条件：一个点只容许那些容许它的点；为什么 $x$ 应该把 $y$ 当作合理的，若 $y$ 把 $x$ 当作不合理的？若容许是差异不大的点之间的关系，则我们可以预期容许关系是对称的。对“确切地”的布劳沃式原则蕴涵对“确切地 * ”的布劳沃式原则（一种对称关系会承继或传递一种对称关系）。即使布劳沃式原则对“确切地”是无效的，我们也可以通过一种对称关系（例如“接受，或被接受”），来取代一种非对称关系“接受”，并且采用前者继承而来的关系，虽然这个结构不对应于一个明显的定义，其定义是通过“确切地”而来的。布劳沃式原则的失效似乎不是问题的核心。萨蒙讨论了针对“必然地”的类似议题。（萨蒙 1989）

[34] 芬恩 1975：297。芬恩自己不承认该建议的可行性；他允许，当可容许说明的集合是“内在地含混的”。

[35] 也可参见：赫勒 1990：82－84；赛沃德 1989；戴伊 1992。

[36] 注意注释 [33] 中的量化词。

[37] 芬恩 1975：296。

[38] 达米特似乎主张一种介于客观性与确定性之间的联系。（达米特 1991：74）这个讨论也在其他层面忽略了高阶含混性。“确切地”被假

298 设具有一个 S5 的语义论。（达米特 1991：78）“确切地 *A*”这个断言被视为可容许的，仅当“*A*”的断言是强制性的（达米特 1991：79）；但是，对断言“确切地 *A*”来说，什么条件是强制性的？在达米特 1975 年的著作中，高阶含混性的重要性是被认可的。（达米特 1975）

[39] 类似说谎者悖论可能导致一个人去怀疑，任何性质都会满足塔斯基式条件。不过，自我指涉的问题以及类似的问题跟那些平凡的含混性问题差异甚远，以至于不会使“塔斯基式条件不可能在没有语义词汇下被一个含混语言满足”是可信的。（麦克吉 1991：217 与 7.2 节）

[40] 若经典逻辑中的有效形式被保留，因为它们是局部有效的，则超真理与真理之间的等价式会被进一步削弱，因为这个有效性标准不等价于保持超真理。

## 第六章　虚无主义

[1] 全面虚无主义与局部虚无主义之间的区分，跟第五章的全面有效性与局部有效性之间的区分没有关联。

[2] 跟全面虚无主义非常接近的观点，参见：达米特 1975；赖特 1975，1976，1987，1991，1992；惠勒 1975，1979；昂格尔 1979a，b，c，1980（对照：昂格尔 1990：321－323）；桑福德 1979；奎因 1981；格林 1982，1983，1984；艾博特 1983；罗尔夫 1984；赫勒 1988，1990；索伦森 1988b：226－229；赛恩斯伯里 1991；霍根即将发表的文章。

[3] 一个连锁论证是典型的，若它与“堆垛难题”和“秃头男难题”相当类似。根据日常标准，它应该不涉及模棱两可的话，次要前提应该是明显的，关键词是含混的，连锁序列中接续成员之间的差异足够小，诸如此类的事。

[4] 某些倾向于全面虚无主义的学者提供了更正面的论证。因此，惠勒（Wheeler）结合了因果指涉理论（惠勒 1975，1979）和“含混谓词不是因需要跟性质有因果联系而受到律则控制的”这个主张。“所有高的人都超过 5 英尺 3 英寸（约 1.60 米）”不被视为一个律则，因为它会是真的，即使“高的”的外延稍微改变了。（惠勒 1975：373）不太清楚的是，许多科学律则是如何通过这个测试的。

［5］在这个语境中，连锁论证的有效性不是争论的焦点。无效性的批评依赖于“若主要前提比完全真还少一点，则其结论可以比任何一个前提有一个低一点的真值”这个想法。若主要前提是完全真的，则每个例示它的条件句会是完全真的，所以条件句的后件会跟其前件有至少一样高的真值，在任何合理的语义论下。

［6］二分法观点可能承认某些限制。有一个连锁论证是关于“所有颜色都是红的”的，或许不会有连锁论证是关于所有声音的。

［7］“在不改变意义的情况下”这个条件将会被从头到尾地预设。

［8］性质的个别化被认为是粗糙的（例如，通过必然等同来区分 299
性质）。

［9］有人可能会说，“比104大不了多少，以及比106小不了多少的整数”是一个用含混表达式定义的精确表达式。（索伦森1988a，b：229；罗尔夫1980）不过，这不会证明全面虚无主义的约定可以从含混表达式开始，因为若“大不了多少”与“小不了多少”是不融贯的，则由它们构成的表达式也会是不融贯的。

［10］关于局部虚无主义的相关版本，参见：达米特1975，1979；赖特1975，1976，1987，1991；皮科克1981；特拉维斯1985；伯恩斯1986，1991；施瓦兹1989。

［11］对照：杰克逊1977：113－114。

［12］该观察者甚至可能被认为没理由断说 $x_0$ 是**完全**正方形的。设想中的连锁论证，其次要前提会是假的。这就像是让该例子变成一个不好的例子。潜在问题仍可能以“不是正方形的”这种形式出现，逆向检视连锁序列，因为该观察者确定有理由断说 $x_n$ 不是正方形的。

［13］对一个事物的模样这个概念来说，肉眼不可区辨性是必要但非充分的，这样的概念可以使用威廉姆森提及的方法来发展。（威廉姆森1990a：65－87，109－113）它允许 $x$ 与 $y$ 的模样是等同的，即使对某个 $z$ 来说，$x$ 跟 $z$ 是可区辨的，但 $y$ 却跟 $z$ 是不可区辨的。请注意：对一个事物的模样这个概念来说，肉眼不可区辨性是充分但非必要的，这样的概念会过于宽泛而不会有任何重要性。对表面形状的等同，我们可以发展一个相似的概念，其中形状的表面等同是必要但非充分的。不过，形状上的不

可区辨性跟形状的表面等同的不可区辨性不是等价的；在缪勒-利尔错觉（Müller-Lyer illusion）中，两条线段错误地看起来像是不等长的；它们在长度上不是真正地可区辨的——它们只是看起来如此。威廉姆森的著作仔细地处理了促使不可区辨性的非传递性的连锁论证。（威廉姆森 1990a：43－7，88－103）

［14］（1）～（3）中的“若……则……”被视为实质条件句，而它的传递性在此没有争议；若（1）与（2）是完全真的，则（3）也会是完全真的。

［15］相较于那里建议的假设而言，正文中的假设是极端地过度简化的；相关的例子，参见：约翰斯顿 1992。不过，请注意：该假设不蕴涵某物不是红的，当且仅当，在正常条件下，所有正常观察者总是把它分类为不是红的。更一般地说，对颜色语词的如此等价不蕴涵其否定词之间的相应等价。因此，这样的假设跟二值原则和排中律是一致的，即使给定正常条件下的正常观察者有时会对边缘例子有所争执。

［16］正文中的评论适用于一组响应，包含“这是红的”、在真值函数下闭合，以及“据我所知”算子；它明显不适用于“我已经看着这个至少 1 分钟了”这样的回应。

## 第七章　含混性是无知

300 ［1］如同在 1.2 节注意到的，据推测，认知主义观点可以追溯到斯多亚学派。最近认知主义观点所获得的辩护，参见：卡吉尔 1969，1979；坎贝尔 1974；舍夫勒 1979；索伦森 1988b：217－252；索伦森 1991；霍里奇 1990：81－87。普柘勒克基讨论了一个明显相似的观点。（普柘勒克基 1979，此文最初以波兰文发表于 1964 年）批评性的讨论，参见：赫勒 1990：89－106；西蒙斯 1992；霍根即将发表的文章。

［2］我们可以通过普遍量化“$u$”与“$P$”来强化（B），使之成为一个全称语句。若该量化词不是取代的，则它可以不局限在英文中可表达的表达式。正文中的论证不需要（B）的加强版。斯特劳森 1950 年出版的著作与麦克道尔 1982 年出版的著作为相似的二值概念做了辩护。

［3］塔斯基在《形式语言中的真理概念》（“The Concept of Truth in Formalized Languages”）中引用了文献：《形而上学》Γ7. 27。（塔斯基《形

式语言中的真理概念》1983：155）

［4］霍里奇（Horwich）有一个相似的论证。（霍里奇 1990：80）

［5］举例来说，含混语言中的一个去括号真理语架被许多学者接受，参见：埃文斯与麦克道尔 1976：xi；马旭纳 1976：75；皮科克 1981：136－137。参见 5.7 节。

［6］塔斯基将二值原则（他称为“排中律”）导出为《形式语言中的真理概念》的定理 2。（塔斯基 1983：197）其证明使用了（在现在意义下的）排中律。

［7］该论证的一个形式版本进行如下。每个式子“$P$”被指派一个语句值 $[P]$。该语义值形成一个在部分排序≤下的格式框架，亦即每一对语义值会有一个最大的下限（glb）和最小的上限（lub）。$[P \wedge Q] = \mathrm{glb}\{[P], [Q]\}$；$[P \vee Q] = \mathrm{lub}\{[P], [Q]\}$；若 $[P] \leqslant [Q]$，则 $[\sim Q] \leqslant [\sim P]$。这些假设会被标准的经典逻辑、超赋值逻辑、直觉主义，以及多值逻辑等处理方式所满足。接着，很容易证明 $[T(u)] = [P]$ 且 $[F(u)] = [\sim P]$ 蕴涵 $[\sim\{T(u) \vee F(u)\}] \leqslant [\sim P \wedge \sim\sim P]$。

［8］参见：西蒙斯 1992：175，n. 16。

［9］严格来说，正文中的评论要求该双条件句更清楚，而不只是它为真。

［10］比较达米特对真理客观性的要求。（达米特 1991：74）

［11］直觉主义者被认为将“真的”与“可证的”等同，而不是将“真的”与“已证的”等同。

［12］一个连锁悖论可能影响某些人去否认所有“$n$ 颗谷粒构成一堆”形式的语句都是二值的，但却不否认，对任何一个具体的 $n$ 来说，二值原则是成立的（虽然对某个 $n$，他们会拒绝断言它），参见 7.2 节中的（b）。

［13］帕特南（Putnam）认为，直觉主义逻辑对处理所有连锁悖论都是合适的。（帕特南 1983）不过，他承认直觉主义语义论是不合适的。（里德与赖特 1985；帕特南 1985）因此，该逻辑的使用似乎是特设的，因为它跟含混语词意义的说明没有关系。进一步的讨论，参见：施瓦兹 301
1987，1990；施瓦兹与斯鲁普 1991；帕特南 1991：413－414；雷雅 1989。虽然布雷克已经被视为第一位将含混性与直觉主义逻辑联系在一起的人，

但他认为后者只是一个替代逻辑的例子，并且拿它的发展状态跟自己的含混性逻辑做比较。[布雷克 1949：37（重印了文献：布雷克 1937）]

[14] 达米特提供了一个相反的观点。(达米特 1991：74－82)

[15] “说某事的言谈是真的或假的”这个主张可以跟接受表达命题的式子是二值的比较一下。(克里普克 1975)

[16] 比较：达米特 1991：348－351。

[17] 一个更目的论式的问题会是“哪种性质是设计这个机制来侦测的?”。正文中的那些考虑仍适用。

[18] 参见：索伦森 1991。

[19] 除了知道一个语句意指什么，亦即知道其组成部分意指什么，理解该语句还可能涉及更多。此外，关于一个语句的这种知识，一般来说，不足以使我们知道它的一个言谈说了什么；后者也可能依赖于语境。这些论点不影响正文中的论证。

[20] 理解的说明跟索姆斯（Soames）的说明有相似之处（索姆斯 1989），根据索姆斯的说明，理解一种语言的语句，就是满足它们使用的习惯标准。不过，含混性的认知主义观点也会跟某些关于理解的说明是一致的，譬如将指涉关系的知识视为首要的说明［例如，希金博特姆（Higginbotham）论证理解是一种知道，即关于指涉关系，我们期待知道的东西（希金博特姆 1992）］。

[21] 哈特提供了许多必要的限制：例如，稳定性不应该依赖于谷粒都是立方体。(哈特 1991－1992)

[22] 斯帕波与威尔逊 1985－1986。

[23] 对于强调含混性与语境依赖性之间的关联性，参见：刘易斯 1979；坎普 1981；平克尔 1983b；伯恩斯 1991。

## 第八章　不精确的知识

[1] 论证中的条件句可以被解读为真值函数的。

[2] 比较：诺齐克 1981：240－242。相关的概念是诺齐克的知识ˆ，推广知识以满足演绎封闭性，而不是他的知识＊，收缩知识以满足演绎封闭性。不过，根据诺齐克的定义，若我们知道 $A$，并且知道 $A$ 蕴涵 $B$，

则我们知道 $B$，即使我们还没有推论出结论 $B$（或许因为那两个知识被分别开来），而且不会相信 $B$。正文中的论证只需要一个概念，该概念被推广到被相信的命题，而这些命题是从已知的命题演绎出来的。

［3］我不知道使 KK 原则失效的数 $n$ 会是什么。这不会让人惊讶，因为我们势必不可能以第一人称现在式来指认 KK 原则的一个具体失效。若 302
我知道我知道 $A$，也知道我不知道我知道 $A$，则我一定知道这个合取句的第一个合取项（给定一个合取句的知识蕴涵其合取项的知识），亦即我一定知道我知道 $A$，所以第二个合取项是假的，因此我不知道该合取句（因为知识蕴涵真理，而一个合取句的真理蕴涵其合取项为真）。这个论点可能有助于解释 KK 原则的诱人之处。对 KK 原则的初期研究，参见：伦曾 1978：69－77。之后对 KK 原则的研究，参见：金斯 1979；索伦森 1987，1988b：242－243，313－317；梅勒 1991：261－263。

［4］在一种简单逻辑中，知识只被假设为演绎上封闭与蕴涵真理，我们可以证明假设“体育场中刚好有 $k$ 个人，而且我具有‘那里不是刚好有 $j$ 个人’的 $i_j$ 次叠加知识，以及‘若那里刚好有 $j+1$ 个人，则我不知道那里不是刚好有 $j$ 个人’的 $i_{j+1}$ 次叠加知识……以及‘若那里刚好有 $k$ 个人，则我不知道那里不是刚好有 $k-1$ 个人’的 $i_k$ 次叠加知识”是一致的，当且仅当，对某个 $n$，$i_n<k-n$（$j\leqslant n\leqslant k$）。（威廉姆森 1992a：240－241）

［5］该论证假设可靠性是知识的必要条件之一。它没有假设知识概念可以通过可靠性概念来分析，因为它不假设其他的必要条件可以不循环地被陈述，在可靠性条件也足以成为知识的必要条件之前（给定某些背景条件，可靠性可能足以构成知识，但后者不需要是知识的必要条件）。某个想通过证成概念来分析知识概念的人应该把可靠性条件不视为对知识不必要的，而是视为证成条件的一个后承。此外，在不以非琐碎的分析来表达一个概念上，“知识”可能跟大多数其他概念相似。也请注意：虽然可靠性可以是一个概率上的概念，但一个给定的误差区间是在逻辑后承上被保留的（比较 8.2 节中被反驳的概率批评）；参见注释 7。

［6］为了简单起见，正文暂时忽略所有对知识的障碍，除了不精确性。

［7］若距离弹着点不到 1 英寸（约 0.025 米）的每个点都在每个区域内，则每个这样的点都会在那些区域内的重叠之处，所以都会在包含那

个重叠之处的任何区域内。相对地，若其中一些命题，每个都留有一个误差区间，则它们共同的逻辑后承也会留有一个误差区间。

［8］整面墙被视为没有边界的，我们不考虑子弹落在墙外的可能性。

［9］正文中的论证显示为什么针对一个新的知识概念，譬如知识$^{+}$，
来恢复其 KK 原则是无用的，该概念会使得我们$^{+}A$，当且仅当，我们知道
303 $A$，知道我们知道 $A$，知道我们知道我们知道 $A$……。我们知道$^{+}$的命题几
乎都不是非琐碎的经验命题。

［10］误差区间原则被运用于突击考试悖论（surprise examination paradox），以及关于叠加囚犯困境（iterated Prisoner's dilemma）的回溯归纳论证。（威廉姆森 1992a）

［11］我们不可能知道完全精确的物理重量，但即使我们可以知道，“瘦的”的问题仍存在。

［12］如同“语词”在正文中被使用一样，我们不会通过其意义来个别化语词。这样的一种使用明显是合法的（虽然它不是唯一的使用），就像我们说一个语词从 1600 年以来已经改变其意义一样。

［13］一如往常，“$n$ 颗谷粒构成一堆”意指可能存在由 $n$ 颗谷粒构成的一堆。

［14］下列文献讨论了含混性与不可区辨性的非传递性之间的关系：达米特 1975，1979；赖特 1975，1976，1987；普拉兹 1979；皮科克 1981；特拉维斯 1985；伯恩斯 1986，1991；施瓦兹 1989；威廉姆森 1990a。

［15］间接区辨性被罗素使用，而且联系到含混性。（罗素 1927：280－281）若想要更明确的说明，参见：罗素 1950：104－105；古德曼 1951：196－200；达米特 1975。关于间接区辨性，伯恩斯（Burns）谈了更多。（伯恩斯 1986，1991）

［16］威廉姆森将区辨分析为区别知识的激活。（威廉姆森 1990a：5－8）

［17］“大多数世界”这个概念不单独依赖于相关集合中的世界有多少个；就像概率这个概念一样，它依赖于集合的大小。

［18］若想知道不精确信念的一个二维论模型，参见：威廉姆森 1992a：237－239。

## 第九章　世界中的含混性

［1］达米特 1978：260。

［2］达米特 1981：440。

［3］罗素 1923（1983－，vol. 9：148）。

［4］布拉德利 1893：359－400，“真值度与实在界”。

［5］柏克斯 1946：483。

［6］通常的建议是：等同性可以是不确定的，而不是有程度可言。这两个想法都反对下列观点：事物必定完全等同或完全不同。

［7］帕菲特 1971，1984：238－241。

［8］克里普克 1972：345 n. 18。克里普克也讨论了下列观点：严格等同不允许组成部分的改变，而且不是含混的；允许组成部分改变而且允许含混的关系不是等同关系，而是副本关系，或许涉及组成部分的严格等同。他质疑我们能够找到等同不是含混的殊相案例。

［9］埃文斯 1978；萨蒙 1982：243－246，1984，1986a：110－114。 304
同时参见：汤玛森 1982；努南 1982，1984，1990；布鲁姆 1984；奥弗 1984，1989；威金斯 1986；拉斯马森 1986；库克 1986；帕森斯 1987；加勒特 1988，1991；范·因瓦根 1988，1990；刘易斯 1988；斯托内克 1988；佩尔蒂埃 1989；伯杰斯 1989，1990a；约翰逊 1989；泰伊 1990；考尔斯与怀特 1991；恩格尔 1991：196－198，213－215；霍华德-斯奈德 1991；塞蒙克 1991。

［10］基于论证的目的，“巴黎”被假设在指涉上是确定的。

［11］一种超赋值论的处理方式配合埃文斯介于“确定地”算子与“不确定地”算子之间的类比，以及“必然地”模态算子与“可能地”模态算子之间的类比。他称前一组算子为双重，就像后一组算子一样。不过这样做是不一致的，因为他也把“不确定地 *A*”视为“是不是 *A* 不是确定的”；为了保留双重性与模态算子之间的类比关系，它应该被视为“非 *A* 不是确定的”。通过诉诸一种对应到模态逻辑系统 S5 的逻辑，他也推广了其论证；这会给高阶含混性的处理造成困难。

［12］不过，主张“欧洲”在指涉上是确定的人，不会被禁止将

"'欧洲'指涉欧洲"视为确定地真的。超赋值论可以被运用于包含限制的元语言，该限制将"欧洲"的精确化联系到"指涉"的精确化。

[13] 相关议题的讨论，参见：罗尔夫 1980；赫勒 1988，1990；赛恩斯伯里 1989；伯杰斯 1990a；范·因瓦根 1990：213－283。

[14] 因为表征本身可以被表征，所以含混性 * 与精确性 * 的概念也适用于表征。不过，我们不应该假设所有含混表征都是含混的 *，或者假设所有精确表征都是精确的 *。一个表征是不是含混的或精确的，依赖于它如何表征；它是含混的 * 或精确的 *，依赖于它如何被表征。

[15] 我们也可以要求，移除讨论中的不明确性不会引进一种新的不明确性。

[16] 严格来说，关于事物的/关于命题的区分一定会相对化到一个具体语句，即一个语词与一个语句算子的具体出现。以下会清楚看到那些相对化是我们想要的。

[17] 即使从关于命题的到关于事物的推论是有效的，这两者仍可通过反向推论的失效来区分。

[18]"知道哪一个"这个概念对语境是高度敏感的。正文中的那些例子不完全是虚幻的。

[19] 关于 1453 年，知道它在 1460 年之前，不会被认为蕴涵知道 1453 年在 1460 年之前。或许我们可以在不知道后者的情况下知道前者，当处于 1460 年，通过回忆实际上是 1453 年的某一年，在当时的经历，却无法指认那是哪一年。①

[20] 隐藏在关于事物的形式中的存在量化词使等价关系不是必然发
305 生的。不过，这些等价关系仍可以从定义与相应的关于命题的等价关系而被证明。对于"不明确的"，该论证使用"明确"的实在性。②

---

① 正文中提及关于事物（de re）与关于命题（de dicto）之间的区分，而这个区分难以用中文呈现，只能通过句读；例如，"关于 1453 年，知道它在 1460 年之前"是关于事物的解读，因为我们先挑出 1453 年，然后说它如何如何。——译者注

② 所谓的"实在性"（factiveness）是指蕴涵实际上为真。例如，若我们认为"明确"是一个实在的（factive），这代表"$p$ 是明确"会蕴涵"$p$ 是（实际上）真的"。——译者注

［21］因为“$a$”与“$b$”表达思考 $x$ 本身的两种方式，所以“$a$ 是不是 $F$ 是明确的”与“$b$ 是不是 $F$ 是明确的”之间的不等价超越了一开始粗略描述的关于事物的/关于命题的区分之间的不可置换，其中一个语词（“君士坦丁堡沦陷的那一年”）不应该跟思考那一年本身的方式联系在一起。前一种的失败确实似乎发生。若“长庚星”与“启明星”被定义为分别指向傍晚与早晨的金星，则两者联系到思考金星本身的两种方式；尽管如此，有人可能知道长庚星在傍晚是可见的，但却不知道启明星在傍晚是可见的。有些主张专名直接地指涉事物的直接指涉论者会抵制这个结论，而主张“长庚星在傍晚是可见的”与“启明星在傍晚是可见的”表达了同样的知识。（例如，萨蒙 1986b）无论如何，即使这些理论家也允许这两个语句联系到同一个命题的不同外表；一个是已知的，而另一个不是已知的。就现在的目的来说，我们可以约定“$A$ 是明确的”意指在联系“$A$”的外表下，命题 $A$ 是明确的（因此，语境会是包含括号的）。即使根据直接指涉观点，这也将允许置换的失效。

［22］通过加入若 $x=y$，则“$a$”与“$b$”表达相同的思考方式来修改关于事物的不明确性的说明，将会是特设的且无意义的，而且会丧失一个目前符号能掌握的有用区分。

［23］假设史泰克·波利是一座山（若不是一座山，则一个平行的论证也适用）。令“$F$”缩写了“使得它是一座山，当且仅当，在实际世界中，史泰克·波利是一座山”。史泰克·波利是 $F$ 是明确的，因为史泰克·波利使得它是一座山，当且仅当，在实际世界中，史泰克·波利是一座山是先验的。在实际世界中，史泰克·波利是一座山，所以在实际世界中，它是一座山是必然的。因此，必然地，“$F$”（在实际世界中被说出来）是真于所有（且仅有）那些具有“是一座山”这种性质的东西。因此，根据讨论的观点，理解“$F$”就是思考“是一座山”这种性质本身。所以，关于“是一座山”这种性质，史泰克·波利具有它是明确的。

## 附录 明确性的逻辑

［1］休斯与克雷斯韦尔 1984：28－29（B＝KTB）。

［2］威廉姆森 1992b。

［3］将以下文献运用到正文中的定理：威廉姆森 1992b；切拉斯与赛格贝里 1994。

［4］休斯与克雷斯韦尔 1984：28（T=KT）。

［5］若所有可数变元区间模型是明确性逻辑想要的模型，则这是足
306 够的，因为 KT 具有有限多模型的性质（休斯与克雷斯韦尔 1984：142－143），完备性定理证明部分中的 $W$ 可以被视为有限的，其中 $W^*$ 根据结构会是可数的。

［6］威廉姆森 1990b。其结果不会被推广至 KTB。

# 参考文献



Abbott, W.R. 1983. "A note on Grim's sorites argument", *Analysis* 43: 161 – 164.

Aldrich, V. 1937. "Some meanings of 'vague'", *Analysis* 4: 89 – 95.

Alston, W.P. 1964. *Philosophyof Language*, Englewood Cliffs, N.J., Prentice-Hall.

Annas, J. 1990. "Stoic epistemology", in S. Everson (ed.) *Companions to Ancient Thought 1: Epistemology*, Cambridge, Cambridge University Press.

Åqvist, L. 1962. "Reflections on the logic of nonsense", *Theoria* 28: 138 – 157.

Armstrong, S.L., Gleitman, L.R. and Gleitman, H. 1983. "What some concepts might not be", *Cognition* 13: 263 – 308.

Austin, J.L. 1962. *Sense and Sensibilia*, ed. G.J. Warnock, Oxford, Oxford University Press.

Ayer, A.J. 1940. *The Foundations of Empirical Knowledge*, London, Macmillan.

Bain, A. 1870. *Logic*, London, Longman.

Baldwin, J.M. 1901 – 1902. *Dictionary of Philosophy and Psychology*, 2 vols, London, Macmillan.

Barnes, J. 1982. "Medicine, experience and logic", in J. Barnes, J. Brunschwig, M.F. Burnyeat and M. Schofield (eds) *Science and Speculation*, Cambridge, Cambridge University Press.

Bellman, R.E. and Zadeh, L.A. 1977. "Local and fuzzy logics", in J.M.

Dunn and G. Epstein (eds) *Modern Uses of Multiple-Valued Logic*, Dordrecht, Reidel.

Benjamin, A.C. 1939. "Science and vagueness", *Philosophy of Science* 6: 422 – 431.

Beth, E.W. 1959. *The Foundations of Mathematics*, Amsterdam, North-Holland.

Black, M. 1937. "Vagueness: an exercise in logical analysis", *Philosophy of Science* 4: 427 – 455; reprinted in his *Language and Philosophy*, Ithaca, N.Y., Cornell University Press, 1949.

Black, M. 1949. *Language and Philosophy*, Ithaca, N.Y., Cornell University Press.

308 Black, M. 1963. "Reasoning with loose concepts", *Dialogue* 2: 1 – 12; reprinted in his *Margins of Precision*, Ithaca, N.Y., Cornell University Press, 1970.

Black, M. 1970. *Margins of Precision*, Ithaca, N.Y., Cornell University Press.

Bloch, M. 1954. *The Historian's Craft*, tr. P.Putnam, Manchester, Manchester University Press.

Bochvar, D.A. 1981. "On a three-valued logical calculus and its application to the analysis of the paradoxes of the classical extended functional calculus", tr. M. Bergmann, *History and Philosophy of Logic* 2: 87 – 112.

Bradley, F.H. 1893. *Appearance and Reality*, London, George Allen.

Bridge, J. 1977. *Beginning Model Theory*, Oxford, Clarendon Press.

Brock, J. 1979. "Principal themes in Peirce's logic of vagueness", *Peirce Studies* 1: 41 – 49.

Brock, J. 1980. "Peirce's anticipation of game-theoretic logic and semantics", in M. Herzfield and M.D. Lenhart *Semiotics 1980*, New York, Plenum.

Broome, J. 1984. "Indefiniteness in identity", *Analysis* 44: 6 – 12.

Burge, T. 1990. "Frege on sense and linguistic meaning", in D. Bell and N. Cooper (eds) *The Analytic Tradition*, Oxford, Blackwell.

Burgess, J.A. 1989. "Vague identity: Evans misrepresented", *Analysis*

49: 112 – 119.

Burgess, J.A. 1990a. "Vague objects and indefinite identity", *Philosophical Studies* 59: 263 – 287.

Burgess, J.A. 1990b. "The sorites paradox and higher-order vagueness", *Synthese* 85: 417 – 474.

Burgess, J.A. and Humberstone, I.L. 1987. "Natural deduction rules for a logic of vagueness", *Erkenntnis* 27: 197 – 229.

Burks, A.W. 1946. "Empiricism and vagueness", *Journal of Philosophy* 43: 477 – 486.

Burns, L.C. 1986. "Vagueness and coherence", *Synthese* 68: 487 – 513.

Burns, L.C. 1991. *Vagueness: An Investigation into Natural Languages and the Sorites Paradox*, Dordrecht, Kluwer.

Burnyeat, M.F. 1982. "Gods and heaps", in M. Schofield and M.C. Nussbaum (eds) *Language and Logos*, Cambridge, Cambridge University Press.

Campbell, R. 1974. "The sorites paradox", *Philosophical Studies* 26: 175 – 191.

Cargile, J. 1969. "The sorites paradox", *British Journal for the Philosophy of Science* 20: 193 – 202.

Cargile, J. 1979. *Paradoxes: A Study in Form and Predication*, Cambridge, Cambridge University Press.

Carnap, R. 1955. "Meaning and synonymy in natural languages", *Philosophical Studies* 6: 33 – 47; reprinted in his *Meaning and Necessity*, Chicago, Ill., University of Chicago Press, 2nd edn, 1956.

Carruthers, P. 1990. *The Metaphysics of the Tractatus*, Cambridge, Cambridge University Press.

Casari, E. 1987. "Comparative logics", *Synthese* 73: 421 – 449. 309

Chellas, B.F. and Segerberg, K. 1994. "Modal logics with the MacIntosh rule", *Journal of Philosophical Logic* 23.

Chisholm, R.M. 1942. "The problem of the speckled hen", *Mind* 51: 368 – 373.

Cleave, J.P. 1970. "The notion of validity in logical systems with inexact predicates", *British Journal for the Philosophy of Science* 21: 269 - 274.

Cohen, M.R. 1927. "Concepts and twilight zones", *Journal of Philosophy* 24: 673 - 683.

Cook, M. 1986. "Indeterminacy of identity", *Analysis* 46: 179 - 186.

Copilowish, I.M. 1939. "Border-line cases, vagueness, and ambiguity", *Philosophy of Science* 6: 181 - 195.

Cowles, D.W. and White, M.J. 1991. "Vague objects for those who want them", *Philosophical Studies* 63: 203 - 216.

Cresswell, M.J. 1976. "The semantics of degree", in B.H. Partee (ed.) *Montague Grammar*, New York, Academic Press.

Day, T.J. 1992. "Excluded middle and bivalence", *Erkenntnis* 37: 93 - 97.

Deas, R. 1989. "Sorensen's sorites", *Analysis* 49: 26 - 31.

Dubois, D. and Prade, H. 1988. "An introduction to possibilistic and fuzzy logics", in P. Smets, E.H. Mamdani, D. Dubois and H. Prade (eds) *Non-Standard Logics for Automated Reasoning*, London, Academic Press.

Dummett, M.A.E. 1968 - 1969. "The reality of the past", *Proceedings of the Aristotelian Society* 69: 239 - 258.

Dummett, M.A.E. 1975. "Wang's paradox", *Synthese* 30: 301 - 324; reprinted in his *Truth and Other Enigmas*, London, Duckworth, 1978.

Dummett, M.A.E. 1978. *Truth and Other Enigmas*, London, Duckworth.

Dummett, M.A.E. 1979. "Common sense and physics", in G.F. Macdonald (ed.) *Perception and Identity*, London, Macmillan.

Dummett, M.A.E. 1981. *The Interpretation of Frege's Philosophy*, London, Duckworth.

Dummett, M.A.E. 1991. *The Logical Basis of Metaphysics*, London, Duckworth.

Edgington, D. 1992. "Validity, uncertainty and vagueness", *Analysis* 52: 193 - 204.

Engel, P. 1991. *The Norm of Truth*, London, Harvester Wheatsheaf.

Engel, P. 1992. "Les concepts vagues sont-ils sans frontières?", *Revue Internationale de Philosophie* 46: 527 – 538.

Engel, R.E. 1989. "On degrees", *Journal of Philosophy* 86: 23 – 37.

Engel-Tiercelin, C. 1986. "Le vague est-il réel? Sur le réalisme de Peirce", *Philosophie* 10: 69 – 96.

Evans, M.G.J. 1978. "Can there be vague objects?", *Analysis* 38: 208; reprinted in his *Collected Papers*, Oxford, Clarendon Press, 1985.

Evans, M.G.J. 1982. *The Varieties of Reference*, Oxford, Clarendon Press.

Evans, M.G.J. and McDowell, J.H. (eds) 1976. *Truth and Meaning*, Oxford, Oxford University Press.

Field, H. 1973. "Theory change and the indeterminacy of reference", *Journal of Philosophy* 70: 462 – 481.

Fine, K. 1975. "Vagueness, truth and logic", *Synthese* 30: 265 – 300. 310

Fisch, M.H. and Turquette, A.R. 1966. "Peirce's triadic logic", *Transactions of the Charles S. Peirce Society* 2: 71 – 85; reprinted in M.H. Fisch (ed.) *Peirce, Semeiotic, and Pragmatism*, Bloomington, Ind., Indiana University Press, 1986.

Forbes, G. 1983. "Thisness and vagueness", *Synthese* 54: 235 – 259.

Forbes, G. 1985. *The Metaphysics of Modality*, Oxford, Clarendon Press.

Fraassen, B.C. van 1966. "Singular terms, truth-value gaps and free logic", *Journal of Philosophy* 63: 481 – 495.

Fraassen, B.C. van 1968. "Presupposition, implication and self-reference", *Journal of Philosophy* 65: 136 – 152.

Fraassen, B.C. van 1971. *Formal Semantics and Logic*, London, Macmillan.

Frede, M. 1983. "Stoics and skeptics on clear and distinct impressions", in M.F.Burnyeat (ed.) *The Skeptical Tradition*, Berkeley, Calif., University of California Press.

Frege, G. 1960. *Translations from the Philosophical Writings of Gottlob Frege*, ed.P. Geach and M. Black, 2nd edn, Oxford, Blackwell.

Frege, G. 1979. *Posthumous Writings*, ed. H. Hermes, F. Kambartel and F. Kaulbach, tr. P. Long and R. White, Oxford, Blackwell.

Frege, G. 1980. *Philosophical and Mathematical Correspondence*, ed. G. Gabriel, H. Hermes, F. Kambartel, C. Thiel, A. Veraart and B. McGuinness, tr. H. Kaal, Oxford, Blackwell.

Fuhrmann, G. 1988a. "'Prototypes' and 'fuzziness' in the logic of concepts", *Synthese* 75: 317 – 347.

Fuhrmann, G. 1988b. "Fuzziness of concepts and concepts of fuzziness", *Synthese* 75: 349 – 372.

Fuhrmann, G. 1991. "Note on the integration of prototype theory and fuzzy-set theory", *Synthese* 86: 1 – 27.

Garrett, B.J. 1988. "Vagueness and identity", *Analysis* 48: 130 – 134.

Garrett, B.J. 1991. "Vague identity and vague objects", *Noûs* 25: 341 – 351.

Geach, P.T. 1956. "The law of excluded middle", *Aristotelian Society* suppl. 30: 59 – 73.

Gerla, G. and Tortora, R. 1990. "Fuzzy natural deduction", *Zeitschrift für Mathematische Logik und Grundlagen der Mathematik* 36: 67 – 77.

Goguen, J.A. 1969. "The logic of inexact concepts", *Synthese* 19: 325 – 373.

Goodman, N. 1951. *The Structure of Appearance*, Cambridge, Mass., Harvard University Press.

Grim, P. 1982. "What won't escape sorites arguments", *Analysis* 42: 38 – 43.

Grim, P. 1983. "Is this a swizzle stick which I see before me?", *Analysis* 43: 164 – 166.

Grim, P. 1984. "Taking sorites arguments seriously: some hidden costs", *Philosophia* 14: 251 – 272.

Haack, S. 1974. *Deviant Logic*, Cambridge, Cambridge University Press.

Haack, S. 1978. *Philosophy of Logics*, Cambridge, Cambridge University Press.

Haack, S. 1979. "Do we need 'fuzzy logic'?", *International Journal of Man-Machine Studies* 11: 437 – 445.

Halldén, S. 1949. *The Logic of Nonsense*, Uppsala, Uppsala Universitets Arsskrift. 311

Hamilton, W. 1860. *Lectures on* Logic, 2 vols, ed. H.L. Mansel and J. Veitch, Edinburgh, Blackwood.

Hart, W.D. 1991 – 1992. "Hat-tricks and heaps", *Philosophical Studies* (Dublin) 33: 1 – 24.

Hegel, G. W. F. 1892. *Lectures on the History of Philosophy*, tr. E. S. Haldane and F.H. Simson, London, Kegan Paul.

Hegel, G.W.F. 1975. Logic, tr. W. Wallace, Oxford, Clarendon Press.

Heijenoort, J. van (ed.) 1967. *From Frege to Godel*, Cambridge, Mass., Harvard University Press.

Heijenoort, J. van 1985. "Frege and vagueness", in L. Haaparanta and K. J.J. Hintikka (eds) *Frege Synthesized*, Dordrecht, Reidel.

Heller, M. 1988. "Vagueness and the standard ontology", *Noûs* 22: 109 – 131.

Heller, M. 1990. *The Ontology of Physical Objects: Four-Dimensional Hunks of Matter*, Cambridge, Cambridge University Press.

Hempel, C.G. 1939. "Vagueness and logic", *Philosophy of Science* 6: 163 – 180.

Higginbotham, J. 1992. "Truth and understanding", *Philosophical Studies* 65: 3 – 16.

Hilpinen, R. 1982. "On C.S. Peirce's theory of the proposition: Peirce as a precursor of game-theoretical semantics", *The Monist* 65: 182 – 188.

Hintikka, K.J.J. 1962. *Knowledge and Belief*, Ithaca, N.Y., Cornell University Press.

Hintikka, K.J.J. 1973. *Logic, Language-Games and Information*, Oxford, Clarendon Press.

Hodges, W. 1985 – 1986. "Truth in a structure", *Proceedings of the Aristotelian Society* 86: 135 – 151.

Hookway, C. 1985. *Peirce*, London, Routledge & Kegan Paul.

Hookway, C. 1990. "Vagueness, logic and interpretation", in D. Bell and

N. Cooper (eds) *The Analytic Tradition*, Oxford, Blackwell.

Horgan, T., forthcoming. "Robust vagueness and the forced march sorites paradox", *Philosophical Perspectives*.

Horwich, P. 1990. *Truth*, Oxford, Blackwell.

Howard-Snyder, F. 1991. "*De re* modality entails *de re* vagueness", *Pacific Philosophical Quarterly* 72: 101 – 112.

Hughes, G.E. and Cresswell, M.J. 1984. *A Companion to Modal Logic*, London, Methuen.

Humberstone, I.L. 1988. "Some epistemic capacities", *Dialectica* 42: 183 – 200.

Inwagen, P. van 1988. "How to reason about vague objects", *Philosophical Topics* 16: 255 – 284.

Inwagen, P. van 1990. *Material Beings*, Ithaca, N.Y., Cornell University Press.

Jackson, F. 1977. *Perception*, Cambridge, Cambridge University Press.

Jardine, L. 1977. "Lorenzo Valla and the intellectual origins of humanist dialectic", *Journal of the History of Philosophy* 15: 143 – 164.

312 Jardine, L. 1982. "Humanism and the teaching of logic", in N. Kretzmann, A. Kenny and J. Pinborg (eds) *The Cambridge History of Later Medieval Philosophy*, Cambridge, Cambridge University Press.

Jardine, L. 1983. "Lorenzo Valla: academic skepticism and the new humanist dialectic", in M.F. Burnyeat (ed.) *The Skeptical Tradition*, Berkeley, Calif., University of California Press.

Jardine, L. 1988. "Humanistic logic", in C.B. Schmitt, Q. Skinner and E. Kessler (eds) *The Cambridge History of Renaissance Philosophy*, Cambridge, Cambridge University Press.

Johnsen, B. 1989. "Is vague identity incoherent?", *Analysis* 49: 103 – 112.

Johnston, M. 1992. "How to speak of the colors", *Philosophical Studies* 68: 221 – 263.

Kamp, H. 1975. "Two theories about adjectives", in E.L. Keenan (ed.) *Formal Semantics of Natural Language*, Cambridge, Cambridge University Press.

Kamp, H. 1981. "The paradox of the heap", in U. Mönnich (ed.) *Aspects of Philosophical Logic*, Dordrecht, Reidel.

Kaplan, A. 1964. *The Conduct of Inquiry*, San Francisco, Calif., Chandler.

Kaplan, A. and Schott, H.F. 1951. "A calculus for empirical classes", *Methodos* 3:165 – 188.

Kerferd, G.B. 1978. "What does the wise man know?", in J.M. Rist (ed.) *The Stoics*, Berkeley, Calif., University of California Press.

Khatchadourian, H. 1962. "Vagueness", *Philosophical Quarterly* 12: 138 – 152.

King, J.L. 1979. "Bivalence and the sorites paradox", *American Philosophical Quarterly* 16: 17 – 25.

Kleene, S.C. 1938. "On a notation for ordinal numbers", *Journal of Symbolic Logic* 3: 150 – 155.

Klein, E. 1980. "A semantics for positive and comparative adjectives", *Linguistics and Philosophy* 4: 1 – 45.

Kneale, W. and Kneale, M. 1962. *The Development of Logic*, Oxford, Clarendon Press.

Kohl, M. 1969. "Bertrand Russell on vagueness", *Australasian Journal of Philosophy* 47: 31 – 41.

Körner, S. 1955. *Conceptual Thinking*, Cambridge, Cambridge University Press.

Körner, S. 1959. "On determinables and resemblance", *Aristotelian Society*, suppl. 33: 125 – 140.

Körner, S. 1960. *The Philosophy of Mathematics*, London, Hutchinson.

Körner, S. 1966. *Experience and Theory*, London, Routledge & Kegan Paul.

Körner, S. 1968. "Reply to Mr Kumar", *British Journal for the Philosophy of Science* 18: 323 – 324.

313 Kripke, S.A. 1972. "Naming and necessity", in D. Davidson and G. Harman (eds) *Semantics of Natural Language*, Dordrecht, Reidel; reprinted in S. A. Kripke, *Naming and Necessity*, Oxford, Blackwell, 1980.

Kripke, S.A. 1975. "Outline of a theory of truth", *Journal of Philosophy* 72: 690 - 716.

Kumar, D. 1968. "Logic and inexact predicates", *British Journal for the Philosophy of Science* 18: 211 - 222.

Lakoff, G. 1973. "Hedges: a study in meaning criteria and the logic of fuzzy concepts", *Journal of Philosophical Logic* 2: 458 - 508.

Lenzen, W. 1978. "Recent work in epistemic logic", *Acta Philosophica Fennica* 30: 1 - 219.

Lewis, D.K. 1970. "General semantics", *Synthese* 22: 18 - 67; reprinted in his *Philosophical Papers*, vol. 1, Oxford, Oxford University Press, 1983.

Lewis, D.K. 1979. "Scorekeeping in a language game", *Journal of Philosophical Logic*, 8: 339 - 359; reprinted in his *Philosophical Papers*, vol. 1, Oxford, Oxford University Press, 1983.

Lewis, D.K. 1983. *Philosophical Papers*, vol. 1, Oxford, Oxford University Press.

Lewis, D.K. 1988. "Vague identity: Evans misunderstood", *Analysis* 48: 128 - 130.

Long, A.A. and Sedley, D.N. 1987. *The Hellenistic Philosophers*, Cambridge, Cambridge University Press.

Łukasiewicz, J. and Tarski, A. 1930. "Untersuchungen über den Aussagenkalkül", *Comptes rendus des séances de la Société des Sciences et des Lettres de Varsovie*, cl. 3, 23: 1 - 21, 30 - 50; reprinted in A. Tarski, *Logic Semantics*, *Metamathematics*, tr. J.H. Woodger, ed. J. Corcoran, Indianapolis, Ind., Hackett, 2nd edn, 1983.

Machina, K.F. 1972. "Vague predicates", *American Philosophical Quarterly* 9: 225 - 233.

Machina, K.F. 1976. "Truth, belief and vagueness", *Journal of Philosophical Logic* 5: 47 - 78.

Marmor, A. 1992. *Interpretation and Legal Theory*, Oxford, Clarendon Press.

Masson-Oursel, P. 1912. "Esquisse d'une theorie comparée du sorite", *Revue de Metaphysique et de Morale* 20: 810 – 824.

McDowell, J.H. 1977. "On the sense and reference of a proper name", *Mind* 86: 159 – 185.

McDowell, J.H. 1982. "Truth-value gaps", in L.J. Cohen (ed.) *Proceedings of the Sixth International Congress for Logic, Methodology and Philosophy of Science*, Amsterdam, North-Holland.

McGee, V. 1991. *Truth, Vagueness and Paradox*, Indianapolis, Ind., Hackett.

Mehlberg, H. 1958. *The Reach of Science*, Toronto, University of Toronto Press.

Mellor, D.H. 1991. *Matters of Metaphysics*, Cambridge, Cambridge University Press.

Mignucci, M. 1993. "The Stoic analysis of the sorites", *Proceedings of the Aristotelian Society* 93: 231 – 245.

Moline, J. 1969. "Aristotle, Eubulides, and the sorites", *Mind* 78: 393 – 407.

Monfasani, J. 1990. "Lorenzo Valla and Rudolph Agricola", *Journal of the History of Philosophy* 28: 181 – 200.

Morgan, C.G. and Pelletier, J.F. 1977. "Some notes concerning fuzzy log- 314
ics", *Linguistics and Philosophy* 1: 79 – 97.

Nadin, M. 1980. "The logic of vagueness and the category of synechism", *The Monist* 63: 351 – 363.

Newman, M.H.A. 1928. "Mr Russell's 'Causal Theory of Perception'", *Mind* 37: 137 – 148.

Noonan, H.W. 1982. "Vague objects", *Analysis* 42: 3 – 6.

Noonan, H.W. 1984. "Indefinite identity: a reply to Broome", *Analysis* 44: 117 – 121.

Noonan, H.W. 1990. "Vague identity yet again", *Analysis* 50: 157 – 162.

Novák, V. 1989. *Fuzzy Sets and their Applications*, Bristol, Adam Hilger.

Nozick, R. 1981. *Philosophical Explanations*, Oxford, Clarendon Press.

Odegard, D. 1965. "Excluding the middle from loose concepts", *Theoria* 31: 138–144.

Osheron, D.N. and Smith, E.E. 1981. "On the adequacy of prototype theory as a theory of concepts", *Cognition* 9: 35–58.

Osheron, D.N. and Smith, E.E. 1982. "Gradedness and conceptual combination", *Cognition*12: 299–318.

Over, D.E. 1984. "The consequences of direct reference", *Philosophical Books* 25: 1–7.

Over, D.E. 1989. "Vague objects and identity", *Analysis* 49: 97–99.

Pap, A. 1949. *Elements of Analytic Philosophy*, New York, Macmillan.

Pap, A. 1958. *Semantics and Necessary Truth*, New Haven, Conn., Yale University Press.

Parfit, D.A. 1971. "Personal identity", *Philosophical Review* 80: 3–27.

Parfit, D.A. 1984. *Reasons and Persons*, Oxford, Oxford University Press.

Parikh, R. 1983. "The problem of vague predicates", in R.S. Cohen and M.W.Wartofsky (eds) *Language*, *Logic and Method*, Dordrecht, Reidel.

Parsons, T. 1987. "Entities without identity", *Philosophical Perspectives* 1: 1–19.

Pavelka, J. 1979. "Onfuzzy logic, I, II, III", *Zeitschrift für Mathematische Logik und Grundlagen der Mathematik* 25: 45–52, 119–134, 447–464.

Peacocke, C.A.B. 1981. "Are vague predicates incoherent?", *Synthese* 46: 121–141.

Peirce, C.S. 1905. "Issues of pragmaticism", *The Monist* 15: 481–499; reprinted in C.S. Peirce, *Collected Writings of Charles Sanders Peirce*, ed. C. Hartshorne, P. Weiss *et al.*, vol. 5, Cambridge, Mass., Harvard University Press, 1931–1956.

Peirce, C.S. 1931–1956. *Collected Writings of Charles Sanders Peirce*, ed. C. Hartshorne, P. Weiss *et al.*, 8 vols, Cambridge, Mass., Harvard University

Press.

Pelletier, F.J. 1989. "Another argument against vague objects", *Journal of Philosophy* 86: 481 – 492.

Pinkal, M. 1983a. "Towards a semantics of precization", in T.T. Ballmer and M. Pinkal (eds) *Approaching Vagueness*, Amsterdam, North-Holland.

Pinkal, M. 1983b. "On the limits of lexical meaning", in R. Bäuerle, C. Schwarze and A. von Stechow (eds) *Meaning*, *Use and Interpretation*, Berlin, de Gruyter.

Platts, M.B. 1979. *Ways of Meaning*, London, Routledge & Kegan Paul. 315

Prantl, C. 1855 – 1870. *Geschichte der Logik im Abendlande*, 4 vols, Leipzig, Fock.

Price, H.H. 1932. *Perception*, London, Methuen.

Przełecki, M. 1969. *The Logic of Empirical Theories*, London, Routledge & Kegan Paul.

Przełecki, M. 1976. "Fuzziness as multiplicity", *Erkenntnis* 10: 371 – 380.

Przełecki, M. 1979. "The semantics of open concepts", in J. Pelc (ed.) *Semiotics in Poland*, Warsaw, Polish Scientific Publications.

Putnam, H. 1983. "Vagueness and alternative logic", *Erkenntnis* 19: 297 – 314.

Putnam, H. 1985. "A quick Read is a wrong Wright", *Analysis* 45: 203.

Putnam, H. 1991. "Replies and comments", *Erkenntnis* 34: 401 – 424.

Quine, W.V. 1960. *Word and Object*, Cambridge, Mass., MIT Press.

Quine, W.V. 1981. "What price bivalence?", *Journal of Philosophy* 77: 90 – 95.

Rasmussen, S.A. 1986. "Vague identity", *Mind* 95: 81 – 91.

Rea, G. 1989. "Degrees of truth versus intuitionism", *Analysis* 49: 31 – 32.

Read, S.L. and Wright, C.J.G. 1985. "Hairier than Putnam thought", *Analysis* 45: 56 – 58.

Rescher, N. 1969. *Many-Valued Logic*, New York, McGraw-Hill.

Rolf, B. 1980. "A theory of vagueness", *Journal of Philosophical Logic* 9:

315 – 325.

Rolf, B. 1982. "Russell's theses on vagueness", *History and Philosophy of Logic* 3:69 – 83.

Rolf, B. 1984. "Sorites", *Synthese* 58: 219 – 250.

Rosch, E.H. 1973. "On the internal structure of perceptual and semantic-categories", in T.E. Moore (ed.) *Cognitive Development and the Acquisition of Language*, New York, Academic Press.

Rosch, E.H. and Mervis, C.B. 1975. "Family resemblances: studies in the internal structure of categories", *Cognitive Psychology* 7: 573 – 605.

Rose, A. and Rosser, J.B. 1958. "Fragments of many-valued statement calculi", *Transactions of the American Mathematical Society* 87: 1 – 53.

Rosser, J.B. 1960. "Axiomatization of infinite-valued logics", *Logique et Analyse* 3: 137 – 153.

Rosser, J.B. and Turquette, A.R. 1952. *Many-Valued Logics*, Amsterdam, North-Holland.

Russell, B.A.W. 1921. *The Analysis of Mind*, London, Allen & Unwin.

Russell, B.A.W. 1923. "Vagueness", *Australasian Journal of Philosophy and Psychology* 1: 84 – 92; reprinted in B.A.W. Russell, *The Collected Papers of Bertrand Russell*, ed. E. Eames, J. Slater *et al.*, vol. 9, London, Allen & Unwin/Unwin Hyman, 1983 –.

Russell, B.A.W. 1927. *The Analysis of Matter*, London: Kegan Paul.

Russell, B.A.W. 1948. *Human Knowledge: Its Scope and Limits*, London, Allen & Unwin.

Russell, B.A.W. 1950. *An Inquiry into Meaning and Truth*, London, Allen & Unwin.

Russell, B.A.W. 1983 –. *The Collected Papers of Bertrand Russell*, ed. E.
316 Eames, J. Slater *et al.*, many vols, London, Allen & Unwin/Unwin Hyman.

Russell, B.A.W. and Whitehead, A.N. 1910 – 1913. *Principia Mathematica*, 3 vols, Cambridge, Cambridge University Press.

Saarinen, E. (ed.) 1979. *Game-Theoretical Semantics*, Dordrecht, Reidel.

Sainsbury, R.M. 1979. *Russell*, London, Routledge & Kegan Paul.

Sainsbury, R.M. 1986. "Degrees of belief and degrees of assent", *Philosophical Papers* 15: 97 - 106.

Sainsbury, R.M. 1988 - 1989. "Tolerating vagueness", *Proceedings of the Aristotelian Society* 89: 33 - 48.

Sainsbury, R.M. 1989. "What is a vague object?", *Analysis* 49: 99 - 103.

Sainsbury, R.M. 1991. "Is there higher-order vagueness?", *Philosophical Quarterly* 41: 167 - 182.

Sainsbury, R.M. 1992. "Sorites paradoxes and the transition question", *Philosophical Papers* 21: 177 - 190.

Salmon, N.U. 1982. *Reference and Essence*, Oxford, Basil Blackwell.

Salmon, N.U. 1984. "Fregean theory and the Four Worlds Paradox: a reply to David Over", *Philosophical Books* 25: 7 - 11.

Salmon, N.U. 1986a. "Modal paradox: parts and counterparts, points and counterpoints", *Midwest Studies in Philosophy* 11: 75 - 120.

Salmon, N.U. 1986b. *Frege's Puzzle.* Cambridege, Mass., MIT Press.

Salmon, N.U. 1989. "The logic of what might have been", *Philosophical Review* 98: 3 - 34.

Salmon, N.U. 1990. "A Millian heir rejects the wages of *Sinn*", in C.A. Anderson and J. Owens (eds) *Propositional Attitudes: The Role of Context in Logic, Language and Mind*, Stanford, Calif., Center for the Study of Language and Information.

Sanford, D.H. 1975. "Borderline logic", *American Philosophical Quarterly* 12: 29 - 40.

Sanford, D.H. 1976. "Competing semantics of vagueness: many values versus super-truth", *Synthese* 33: 195 - 210.

Sanford, D.H. 1979. "Nostalgia for the ordinary: comments on papers by Unger and Wheeler", *Synthese* 41: 175 - 184.

Sayward, C. 1989. "Does the law of excluded middle require bivalence?", *Erkenntnis* 31: 129 - 137.

Scarpellini, B. 1962. "Die Nicht-Axiomatisierbarkeit des unendlichwertigen Prädikatenkalküls von Łukasiewicz", *Journal of Symbolic Logic* 27: 159 – 170.

Scheffler, I. 1979. *Beyond the Letter*, London, Routledge & Kegan Paul.

Schiller, F.C.S. 1934. "How is 'exactness' possible?", *Actes du Huitième Congrès International de Philosophie*; reprinted in F.C.S. Schiller, *Our Human Nature*, New York, Columbia University Press, 1939.

Schmitt, C.B. 1983. "The rediscovery of ancient skepticism in modern times", in M.F. Burnyeat (ed.) *The Skeptical Tradition*, Berkeley, Calif., University of California Press.

Schwartz, S.P. 1987. "Intuitionism and sorites", *Analysis* 47: 179 – 183.

Schwartz, S.P. 1989. "Vagueness and incoherence: a reply to Burns", *Synthese* 80: 395 – 406.

317 Schwartz, S.P. 1990. "Intuitionism versus degrees of truth", *Analysis* 50: 43 – 47.

Schwartz, S.P. and Throop, W. 1991. "Intuitionism and vagueness", *Erkenntnis* 34:347 – 356.

Sedley, D.N. 1977. "Diodorus Cronus and Hellenistic philosophy", *Proceedings of the Cambridge Philological Society* 23: 74 – 120.

Sedley, D.N. 1982. "On signs", in J. Barnes, J. Brunschwig, M.F. Burnyeat and M. Schofield (eds) *Science and Speculation*, Cambridge, Cambridge University Press.

Sedley, D.N. 1984. "The negated conjunction in Stoicism", *Elenchos* 5: 311 – 316.

Segerberg, K. 1965. "A contribution to nonsense-logics", *Theoria* 31: 199 – 217.

Shapiro, S. 1991. *Foundations without Foundationalism: A Case for Second-order Logic*, Oxford, Clarendon Press.

Sillitti, G. 1984. "Aristotele e l'aporia del sorite. A proposito di due studi recenti", *Elenchos* 5: 211 – 220.

Simons, P. 1992. "Vagueness and ignorance", *Aristotelian Society*, suppl. 66: 163 – 177.

Smith, J.W. 1984. "The surprise examination on the paradox of the heap", *Philosophical Papers* 13: 43 – 56.

Soames, S. 1989. "Semantics and semantic competence", *Philosophical Perspectives* 3: 575 – 596.

Sorensen, R.A. 1985. "An argument for the vagueness of 'vague'", *Analysis* 45: 134 – 137.

Sorensen, R.A. 1987. "The vagueness of knowledge", *Canadian Journal of Philosophy* 17: 767 – 804.

Sorensen, R.A. 1988a. "Precisification by means of vague predicates", *Notre Dame Journal of Formal Logic* 29: 267 – 274.

Sorensen, R.A. 1988b. *Blindspots*, Oxford, Clarendon Press.

Sorensen, R.A. 1988c. "Vagueness, measurement and blurriness", *Synthese* 75: 45 – 82.

Sorensen, R.A. 1989. "The ambiguity of vagueness and precision", *Pacific Philosophical Quarterly* 70: 174 – 183.

Sorensen, R.A. 1991. "Vagueness within the language of thought", *Philosophical Quarterly* 41: 389 – 413.

Sperber, D. and Wilson, D. 1985 – 1986. "Loose talk", *Proceedings of the Aristotelian Society* 86: 153 – 171.

Stalnaker, R. 1988. "Vague identity", in D.F. Austin (ed.) *Philosophical Analysis: A Defence by Examples*, Dordrecht, Kluwer.

Stechow, A. von 1984. "Comparing semantic theories of comparison", *Journal of Semantics*, 3: 1 – 77.

Strawson, P.F. 1950. "On referring", *Mind* 59: 320 – 344.

Tarski, A. 1983. *Logic*, *Semantics*, *Metamathematics*, 2nd edn, tr. J.H. Woodger, ed. J. Corcoran, Indianapolis, Ind., Hackett.

Thomason, R. 1982. "Identity and vagueness", *Philosophical Studies* 43: 329 – 332.

Thompson, M. 1953. *The Pragmatic Philosophy of C.S. Peirce*, Chicago, Ill., Chicago University Press.

318 Travis, C. 1985. "Vagueness, observation, and sorites", *Mind* 94: 345 – 366.

Tye, M. 1990. "Vague objects", *Mind* 99: 535 – 557.

Tye, M. 1991. *The Imagery Debate*, Cambridge, Mass., MIT Press.

Tye, M., forthcoming. "Sorites paradoxes and the semantics of vagueness", *Philosophical Perspectives.*

Unger, P.K. 1979a. "There are no ordinary things", *Synthese* 41: 117 – 154.

Unger, P.K. 1979b "I do not exist", in G.F. Macdonald (ed.) *Perception and Identity*, London, Macmillan.

Unger, P.K. 1979c. "Why there are no people", *Midwest Studies in Philosophy* 4: 177 – 222.

Unger, P.K. 1980. "The problem of the many", *Midwest Studies in Philosophy* 5: 411 – 467.

Unger, P.K. 1990. *Identity, Consciousness and Value*, Oxford, Oxford University Press.

Urquhart, A. 1986. "Many-valued logic", in D. Gabbay and F. Guenthner *Handbook of Philosophical Logic*, vol. III: *Alternatives to Classical Logic*, Dordrecht, Reidel.

Valla, L. 1982. *Repastinatio Dialectice et Philosophie*, ed. G. Zippel, 2 vols, Padua, Antenore.

Vopěnka, P. 1979. *Mathematics in the Alternative Set Theory*, Leipzig, Teubner.

Waismann, F. 1945. "Verifiability", *Aristotelian Society*, suppl. 19: 119 – 150.

Waismann, F. 1945 – 6. "Are there alternative logics?", *Proceedings of the Aristotelian Society* 46: 77 – 104.

Waismann, F. 1951. "Analytic – synthetic III", *Analysis* 11: 49 – 61.

Weiss, S. 1976. "The sorites fallacy: what difference does a peanut make?", *Synthese* 33: 253 – 272.

Wheeler, S.C. 1975. "Reference and vagueness", *Synthese* 30: 367 – 380.

Wheeler, S.C. 1979. "On that which is not", *Synthese* 41: 155 – 194.

Wiggins, D.R.P. 1979. "On knowing, knowing that one knows and consciousness", in E. Saarinen, R. Hilpinen, I. Niiniluoto and M. Provence Hintikka (eds) *Essays in Honour of Jaakko Hintikka*, Dordrecht, Reidel.

Wiggins, D.R.P. 1980. *Sameness and Substance*, Oxford, Blackwell.

Wiggins, D.R.P. 1986. "On singling out an object determinately", in P. Pettit and J.H. McDowell (eds) *Subject, Thought, and Context*, Oxford, Clarendon Press.

Williamson, T. 1990a. *Identity and Discrimination*, Oxford, Blackwell.

Williamson, T. 1990b. "Verification, falsification and cancellation in KT", *Notre Dame Journal of Formal Logic* 31: 286 – 290.

Williamson, T. 1992a. "Inexact knowledge", *Mind* 101: 217 – 242.

Williamson, T. 1992b. "An alternative rule of disjunction in modal logic", *Notre Dame Journal of Formal Logic* 33: 89 – 100.

Williamson, T. 1992c. "Vagueness and ignorance", *Aristotelian Society*, suppl. 66: 145 – 162.

Wittgenstein, L. 1953. *Philosophical Investigations*, tr. G.E.M. Anscombe, Oxford, Blackwell.

Wittgenstein, L. 1961a. *Tractatus Logico-Philosophicus*, tr. D. Pears and 319
B. McGuinness, London, Routledge & Kegan Paul.

Wittgenstein, L. 1961b. *Notebooks 1914 – 1916*, ed. G.H. von Wright and G.E.M. Anscombe, Oxford, Blackwell.

Wittgenstein, L. 1975. *Philosophical Remarks*, ed. R. Rhees, tr. R. Hargreaves and R. White, Oxford, Blackwell.

Wright, C.J.G. 1975. "On the coherence of vague predicates", *Synthese* 30: 325 – 365.

Wright, C.J.G. 1976. "Language mastery and the sorites paradox", in M. G.J. Evans and J.H. McDowell (eds) *Truth and Meaning*, Oxford, Oxford University Press.

Wright, C.J.G. 1987. "Further reflections on the sorites paradox", *Philosophical Topics* 15: 227 – 290.

Wright, C.J.G. 1991. "The sorites paradox and its significance for the interpretation of semantic theory", in N.L. Cooper and P. Engel (eds) *New Inquiries into Meaning and Truth*, London, Harvester Wheatsheaf.

Wright, C.J.G. 1992. "Is higher order vagueness coherent?", *Analysis* 52: 129 - 139.

Zadeh, L.A. 1965. "Fuzzy sets", *Information and Control* 8: 338 - 353.

Zadeh, L.A. 1972. "A fuzzy set-theoretic interpretation of linguistic hedges", *Journal of Cybernetics* 2: 4 - 34.

Zadeh, L.A. 1975. "Fuzzy logic and approximate reasoning", *Synthese* 30: 407 - 428.

Zadeh, L.A. 1982. "A note on prototype theory and fuzzy sets", *Cognition* 12: 291 - 297.

Zemach, E.M. 1991. "Vague objects", *Noûs* 25: 323 - 340.

Ziff, P. 1974. "The number of English sentences", *Foundations of Language* 11: 519 - 532.

Ziff, P. 1984. *Epistemic Analysis*, Dordrecht, Reidel.

# 索　引

# 知识论译丛

主编　陈嘉明　曹剑波

判断与能动性

［美］厄内斯特·索萨（Ernest Sosa）/著　方红庆/译

认识的价值与我们所在意的东西

［美］琳达·扎格泽博斯基（Linda Zagzebski）/著　方环非/译

含混性

［英］蒂莫西·威廉姆森（Timothy Williamson）/著　苏庆辉/译

社会建构主义与科学哲学

［美］安德烈·库克拉（André Kukla）/著　方环非/译

知识论的未来

［澳大利亚］斯蒂芬·海瑟林顿（Stephen Hetherington）/著　方环非/译

当代知识论导论

［美］阿尔文·戈德曼（Alvin Goldman）

［美］马修·麦克格雷斯（Matthew McGrath）/著　方环非/译

知识论

［美］理查德·费尔德曼（Richard Feldman）/著　文学平　盈俐/译

Vagueness by Timothy Williamson
ISBN: 9780415139809


北京市版权局著作权合同登记号：01-2017-6505

**图书在版编目（CIP）数据**

含混性/（英）蒂莫西·威廉姆森（Timothy Williamson）著；苏庆辉译．—北京：中国人民大学出版社，2019.8
（知识论译丛/陈嘉明，曹剑波主编）
ISBN 978-7-300-27230-6

Ⅰ．①含… Ⅱ．①蒂… ②苏… Ⅲ．①知识论-研究 Ⅳ．①G302

中国版本图书馆 CIP 数据核字（2019）第 160944 号

知识论译丛
主编 陈嘉明 曹剑波
**含混性**
[英]蒂莫西·威廉姆森（Timothy Williamson） 著
苏庆辉 译
Hanhunxing

| | | | |
|---|---|---|---|
| **出版发行** | 中国人民大学出版社 | | |
| **社　　址** | 北京中关村大街 31 号 | **邮政编码** | 100080 |
| **电　　话** | 010－62511242（总编室） | | 010－62511770（质管部） |
| | 010－82501766（邮购部） | | 010－62514148（门市部） |
| | 010－62515195（发行公司） | | 010－62515275（盗版举报） |
| **网　　址** | http://www.crup.com.cn | | |
| **经　　销** | 新华书店 | | |
| **印　　刷** | 北京联兴盛业印刷股份有限公司 | | |
| **规　　格** | 160 mm×230 mm　16 开本 | **版　　次** | 2019 年 8 月第 1 版 |
| **印　　张** | 22　插页 2 | **印　　次** | 2019 年 8 月第 1 次印刷 |
| **字　　数** | 327 000 | **定　　价** | 69.80 元 |